DIE HASELNUSS

Jonas Frei

DIE HASELNUSS

Arten, Botanik, Geschichte, Kultur

at VERLAG

AT Verlag AG, Aarau und München
Lektorat: Petra Holzmann, München
Layout, Fotos, Grafiken und Illustrationen, sofern nicht anders vermerkt: © Jonas Frei
Satz: AT Verlag
Druck und Bindearbeiten: Graspo CZ, a. s.
Printed in Czechia

ISBN 978-3-03902-181-9

www.at-verlag.ch

Der AT Verlag wird vom Bundesamt für Kultur
für die Jahre 2021–2024 unterstützt.

Inhalt

Gemeine Hasel in den Glarner Alpen (*Corylus avellana*).

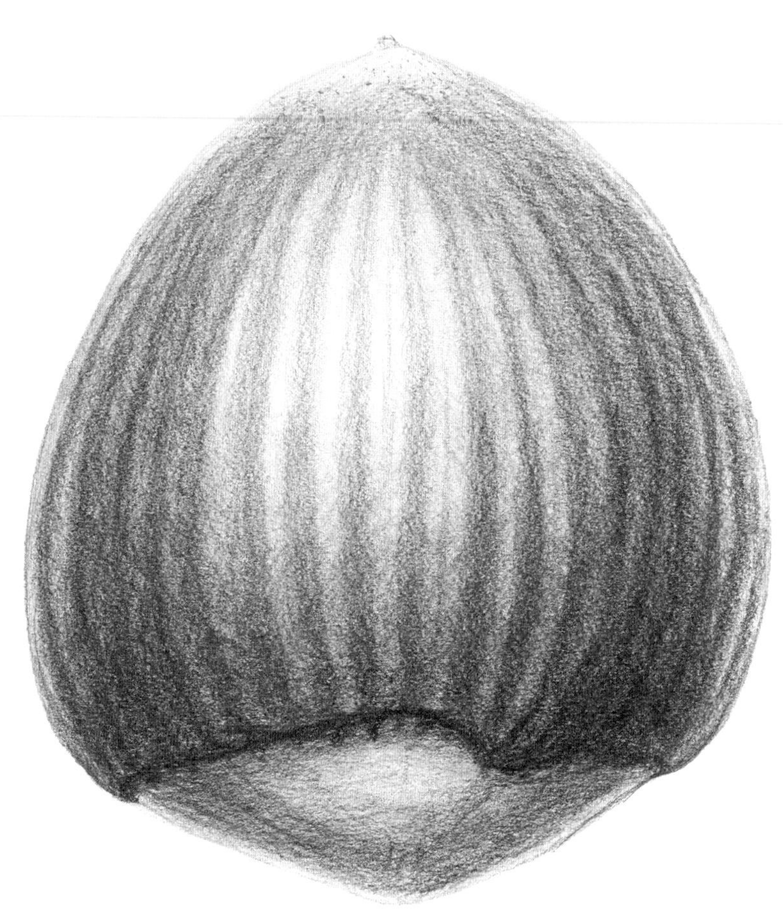

Vorwort

Nachdem ich einen ersten Band den Nussfrüchten der Walnuss (auf schweizerisch »Baumnuss«) und ihrer Familie, den Juglandaceae, gewidmet habe, möchte ich mit diesem Buch den Fokus auf die Haseln, *Corylus,* legen. Auch hinter dieser im moderaten Klima gedeihenden Gehölzgattung verbirgt sich eine beeindruckende und faszinierende Vielfalt in der Natur und in der Kulturgeschichte. So führt diese Monografie in einem ersten Teil in die Zeit der ältesten versteinerten Haselfrüchte über die Zeitspanne, in der man Schalenreste aus Ausgrabungen früher Kulturen fand, bis zum globalen Handel.

Die Gattung der Haseln gehört botanisch zu den Birkengewächsen und beinhaltet ein gutes Dutzend Arten und natürliche Varietäten sowie unzählige Kultursorten. Verbreitet über die gesamte nördliche Hemisphäre und kultiviert in allen gemäßigten Klimata sind die Haseln nicht nur botanisch, sondern auch kulturell von großer Bedeutung. Schon im Boreal, der sogenannten Haselzeit, waren Haselnüsse für den Menschen eine wichtige Nahrungsquelle, und die Büsche der Gemeinen Hasel lieferten wertvolles Nutzholz. Heute wer den Haseln ihrer Nüsse wegen im großen Stil angebaut, in Nutzgärten gepflanzt und als Ziergehölze in Parkanlagen gezogen.

Dieses Buch soll sowohl als alleinige Monografie über die Haseln und ihre Bedeutung in Natur und Kultur stehen, aber auch in Zusammenhang mit meinem vorangehenden Buch über die Walnüsse ein Nachschlagewerk zur Nusskultur und deren Arten sein.

Zu beachten ist, dass ich in diesem Buch den Begriff »Haselnuss« nicht nur für die essbaren Kerne und Früchte, sondern auch für die Gehölzgattung und ihre Arten verwende.

Jonas Frei

Bleistiftillustration: Nuss der Gemeinen Hasel (*Corylus avellana*).

Hasel-Hecken *(Corylus avellana)*.

Die Haseln

Nuss der Türkischen Baumhasel (*Corylus colurna*).

Unauffällig bis zur Blüte

Wer kennt ihn nicht, den Haselstrauch, das im Jahr am frühesten blühende heimische Gehölz Europas? Wie häufig die Haseln vorkommen, bemerkt man besonders im Vorfrühling, wenn sie mit ihren Blütenkätzchen die Landschaft für ein paar Wochen in einen gelben Schleier hüllen, während die Natur braun und öde noch in der Winterstarre auf die Wärme wartet. Für diese kurze Zeit scheint sie, die Haselstaude, in der Natur hervorzustechen: Sie blüht völlig konkurrenzlos um die Wette. Später aber verschmilzt sie mit dem Blättermeer der Waldränder und Hecken. Denn nach dem Verblühen wird die Hasel unauffällig, sie verschwindet förmlich zwischen Feldahornen, Ulmen, Weißdornen und Hainbuchen. Dann ist nur noch wenig auffallend an der Hasel. Weder Wuchs noch Blattform, Rindentextur oder Blattfarbe. Erst mit dem Reifen der Früchte im Herbst wird der Strauch wieder richtig interessant – für Rabenvögel, Mäuse, Eichhörnchen und Bilche. Und natürlich für die Menschen!

Autochthone Frucht

Die Hasel war eines der ersten Gehölze, die dem Menschen nach den letzten Eiszeiten in Europa reichlich länger haltbare Nahrung bot, und sie ist bis heute eine der wirtschaftlich wichtigsten Nussarten weltweit. Mehr noch, im Grunde ist die Haselnuss nicht nur die erste, sondern auch eine der wenigen Obstarten, die seit den Eiszeiten von sich aus in Mitteleuropa heimisch wurde und heute noch kultiviert wird.

Äpfel, Birnen, Walnüsse, aber auch die Aprikosen, Edelkastanien, Weinreben, Mandeln oder Pflaumen: Sie alle wurden in Mitteleuropa eingeführt oder über weite Distanzen vom Menschen in ihrer Verbreitung unterstützt. Manche schon sehr früh, zur Zeit der Pfahlbauer, andere erst durch die Römer. Wieder andere Obstarten, wie etwa der Chinesische Strahlengriffel, die »Kiwi«, werden gerade erst großflächig akklimatisiert. Natürlich gibt es einige wild wachsende Obstsorten, die Schlehe oder Heidelbeeren etwa. Doch in Kultur haben sich die nah verwandten, gezüchteten Pflaumen und Zwetschgen besser behauptet als die Schlehe. Und während die Beeren und Früchte schlecht lagerbar waren, blieben die Haselnüsse als wichtige, fettreiche Winternah-

Frucht der Gemeinen Hasel (*Corylus avellana*).

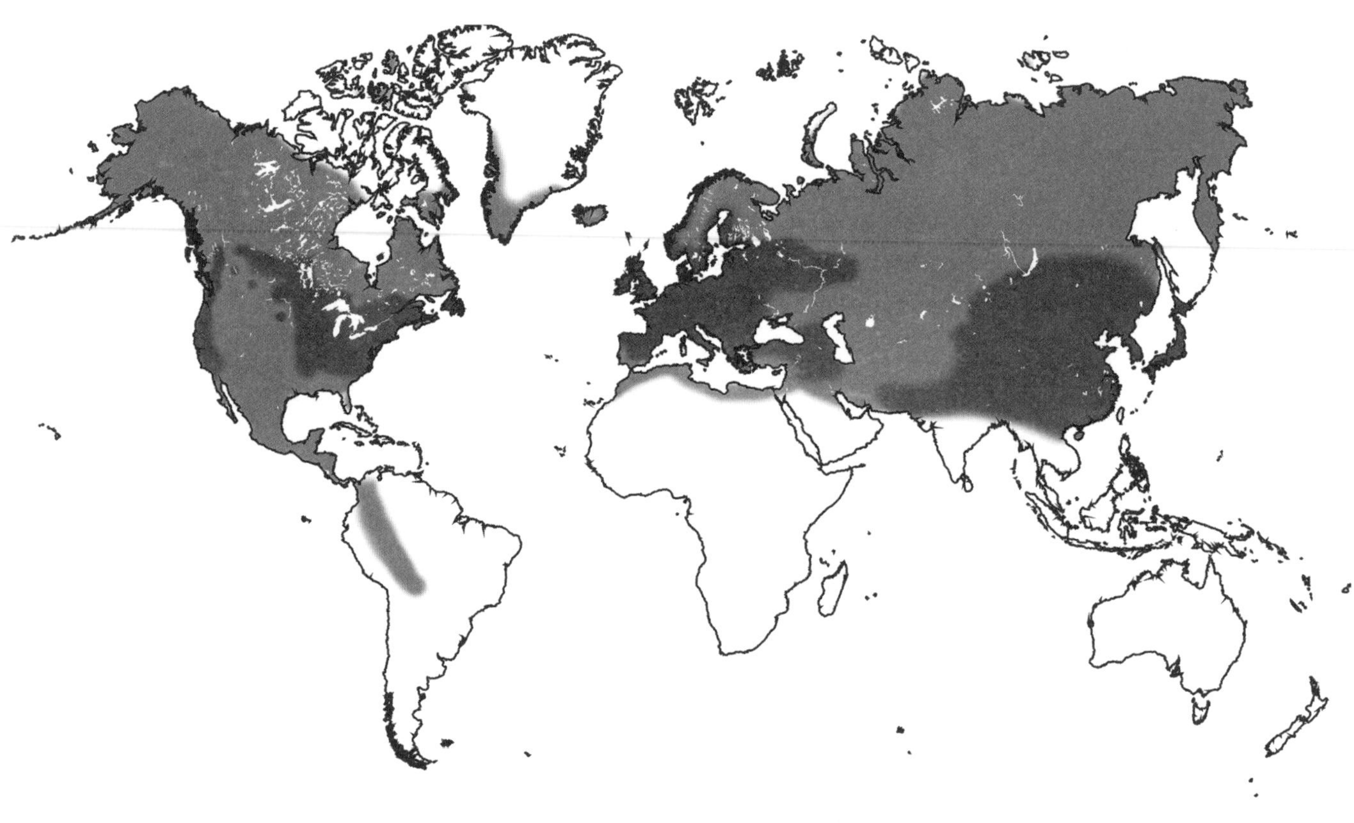

Das heutige Verbreitungsgebiet der Birkengewächse (hellblau) und der Haseln (dunkelblau).

rung haltbar. Doch die Haselnuss ist nicht einfach »eine« Nuss, sie ist Teil einer auf der ganzen Nordhalbkugel verbreiteten Gattung von nusstragenden Gehölzen – etwa zehn Strauch- sowie vier Baumarten.

Aus guter Verwandtschaft

Botanisch gehören die Haseln zu den Birkengewächsen, sie sind also mit den Birken (*Betula*) und Erlen (*Alnus*) nah verwandt. Zusammen mit den Hainbuchen (*Carpinus*), den Hopfenbuchen (*Ostrya*) und den Scheinhopfenbuchen (*Ostryopsis*) bilden sie die Unterfamilie der Haselnussgewächse. Hainbuchen und Hopfenbuchen haben jeweils eine in Mitteleuropa vertretene Art: die Gewöhnliche Hainbuche und die wärmeliebende Europäische Hopfenbuche, die südalpin bis ins Tessin vorkommt, aber inzwischen als beliebter Park- und Straßenbaum regelmäßig auch nördlich der Alpen zu finden ist.

Die dritte Gattung dieser Unterfamilie bilden die drei selten gepflanzten *Ostryopsis*-Arten aus China. Ihre Früchte sehen den Haseln am ähnlichsten, und so nehmen diese Arten mit ihren relativ kleinen, von verwachsenen Hüllblättern umgebenen Nüsschen optisch, aber auch genetisch eine Stellung zwischen Hopfenbuchen und Haseln ein.

Unter den Birkengewächsen bildet nur die Gattung der Haseln große Samen aus, die effizient vom Menschen als Nahrungsmittel genutzt werden können. Die Nüsse der anderen Gattungen sind klein und unscheinbar, oft flugfähig, sie werden manchmal in Bächen und durch Flüsse verbreitet und sind bei mancher Art unscheinbar in zapfenartigen Fruchtständen versteckt. Die Familie der Birkengewächse, die Betulaceae, gliedert sich in die Fagales, die Ordnung der Buchenartigen, ein, der auch die Buchengewächse und Walnussgewächse zugeordnet werden. Allen diesen Gehölzen sind die windbestäubenden Blüten gemein.

Systematik und Verbreitung

Von den Haselnüssen gibt es, je nach »Rechnung« und Artabgrenzung, neun bis zwanzig Arten. Ein ziemlich großes Spektrum für eine so überschaubare Gattung. Alle Arten sind schon lange bekannt, die große Variabilität in der Artzahl gründet also nicht auf Neuentdeckungen oder unauffindbaren Beständen, sondern auf unterschiedlichen Auffassungen der Systematik. Während manche Autoren und Autorinnen die ganze Gattung in ein paar wenige Formenkomplexe gliedern, die dann jeweils eine vielgestaltige Art bilden, vermuten andere Forscherinnen und Forscher hinter vielen isolierten Populationen eine eigene Art. Doch dazu mehr im biologischen Teil.

Die Birkengewächse sind auf der ganzen Nordhemisphäre vertreten und mit einigen wenigen Arten der Erlen sogar bis in die Hochlagen der Anden in Südamerika verbreitet. Die Haseln nehmen in diesem Verbreitungsgebiet ein disjunktes Areal ein, das sich von Europa über Klein- und Ostasien sowie das östliche und westliche Nordamerika verteilt. Dabei ist das Zentrum der Biodiversität der Haseln in Asien zu finden; acht Arten sind alleine in China verbreitet, die Mehrzahl davon ist endemisch.

Die Haseln haben eine außerordentlich lange Kultur in fast allen Regionen ihrer natürlichen Verbreitung, besonders bekannt sind sie in Europa, wo ihre Nutzung durch archäologische Funde am breitesten nachgewiesen ist und wo sie bis heute einen Platz in Kultur, Märchen und Volksglauben behalten haben.

In Kultur

Die Haselnüsse sind eine fast weltweit in den gemäßigten Zonen kultivierte Gattung von Gehölzen, wobei ein Großteil der großfrüchtigen Kultursorten von der europäischen Gemeinen Hasel abstammt. Die Gemeine Hasel besitzt ein ausgedehntes Verbreitungsgebiet über ganz Europa bis nach Russland und Vorderasien und bildet als Aggregat (näher verwandte, aber kaum unterscheidbare Art) verschiedene optisch unterscheidbare Sippen aus, die bis heute

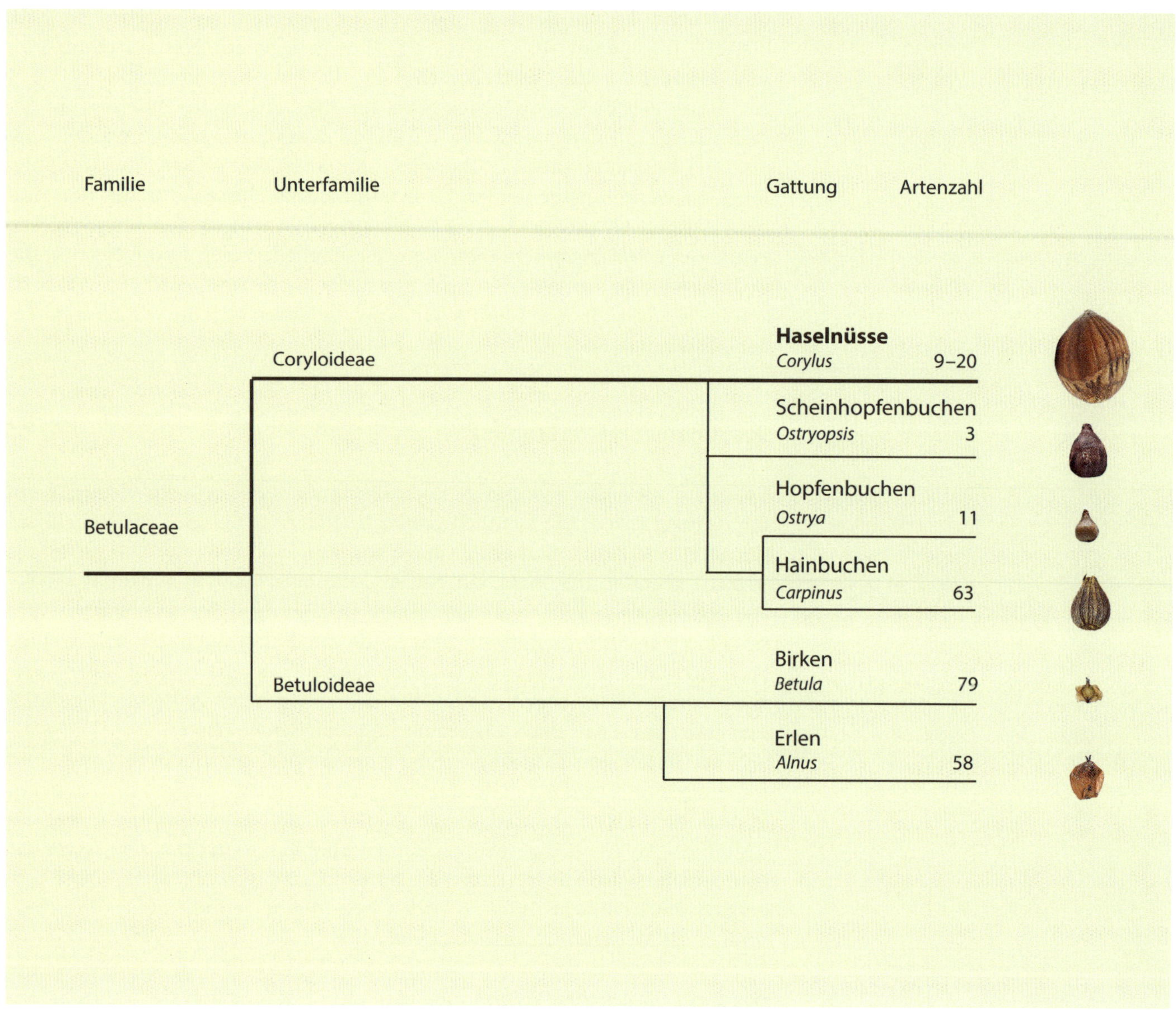

teilweise als eigene Arten anerkannt sind. Dazu gehören die häufig in Gärten kultivierte Lamberts-Hasel sowie die Pontische Hasel aus dem Schwarzmeer-Raum, von der ein Großteil der weltweiten Haselnussproduktion stammt. Neben Vorderasien ist auch der Mittelmeerraum und das westliche Nordamerika für die Haselkultur bedeutend. Expansionsartig hat die Haselkultur in den letzten Jahrzehnten auch auf der Südhalbkugel Verbreitung gefunden, die neuen Anbaugebiete in Südamerika, Südafrika und Ozeanien bilden derzeit aber noch einen kleinen Anteil des Weltmarktes.

Systematik der Familie der Betulaceae bis auf Gattungsebene. Die Artzahlen pro Gattung sind teilweise noch umstritten.

»Nüsse« in anderen Pflanzenfamilien

Manche Früchte und Kerne werden Nüsse genannt oder sind botanisch gesehen Nüsse, stammen aber nicht aus der hier behandelten Gattung der Haselnüsse. Diese umgangssprachliche Verwendung der Bezeichnung stellt eine sinngemäße Definition dar, aber nur in Ausnahmefällen eine im botanischen oder verwandtschaftlichen Sinn korrekte. Viele Nüsse, die wir als solche erkennen oder im Handel erwerben, gehören botanisch oft einer ganz anderen Verwandtschaft an.

»Nüsse« stammen aus allen möglichen »Verwandtschaften«: Es gibt »Nüsse« von Koniferen, wie die Pinienkerne, oder die in Asien als Delikatesse geschätzten Samen des Ginkgobaums bis hin zu den schwimmenden Wassernüssen aus der Verwandtschaft der Weiderichgewächse, die Früchte einer heute in Europa fast überall ausgestorbenen Schwimmpflanze, die zur Zeit der Pfahlbauer noch als wichtige Nahrungsquelle diente.

Walnuss (*Juglans regia*), Walnussgewächse.

Pimpernuss (*Staphylea colchica*), Pimpernussgewächse.

Erdnuss (*Arachis hypogaea*), Hülsenfrüchtler.

Wassernuss (*Trapa natans*), Weiderichgewächse.

Mandel (*Prunus dulcis*), Rosengewächse.

Rosskastanie (*Aesculus flava*), Seifenbaumgewächse.

Mädchenhaarbaum (*Ginkgo biloba*), Ginkgogewächse.

Pinienkern (*Pinus pinea*), Kieferngewächse.

Pistazie (*Pistacia vera*), Sumachgewächse.

Versteinerte Blätter von Birkengewächsen, darunter *Corylus insignis*.
(Aus: Oswald Heer: *flora tertiaria helvetiae*)

Zeitreise: Die Entstehungsgeschichte der Haselnüsse

Spurenlese

Die Geschichte der Haseln beginnt im Paläozän. Als Beginn dieser Epoche gilt das K/T-Ereignis (Kreide/Tertiär), jener Einschlag eines Meteoriten, der vor rund 66 Millionen Jahren die Dinosaurier und viele andere Arten von der Erdoberfläche hat verschwinden lassen. Die Lücken, die diese Katastrophe in die Ökosysteme riss, wurden von neuen Arten gefüllt. Es wurde Platz für viele jener Wesen, die heute noch die Erde besiedeln.

Damals stellten sich die Weichen für die Entwicklung neuer Arten günstig – bei den Pflanzen für Blütenpflanzen – und bei den Tieren für die Säugetiere und Vögel. Zwei wichtige Voraussetzungen für die Entstehung der Haseln.

Erste versteinerte Blätter mit Ähnlichkeiten zu jenen heutiger Haselnüsse wurden in den USA gefunden, sie haben ein Alter von etwa 60 Millionen Jahren. Versteinerungen von Nüssen oder gar ganzer Zweige fehlen aber immer wieder über Epochen von Millionen Jahren. Ein Flickenteppich aus versteinerten Blattabdrücken, Holzresten und später auch Nüssen geben den Paläobotanikerinnen und Paläobotanikern heute aber fragmentarische Einblicke in die fossile Geschichte der Haselnuss.

Corylus-insignis-Blatt, Paläozän, Rocky Mountains, USA. (Aus: Roland W. Brown: *Paleocene Flora of the Rocky Mountains and Great Plains*).

Weil bei alleinigen fossilen Blattfunden die Zuteilung zu einer Gattung oder Art relativ schwierig und unsicher ist, wird heute kritisch diskutiert, ob die ältesten haselartigen Blätter tatsächlich von einem Haselbusch stammen.

Die amerikanischen Funde wurden mit dem Taxon *Corylus insignis*, manchmal *insignus* beschrieben, ein Name, der auf Oswald Heer zurückgeht. Oswald Heer, ein Züricher Paläobotaniker, hatte Mitte des 19. Jahrhunderts wegweisende Forschungen über versteinerte und konservierte Pflanzen aus unterschiedlichen Epochen betrieben und folgerichtig Rückschlüsse auf frühere Vegetationsperioden gemacht. Er hatte *Corylus insignis* für jüngere Versteinerungen aus Mitteleuropa erstbeschrieben. 150 Jahre früher hatte Johann Jakob Scheuchzer die Paläobotanik begründet. Der Stadtarzt von Zürich hatte sich intensiv mit Fossilien von Pflanzen beschäftigt. Er veröffentlichte 1709 das Werk *Herbarium diluvianum*, das »Herbarium der Sintflut« – weil er in den versteinerten Pflanzenresten Belege für die Biblische Sintflut sah. Noch heute ist ein versteinerter Riesen-Salamander (*Andrias scheuchzeri*) nach ihm benannt. Scheuchzer beschrieb ihn 1726 als Skelett eines in der Sintflut verstorbenen

Fossiles Haselblatt der Art *Corylus insignis*. Aus der Sammlung Oswald Heers, liegt in der Erdwissenschaftlichen Sammlung an der ETH Zürich.

Menschen und nannte ihn »Homo diluvii testis« – »Sintflut beweisender Mensch«. Mit seinen für seine Zeit neuartigen Interpretationen biblischer Ereignisse machte sich Scheuchzer im reformiert-konservativen Zürich seiner Zeit wenig Freunde. Seine Arbeit war aber wegweisend für neue, wissenschaftliche Denkmuster.

Oswald Heer hatte zur Zeit seines 1855 bis 1857 veröffentlichten Buchs zur Tertiär-Vegetation *Flora tertiaria Helvetiae* bereits ein wesentlich wissenschaftlicher denkendes Zürich um sich; für ihn konnten Fossilien mit geologischen Phänomenen erklärt werden, die weit älter waren, als es die konservative biblische Zeitrechnung erlaubt hätte. Seine schönsten fossilen Blätter der Ur-Haselnuss *Corylus insignis* fand er am hohen Rohnen (vermutlich Höhronen, zwischen Zürich und Sihlsee) in Mergelablagerungen sowie in Gesteinsmaterial aus einem Tunnelbau bei Lausanne. Sie stammen mehrheitlich aus den Molasseablagerungen des Miozän und sind bis 20 Millionen Jahre alt.

Anhand Oswald Heers Abbildungen und Beschreibungen der fossilen Haselblätter wurden fast weltweit ähnliche Blattversteinerungen der fossilen Art zugeteilt, was dazu führte, dass *Corylus insignis* fast 40 Millionen Jahre früher datiert wurde und man annahm, dass es fast über die gesamte nördliche Hemisphäre verbreitet war. So wurde *Corylus insignis* zur ältesten Haselart der Welt. In den Rocky Mountains konnte auch eine Nuss dieses Alters gefunden werden. Sie ist allerdings sehr klein, weshalb diese in den 1960ern beschriebenen

Funde ebenfalls einer anderen, ausgestorbenen Vorgänger-Gattung angehören könnten. Ähnliches gilt für paläozäne Funde aus England und Grönland. Zudem werden unter dem Namen *C. insignis* manchmal auch versteinerte Blattabdrücke von Taschentuch-Bäumen der Gattung *Davidia* geführt, die von Paläobotanikern aber als Falschbestimmung erkannt wurden. Jedenfalls wurde Heer's Taxon zu einer Sammelbezeichnung für eine ganze Reihe von Arten mit ähnlicher Blattmorphologie.

Als gesicherte Belege gelten neben Heers Funden die miozänen Funde aus dem Grenzgebiet Georgiens zur Türkei (Goderdzi), in der paläobotanischen Literatur werden zudem Funde aus dem Oligozän in Kanada und Kasachstan und dem Paläozän der Rocky Mountains in den USA erwähnt. Letzte Nachweise der Art stammen aus dem Pliozän Großbritanniens. Die sichere Bestimmung von Pflanzenarten nur anhand versteinerter Blattreste oder hüllblattloser Nüsse ist aber auch keine einfache Aufgabe – nicht nur, weil sich die Blattgeometrie beim Versteinerungsprozess verändern kann. Rückblickend kann man über die Variabilität der Morphologie innerhalb der Art nur Vermutungen anstellen, gerade wenn zwischen den Funden Millionen von Jahren liegen. Und auch heute noch sind manche Blätter der Birkengewächse jenen der Gattung *Corylus* sehr ähnlich. Für manche Fossilien wurde darum die Gattung *Corylites* aufgestellt, die ähnliche, aber nicht eindeutig den Haseln zuordenbare Blatt- und Fruchtmerkmale bildete.

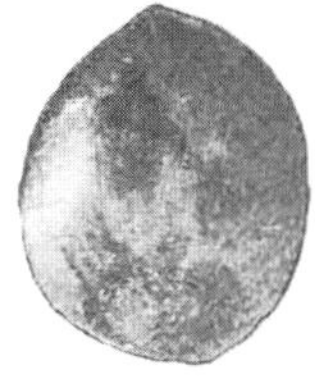

Corylus insignis-Frucht, circa 5 mm Durchmesser, Paläozän, Rocky Mountains, USA. (Aus: Roland W. Brown: *Paleocene Flora of the Rocky Mountains and Great Plains*)

Möglicherweise gehören darum viele der ältesten haselartigen Blattfossilien – und auch Nussfossilien – aus dem Paläogen ausgestorbenen Gattungen an. Unter diesen ist *Palaeocarpinus*, eine Gehölzgattung ohne deutschen Namen, besonders interessant. Die Gattung ist wohl schon früher als die Hasel aufgetreten und inzwischen lange wieder ausgestorben. Obschon ihr Name auf die Hainbuchen verweist, waren die Früchte und Blüten dieser Birkengewächse jenen der Haselsträucher äußerst ähnlich; die Nüsse blieben jedoch kleiner als bei rezenten Haseln. Von der Gattung *Palaeocarpinus* sind auch männliche Blütenkätzchen und Samen mit stacheligen Hüllblättern erhalten geblieben. Die Gattung bildete verschiedene, anhand der Früchte und Blattmorphologie unterscheidbare Arten, die möglicherweise die Vorfahren der heutigen Haseln sind. Das Verbreitungsgebiet dieser Baum- oder Strauchgattung umfasste im Paläozän die gesamte nördliche Hemisphäre von Europa über Asien nach Nordamerika. Das Typusexemplar, das erste gefundene Fossil, stammt aus einer Fundstelle in England. Verschiedentlich wird aufgrund solcher weitverbreiteter Funde über durchgängige Landbrücken diskutiert, die über den Pazifik und Atlantik zeitweise den floralen Austausch auf der Nordhemisphäre ermöglicht hatten. Während Ostasien und Nordamerika durch die Bering-Brücke seit dem Paläozän belegterweise mehrmals verbunden waren, ist die Theorie einer zeitweisen Landbildung im Atlantik noch teilweise umstritten. Oswald Heer war ein früher Unterstützer dieser Theorie, er nannte das Land im Atlantik »Atlantis«. Er begründete sein Atlantis durch die Untersuchungen der versteinerten Flora Europas: Sie weist eine derart große Ähnlichkeit mit der heutigen Flora Nordamerikas auf, dass er eine direkte Verbindung zwischen den Kontinenten nur so zu erklären wusste. Neuere, genetische Analy-

Fossilien von *Palaeocarpinus dakotensis*; links Blütenkätzchen, rechts der Fruchtstand, aus dem Paläozän, circa 58 Millionen Jahre, North Dakota, USA.

sen anderer Pflanzengattungen stützen seine These: Die Landbrücke wird in diesen Studien NALB, Northern Atlantic Land Bridge, genannt; sie soll über Grönland und wohl Island Nordeuropa und den amerikanischen Kontinent verbunden haben. Einige von der Haseninsel in Grönland stammende Blattfossilien hatte Heer auch als *Corylus insignis* bestimmt.

Einzigartige Fruchtfunde

Vor etwa 45 Millionen Jahren sind im heutigen Bundesstaat Washington an der Westküste der USA die Nüsse einer Haselnuss-Staude in den feinen Sand eines Seeufers gefallen und dort unter Luftabschluss und hohem Druck geologischer Prozesse konserviert und mineralisiert worden.

2003 wurden die Fossilien erstbeschrieben und *Corylus johnsonii* genannt, die ältesten Fossilien einer Haselnuss mit Hüllblättern, die je gefunden wurden. Die Hasel ist das erste großsamige Birkengewächs, das in der Entwicklungsgeschichte dieser Pflanzenfamilie belegt wurde. Der Fundort der Johnson's Hasel liegt im Verbreitungsgebiet der heutigen Haselnüsse und liefert Hinweise, dass der Ursprung dieser Pflanzengattung auf der nördlichen Hemisphäre liegen dürfte. Auch neuere Studien, die anhand der heutigen Verbreitung der Haselarten und deren genetischer Ähnlichkeit die Geschichte der Gattung nachzeichnen, bestätigen diese Annahme.

Obschon aus dem Eozän noch Belege fehlen, vermutet man eine Entstehung der Haseln im östlichen Asien. Neben der Johnson's Hasel wurden auch

Hainbuchen- und *Palaeocarpinus*-Fossilien an den gleichen Fundorten ausgegraben. Die Ähnlichkeit der Fossilien der Johnson's Hasel mit heutigen Haselnüssen ist beeindruckend; obschon die Hüllblätter eine große Variabilität besitzen, ähneln sie den rezenten Fruchtständen der Himalaja-Hasel *Corylus ferox* oder deren in Parkanlagen häufiger gepflanzten Hybride *C.* x *spinescens* am stärksten. Die stacheligen Haselarten sind heute in Ostasien verbreitet und nicht mehr in Nordamerika. Weil viele *Palaeocarpinus*-Arten ebenfalls stachelige Hüllen besaßen, liegt die Vermutung nahe, dass die stacheligen Hüllblätter ein ursprüngliches Merkmal der Haseln war. Genetische Befunde der Himalaja-Hasel bestätigen die Vermutung. Die heutigen nordamerikanischen Haselarten sind weit jünger, sie haben erst viel später den Kontinent von Asien her besiedelt.

Im Eozän herrschten auch in den heute temperierten Klimabereichen zeitweise tropische Temperaturen. Während der Zeitepoche kühlte das Klima zwar allmählich etwas aus, subtropische Temperaturen dürften am Fundort der Johnson's Hasel an der heutigen Grenze zwischen den USA und Kanada im kleinen Dorf Republic trotzdem geherrscht haben. Eozäne Fundstellen in Mitteleuropa zeigen teilweise ein tropisches fossiles Pflanzenbild, das jenem des heutigen Indonesischen Archipel ähnelt.

Voraussetzung für die Entwicklung und Verbreitung großfruchtiger Nusspflanzen war die parallele Evolution von Tierarten, welche die Samen an neue Orte tragen konnten. Und so ist es typisch, dass auch bei den Birkengewächsen die ältesten Arten kleinsamig waren und mit Wasser und Wind verbreitet werden konnten. Denn das jährliche Entwickeln großkerniger Nüsse ist ein Energieaufwand, der sich für eine Pflanze lohnen muss, damit er sich durchsetzt. Eine Birke kann mit dem gleichen Aufwand Millionen flugfähiger Samen produzieren, mit dem eine Hasel ein paar Hundert Nüsse liefert.

Links: Johnson's Hasel (*Corylus johnsonii*), Mittleres Eozän, circa 45 Millionen Jahre. Frisch wird die Nuss der heute in Parkanlagen gepflanzten Spinescens-Hasel (*Corylus* x *spinescens*, rechts) ähnlich gesehen haben.

Links: Verkohlte Haselnuss (*Corylus* sp.), Sessenheim, Pliozän, circa 5 Millionen Jahre. Zum Vergleich: rezente Nuss der Mandschurischen Hasel (*C. sieboldiana* var. *mandshurica*) mit ähnlicher Form und Größe. Die Nuss gleicht aber auch den Scheinkastanien, hier *Castanopsis cruspidata* aus Japan/Korea. (Vergrößerte Darstellungen)

Und darum ist es wahrscheinlich, dass sich die Haseln ähnlich wie die Walnüsse und Hickorys koevolutiv mit Nagern entwickelt haben. Die Haseln sind auch heute noch davon abhängig, dass Eichhörnchen, Mäuse oder Bilche die Nüsse sammeln und in Winterverstecken verteilen. Auch Rabenvögel dürften wie heute ihren Teil an der Verbreitung geleistet haben. Aus vergessenen Verstecken und ungeöffneten vertragenen Nüssen wächst die nächste Pflanzengeneration. Die Nager gehörten zu den wenigen Säugetiergruppen, die wohl schon in der späten Kreidezeit die Erde besiedelten, als die Dinosaurier noch auf der Erde weilten. Nach dem K/T-Ereignis begannen sie, sich im Paläozän zu diversifizieren, was durch versteinerte Knochenreste belegt ist. Ihre Entwicklung wurde zur Basis für die Verbreitung der nusstragenden Gehölze.

Verbreitung und Fehlbestimmungen

Im europäischen Raum sind fossile Nachweise der Haseln seit der Zeit des Beginns des Tertiärs immer wieder belegt. Die Funde verdichten sich im Miozän und nehmen zeitweise wieder stark ab. Aber auch hier hat die neuere Forschung viele alte Funde infrage gestellt. So würden manche der vielen Hasel-Blattfunde heute nur noch in ihre Verwandtschaft gestellt. Manche Nüsse, die als Hasel bestimmt wurden, darunter insbesondere Miozäne-Funde aus den Braunkohlen des östlichen Europas, wurden als Scheinkastanien, *Castanopsis*, nachbestimmt, eine heute im subtropisch-tropischen Asien verbreitete Gattung der Buchengewächse. Die Früchte der *Castanopsis*-Arten sind variabel in Form und Größe, erinnern in einigen Fällen aber stark an jene der heutigen Haseln. Sie stehen botanisch zwischen den Eichen und Kastanien. Heute noch sind über 140 Arten dieser Gattung in Ostasien verbreitet.

Auch fossile Pollenfunde, die verbreitet in Ablagerungen des tertiären Europa gefunden und den Haselstauden zugeteilt wurden, sind heute in ihrer Bestimmung umstritten. Viele Funde werden heutzutage einem größeren Komplex zugeordnet, sie ähneln auch den Pollen von Birken, Buchengewächsen

oder gar einigen damals verbreiteten, tropischen Walnussgewächsen der Gattung *Engelhardia*.

Insofern erklärt sich über längere Zeitperioden vielleicht auch das Fehlen der Gattung *Corylus* bei den Fossilien, denn im Gegensatz zu anderen heute heimischen Gattungen sind die Haselnüsse Pionierarten und an relativ tiefe Temperaturen gewöhnt. Weil es in langen Zeiträumen des Tertiärs wesentlich wärmer war als in Europa in heutiger Zeit (im Miozän etwa herrschten Lorbeerwälder vor, wie sie heute auf den Kanarischen Inseln oder im Norden Vietnams verbreitet sind), hätten heutige Haselnussarten in solchen Temperaturen nicht gedeihen können. Vermutlich sind in diesen Zeiträumen die Haseln weiter östlich in Asien verbreitet gewesen und haben ihr Vorkommen nicht wie heute bis nach Westeuropa ausgebreitet. Es gibt wenige neuere, nach heutigen Methoden gestützte Funde von Haselnussfossilien aus dem Miozän auch in Russland und Kasachstan.

Erst viel später, als sich das Klima vor fünf Millionen Jahren langsam abkühlte und es langsam auf die Eiszeiten zuging, werden die Hasel-Vorkommen auch in Mitteleuropa durch eine größere Palette an Funden gestützt.

Haselblatt (*C. kolakovskyi*) aus pliozänen Ablagerungen bei Frankfurt, circa 5–2,5 Millionen Jahre. (Aus: Kvacek et al., 2020)

Saugbaggerflora

In den großen Kiesabbaugebieten des Urstromtals des Rheins, nördlich von Basel, finden sich die nächsten sicheren Spuren der Haselnüsse. Der Rhein, einer der wasserreichsten Flüsse Mitteleuropas, fließt von den Alpen bis zur Nordsee und passiert dabei den ursprünglich tektonisch entstandenen Rheingraben nördlich von Basel. In diesem Tal, in das während der Erwärmungen nach den Eiszeiten große Mengen Schmelzwasser abflossen, gibt es Anlagerungen aus dem Plio- und Pleistozän, der Warmzeiten vor den Vergletscherungen. In diesen Epochen, in denen in Mitteleuropa floristisch äußerst artenreiche Laubwälder vorherrschten, war es um wenige Grad wärmer als zur heutigen Zeit. Damals hat der Rhein Kies und Sedimente abgelagert, wo sich auch die Nüsse und Samen vieler damals lebender Pflanzen konserviert haben.

Viele der Pflanzenreste sind verkohlt und nicht eigentlich mineralisiert oder versteinert. Sie haben auch noch ein ähnliches Gewicht wie frische Pflanzen. Der Kiesabbau in Sessenheim und anderen Fundstellen im deutsch-französischen Grenzgebiet im Elsass erfolgte größtenteils mit Saugbaggern; so wurden in Tagbaugebieten große Mengen Kies aus der Tiefe geholt, aber auch Nüsse von Haseln, Styraxbäumen, Hickory-Arten und Walnüssen, besonders der sogenannten Bergamo-Walnuss. Die dort gefundenen Haselnüsse zählt man zu zwei Formen bzw. Arten. Einige werden der Gemeinen Haselnuss, derselben Art, die auch heute den Bestand europäischer Haseln bildet, zugeordnet. Bei der zweiten Form, *Corylus acuta*, könnte es sich um eine später ausgestorbene Art handeln. Die abgebildete Nuss aus dieser Ausgrabungsstätte (siehe Seite 26) zeigt eine gewisse Ähnlichkeit mit der Mandschurischen

Schnabel-Hasel, die heute im Osten Chinas verbreitet ist. Auch hier ist aber die Ähnlichkeit zu Früchten der Gattung der Scheinkastanien groß.

Die meisten anderen in dieser Ausgrabungsstätte gefundenen Gehölzpflanzen – sogar die Gattungen der Walnussgewächse und Storaxgewächse – sind später in den Eiszeiten in Europa ausgestorben. Nur die Hasel konnte sich in der Region halten und nach den Kaltzeiten Europa von selbst wieder besiedeln. In einer nahen Fundstelle in Auenheim sowie in einer Fundstätte bei Frankfurt wurden aus der gleichen Zeit, dem Pliozän, gut erhaltene Blätter von Haseln gefunden, deren Blattaderung eindeutig den heutigen in der Gattung entsprechen. Die Funde aus Frankfurt werden als *Corylus kolakovskyi* beschrieben. Die Blattgeometrie wird mit der Lambertsnuss *C. maxima* verglichen, deren Blattränder oft etwas weniger stark gesägt sind als bei den heutigen mittel- und westeuropäischen Haselpopulationen. Wie genau sich diese Funde aber in die heutige Systematik eingliedern, ist auch heute nicht restlos geklärt.

Letzte voreiszeitliche Belege stammen aus dem Rhön-Gebiet beim Thüringerwald von vor etwa 2,8 bis 2,5 Millionen Jahren, als das Klima Europas etwa dem heutigen entsprach. Hier noch war die Hasel zusammen mit Arten wie der Wassernuss, heute noch heimischen Seggen sowie heute in Mitteleuropa ausgestorbenen Gehölzen wie Zelkoven, Magnolien und Maulbeerbäumen verbreitet.

Die Zwischeneiszeiten oder Interstadiale

Die jüngsten »Fossilien« oder besser »Verkohlungen« von Haselnüssen findet man im mitteleuropäischen Raum in den Ablagerungen der Warmperioden zwischen den Vergletscherungen. Was wir umgangssprachlich als »Eiszeit« bezeichnen, war eine sehr labile, zwischen Warm- und Kaltperioden wechselnde, etwa 2,5 Millionen Jahre lange Periode, in denen regelmäßige Gletschervorstöße die Vegetation im Alpenraum und Nordeuropa komplett verdrängte.

Während in den Kaltperioden der Eiszeiten die Temperaturen äußerst niedrig und für den Wuchs von Gehölzen ziemlich ungeeignet war, haben sich in den Warmphasen dazwischen, die oft mehrere Tausend Jahre gedauert haben, eine mehr oder weniger reiche Zahl an verholzenden Bäumen und Sträuchern in den Voralpen angesiedelt. Beim erneuten Vordringen der Gletscher wurden die Ablagerungen dieser Zeit; die ganze Vegetation, Moore und Kadaver verendeter Tiere wieder von den Gletschern überdeckt und platt gedrückt; es entstanden die sogenannten »Schieferkohlen«. Die darin zu findenden, verkohlten Pflanzen- und Tierreste sind teilweise gut erhalten, sodass sich Rückschlüsse auf die Vegetation der Warmzeiten machen lassen. Haselnüsse verschiedener Formen gehören zu den häufigsten Fundstücken aus den jungen Kohleablagerungen, aber auch Fichten- und Föhrenzapfen, Birkensamen oder Eicheln wurden in den Schieferkohlen gefunden. Eine der wichtigsten Ablagerungsstellen liegt bei Dürnten, im Grenzgebiet der Schweizer Kantone Zürich

Dürnten zur Zeit der Schieferkohlen (Zwischeneiszeiten); aus Oswald Heers *Urwelt der Schweiz*, 1863. Urrinder, Waldelefanten und Nashörner in einer Landschaft mit Kiefern, Tannen und Birkengewächsen, in denen die Hasel eine wichtige Rolle spielte.

und St. Gallen, und wurde im nationalen Bundesinventar für Landschaften (BLN) geschützt.

Die Schieferkohlen waren für die Anwohner in kalten Wintern zu Beginn des 19. Jahrhunderts ein beliebtes Brennmaterial. Während damals gemeinnützige Abbautätigkeiten zum Nutzen der Armen vonstatten gingen, wurde Mitte des 19. Jahrhunderts der Kohleabbau durch Industrielle professionalisiert und sowohl als Tage- als auch Untertagebau stark ausgebaut. Fast 40 000 Tonnen Kohle wurden aus den Stollen gehoben und zum Verbrennen getrocknet. Noch heute erkennt man in der Landschaft die Spuren des Tagebaus im 19. Jahrhundert; einige Tagebaugruben sind noch zu sehen, und manche eingestürzte Stollen sind als Senkungen in der Landschaft zu erkennen.

Neben Haselnüssen fand man in den Ablagerungen in Dürnten auch Nashornzähne, Stoßzähne von Waldelefanten sowie die sterblichen Überreste von

Wildpferden und Urrindern, sodass man sich ein recht klares Bild der damaligen Artenkombination machen kann. Während ein Großteil der damaligen Säugetierfauna ausgestorben ist, kommen alle erwähnten Pflanzenarten auch in der heutigen Zeit noch in der Region vor.

Reste von Haselnuss-Schalen aus den Schieferkohlen von Dürnten. Aus der Oswald-Heer-Sammlung in der Erdwissenschaftlichen Sammlung der ETH Zürich.

In Oswald Heers *Urwelt der Schweiz* von 1863 werden die Arten in einigen Listen und Abbildungen zusammengefasst. Oswald Heer schätzte das Alter der verkohlten Ablagerungen auf etwa 8000 Jahre. Heute weiß man, dass diese Schieferkohlen eine Artenkombination zeigen, die weit älter ist und nach dem letzten eiszeitlichen Maximum nicht mehr zurückkehren konnte. Genaue neuere Analysen der Dürntener Schieferkohlen und einiger ähnlicher Ablagerungen in der Region ergeben ein Alter zwischen 115 000 Jahren und etwa 55 000 Jahren. Die ältesten Ablagerungen werden dem Ende der Eem-Warmzeit, die im Alpenraum »Riß/Würm-Zwischeneiszeit« genannt wird, zugerechnet. Aus dieser Zeit finden sich auch im Baselbieter-Raum (Basel-Landschaft) Kalk-Ablagerungen mit Haselblatt-Abdrücken. Die neueren Schieferkohlen fallen in die Frühwürm-Interstadiale, einer kurzzeitigen Warmperiode in der Würmeiszeit, der letzten großen Vergletscherung vor unserer Zeit.

In diese Zeit fällt auch die Kulturzeit der späten Neandertaler (*Homo neanderthalensis*) im Alpenraum.

Das erste Auftreten des modernen Menschen in Europa (Cro-Magnon) vor etwas mehr als 40 000 Jahren wird nur wenige Tausend Jahre nach den Ablagerungen der Dürntener Schieferkohlen datiert.

Die damaligen Temperaturen, die Oswald Heer anhand der durchschnittlichen Temperaturansprüche der gefundenen Pflanzenarten berechnete, ergeben eine Jahresdurchschnittstemperatur von etwa 5–6 Grad Celsius. Diese Berechnungen werden noch heute als realistisch betrachtet, sie liegen nur wenig unter dem heutigen Temperaturmittel der entsprechenden Lokationen.

In späteren Schieferkohleablagerungen in Gossau im Kanton Zürich oder Gondiswil, die auf die mittlere Würm-Zeit datiert werden (vor etwa 50 000–30 000 Jahren), wurde die analysierte Vegetation nur noch durch Gräser, Sumpfpflanzen und wenige vereinzelte Spuren sehr kälteliebender Gehölzarten wie Wacholder, Föhren, Fichten und Birken gebildet. Die Hasel war durch die Abnahme der Temperatur auf wärmere Orte in Europa zurückgedrängt. Zu dieser Zeit waren die Waldelefanten bereits ausgestorben, nun bildeten das weit größere Mammut sowie das Wollhaar-Nashorn die kältesteppebewohnende europäische Megafauna. Mammutzähne wurden in Gondiswalder Schieferkohlen gefunden. Haseln lassen sich erst nach der erneuten Erwärmung vor knapp 10 000 Jahren nachweisen, als jene Wärmeperiode ihren Anfang nahm, die wir Holozän, die Jetztzeit, nennen. Schnell wurde die Hasel ein wichtiger Teil der Kultur des modernen Menschen in Mitteleuropa.

Haselblatt (unten links) sowie Aschweidenblätter aus dem Riß/Würm-Interglazial (Eem-Warmzeit). Diese Fossilien wurden als Gemeine Hasel (*C. avellana*) bestimmt, gefunden wurden sie in Basel. Aus der Erdwissenschaftlichen Sammlung der ETH Zürich.

Ein zeitlicher Überblick

Um die Entwicklungsgeschichte der Haseln übersichtlicher darzustellen und eine zeitliche Einordnung zu veranschaulichen, sind im folgenden Schema die im Text erwähnten Funde über die letzten 66 Millionen Jahre aufgeführt. Dabei sind die wichtigsten fossilen Funde erwähnt sowie einige kulturgeschichtliche Anhaltspunkte zum Einordnen der zeitlichen Entwicklung. Die hinterlegte, stark vereinfachte Temperaturentwicklung soll zeigen, dass sich temperaturbedingt die Haseln häufig in kältere und wärmere Gebiete verschieben mussten. Besonders eindrücklich sind hier die Hin- und Rückwanderungen in Nord-Süd-Richtung während der Eiszeiten, die in Europa viele Gehölzarten nicht überlebt haben. Im Pleistozän geht die Entwicklung der Haseln dann mit den Kulturzeiten der Neandertaler und Cro-Magnon einher, im Holozän sind sie in den mittel- und jungsteinzeitlichen Kulturschichten belegt (siehe nächste Seiten).

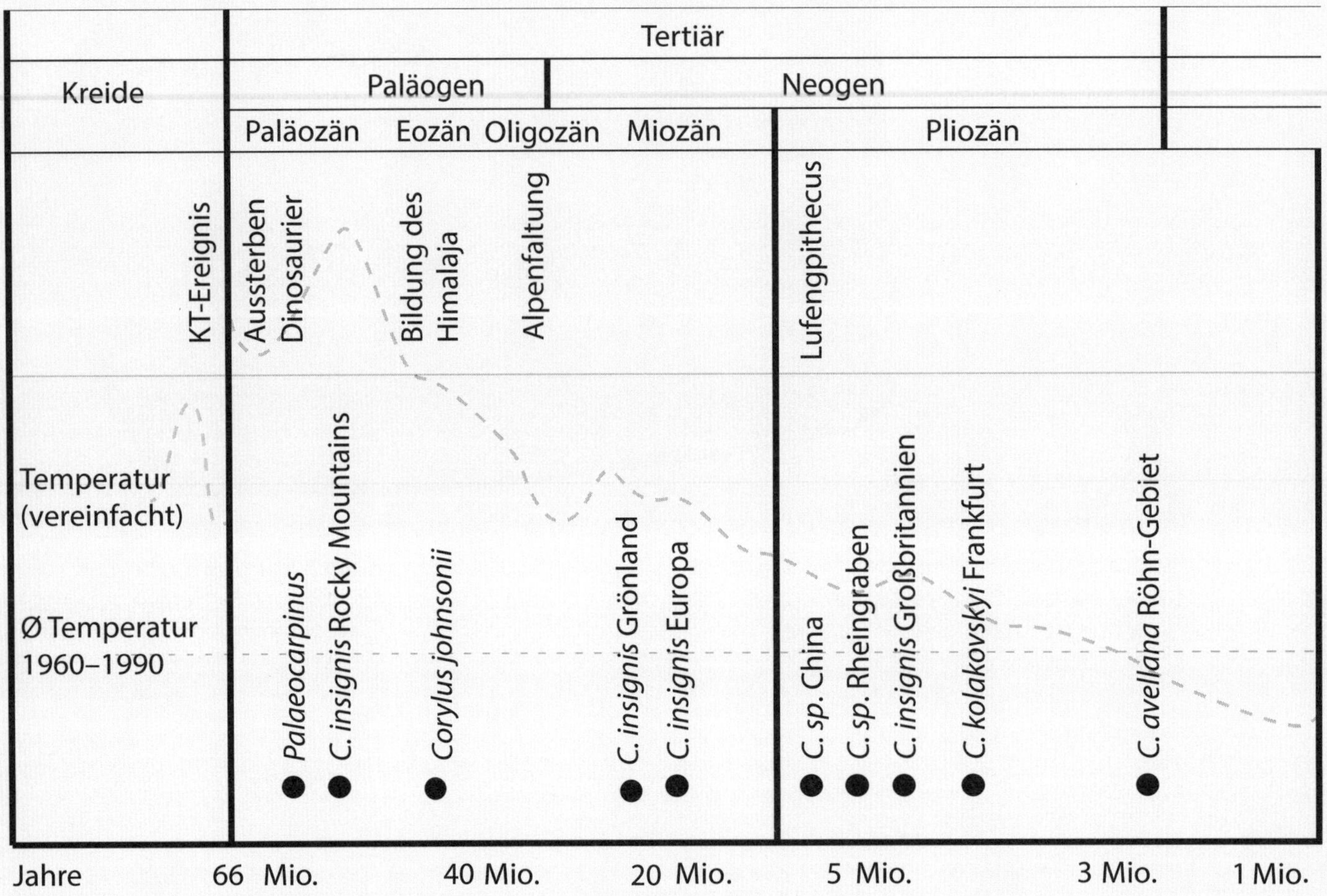

Tertiär

Kreide

Paläogen

Neogen

Paläozän Eozän Oligozän Miozän

Pliozän

KT-Ereignis

Aussterben Dinosaurier

Bildung des Himalaja

Alpenfaltung

Lufengpithecus

Temperatur (vereinfacht)

Ø Temperatur 1960–1990

● *Palaeocarpinus*

● *C. insignis* Rocky Mountains

● *Corylus johnsonii*

● *C. insignis* Grönland

● *C. insignis* Europa

● *C. sp.* China

● *C. sp.* Rheingraben

● *C. insignis* Großbritannien

● *C. kolakovskyi* Frankfurt

● *C. avellana* Röhn-Gebiet

Jahre 66 Mio. 40 Mio. 20 Mio. 5 Mio. 3 Mio. 1 Mio.

Diagramm von der Kreidezeit bis heute. Es ist zu beachten, dass die Zeitdarstellung nicht linear erfolgt. Hinterlegt ist die klimatische Entwicklung in Abweichung von der Referenz-Durchschnittstemperatur 1960–1990.

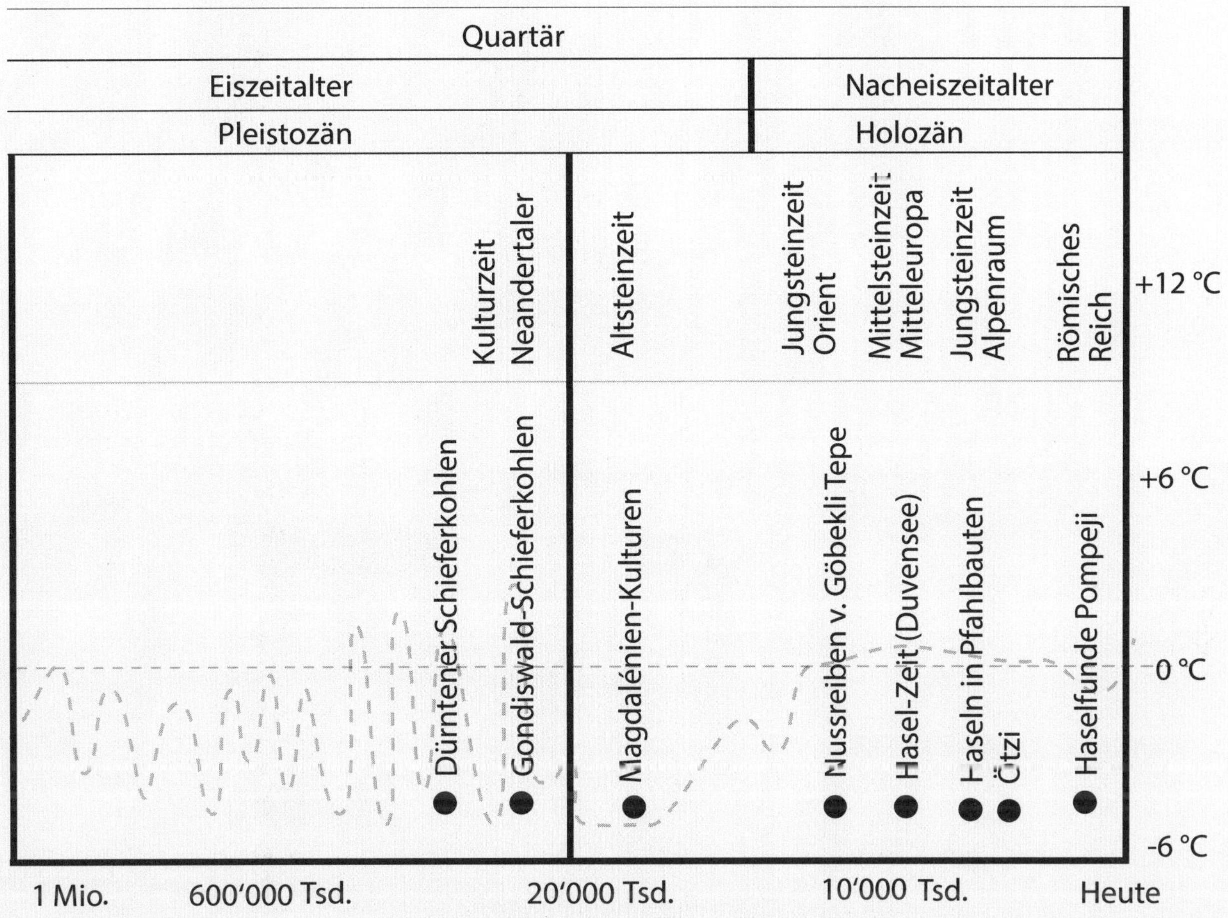
Quartär
Eiszeitalter
Nacheiszeitalter
Pleistozän
Holozän
Kulturzeit Neandertaler
Altsteinzeit
Jungsteinzeit Orient
Mittelsteinzeit Mitteleuropa
Jungsteinzeit Alpenraum
Römisches Reich
Dürntener Schieferkohlen
Gondiswald-Schieferkohlen
Magdalénien-Kulturen
Nussreiben v. Göbekli Tepe
Hasel-Zeit (Duvensee)
Haseln in Pfahlbauten
Ötzi
Haselfunde Pompeji
+12 °C
+6 °C
0 °C
-6 °C
1 Mio.
600'000 Tsd.
20'000 Tsd.
10'000 Tsd.
Heute

V.S. Robenhausen
Corylus avellana L. var. ovata, Wild.
Rubus idaeus L. Himbeere
neolith.? Pfahlbausiedl.
Bodenseegebiet Wangen?
Samml. Th. Würtenberger
V.S. Schweizersbild
Prunus domestica Pflaume
Nussartige Frucht
Trapa natans L. Wassernuss
Neolithische Pfahlbaute
Robenhausen am Pfaffikersee
Corylus Avellana L. Haselnuss
Picea Abies KARSTEN
Rottanne
39.01.04
Pinus silvestris L. Föhre
neolith.? Pfahlbausiedlung
Linum angustifolium HUDS.
Fagus silvatica L.
Rotbuche
Sambucus nigra L.
Schwarzer Hollunder
Neolith. Pfahlbaute
Galium palustre L.
Sumpf-Labkraut
Abies alba MILL.
Larix decidua MILL. Larche
Picea Abies (L.) KARSTEN
Fichte
Juglans regia L. Walnuss
Corylus Avellana L. var. ovata
Haselnuss
Alisma Plantago-aquatica L.
Gemeiner Froschlöffel
Prunus spinosa L. Schlehe
Rosa canina L. Hundsrose
133
Himbeere
119
Chenopodium album L.
Weisser Gansefuss
Menyanthes trifoliata L.
Fieberklee
169
Arctium Lappa L. = Lappa major

Erste Belege für eine Haselnusskultur

Stete Begleiterin

Während also die Hasel während der kältesten Periode der Weichsel-Eiszeit zwischen etwa 50 000 bis 10 000 Jahren nördlich der Alpen nicht mehr nachweisbar war, mussten sich die Populationen südlich der Alpen gehalten haben. Genetischen Studien zufolge lagen die Reliktpopulationen während der Kaltzeiten insbesondere in Frankreich und im Balkan an der heutigen Adria. Auch im Norden Portugals werden Refugien vermutet. Refugien, die länger von Haseln besiedelt waren als ihre nacheiszeitlichen Verbreitungsgebiete im mittleren und nördlichen Europa. Vermutlich konnten sich die Populationen an warmen Stellen entlang von Flüssen oder Seen in der Nähe der damaligen Meeresküsten halten. Zu dieser Zeit war der Balkan weitestgehend mit dem heutigen Italien verbunden; das damals an den Polen und in den Gletschern gespeicherte Wasser hatte die Wasserspiegel etwa hundert Meter sinken lassen. Während der Kaltzeiten waren die Alpen und weite Teile Nordeuropas und Großbritanniens von Gletschern überdeckt, während die flachen Regionen Mitteleuropas Kältesteppen waren, das heißt vergleichsweise trockene, kühle Grasländer, die von einer großen Zahl verschiedener Großsäuger besiedelt wurden, darunter Mammuts, Wollhaar-Nashörner, Riesenhirschen und die europäischen Wildpferde, die Tarpane. In neueren Abhandlungen wird diese Epoche oftmals als relativ angenehme Zeit für den Menschen beschrieben, zumal er durch die große Zahl an Wild und die Trockenheit des Klimas gut versorgt war. Wo Kälte und Nässe zusammengekommen sind, waren die Bedingungen für den Menschen – und mit ihm auch die der Mammuts und anderen Kältesteppenbewohner – weit schlechter.

Mit der Erwärmung, den gleichzeitigen regenreicheren Wintern und dem Vordringen der höheren Vegetation wurden die großen Wildherden zunehmend nach Norden verdrängt; der Mensch konnte seine Nahrung aber vermehrt mit einer größeren Vielfalt an vegetarischer Kost ergänzen. Natürlich bot das dichter werdende Buschland den Wildtieren auch ein Habitat – die Anzahl Tiere, ihre Größe und Jagdbarkeit nahmen jedoch ab. Diese landschaftliche Veränderung begünstigte beim Menschen eine Nutzung anderer Ressourcen. Denn gleichzeitig nahm die Zahl direkt verwertbarer Pflanzen zu.

Fundstücke aus mehrheitlich neolithischen Pfahlbau-Siedlungen der Voralpenseen mit Haselnüssen und Schalenfragmenten; aus der Erdwissenschaftlichen Sammlung der ETH Zürich.

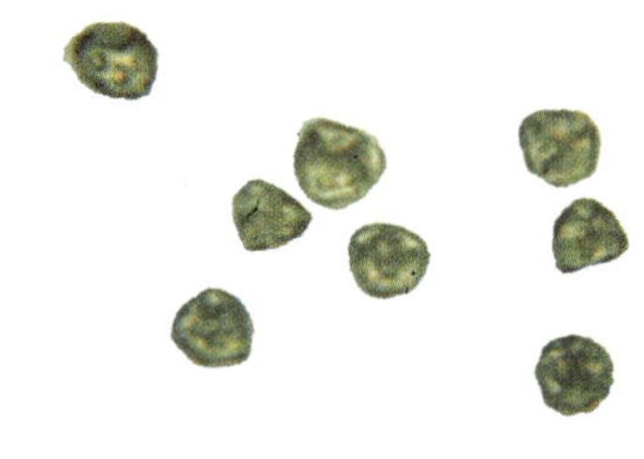

Haselnusspollen.

Fast ganz Europa wurde nach der letzten Eiszeit im Boreal vor etwa 10 000 Jahren aus den Haselbeständen der französischen Südalpen besiedelt, die westlich des Alpenbogens nach Norden vordrangen. Heutige italienische Haselpopulationen und einige weitere in Südosteuropa gehören der genetischen Sippe aus dem Balkanraum und der Adria an. Die stetige Erwärmung und die Humusbildung ebneten den Weg dafür, dass die Vegetation der Kältesteppen – Gräser, Zwergsträucher und allerlei Vegetation, die wir heute noch aus dem arktischen und alpinen Raum kennen – zurückgedrängt wurde. Schatten bildende Laub- und Nadelbaumarten wie die Buche oder die Weißtanne folgten erst ein paar Tausend Jahre später; sie verdrängten die lichthungrigen Erstankömmlinge später wieder in die hohen Lagen sowie auf natürliche und menschengemachte Pionierstandorte.

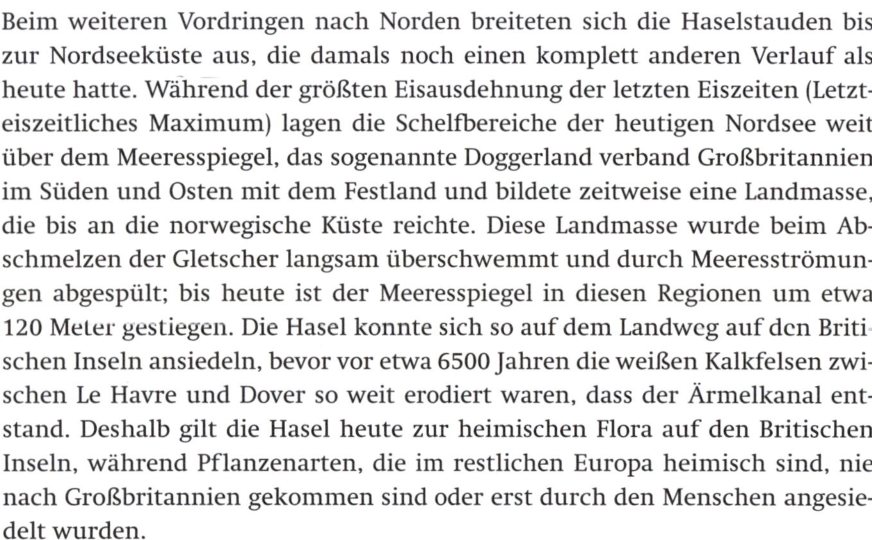

Beim weiteren Vordringen nach Norden breiteten sich die Haselstauden bis zur Nordseeküste aus, die damals noch einen komplett anderen Verlauf als heute hatte. Während der größten Eisausdehnung der letzten Eiszeiten (Letzteiszeitliches Maximum) lagen die Schelfbereiche der heutigen Nordsee weit über dem Meeresspiegel, das sogenannte Doggerland verband Großbritannien im Süden und Osten mit dem Festland und bildete zeitweise eine Landmasse, die bis an die norwegische Küste reichte. Diese Landmasse wurde beim Abschmelzen der Gletscher langsam überschwemmt und durch Meeresströmungen abgespült; bis heute ist der Meeresspiegel in diesen Regionen um etwa 120 Meter gestiegen. Die Hasel konnte sich so auf dem Landweg auf den Britischen Inseln ansiedeln, bevor vor etwa 6500 Jahren die weißen Kalkfelsen zwischen Le Havre und Dover so weit erodiert waren, dass der Ärmelkanal entstand. Deshalb gilt die Hasel heute zur heimischen Flora auf den Britischen Inseln, während Pflanzenarten, die im restlichen Europa heimisch sind, nie nach Großbritannien gekommen sind oder erst durch den Menschen angesiedelt wurden.

Haselnusspollen finden sich schon in den frühen Torfablagerungen der ältesten Torfmoore Europas. Torfmoore konnten erst nach dem Rückgang der Vergletscherungen bei mehrheitlich positiven Temperaturen entstehen; aus der Zusammensetzung des dort gelagerten organischen Materials kann bis heute auf das Vorkommen von Tier- und Pflanzenarten jener Zeiten geschlossen werden. Pollendiagramme, welche die zeitliche Entwicklung der Anzahl Pollen im Torf zeigen, geben Auskunft über die Besiedlungsgeschichte von Pflanzenarten.

In der Geschichte der sukzessiven Wiederbesiedlung Europas durch die höherwachsenden Pflanzen im Präboreal und Boreal, vor etwa 9000 Jahren, spielt die Hasel eine wichtige Rolle. Nachdem Föhren und Birken als erste Gehölze in Mitteleuropa wieder eine höhere Vegetation bildeten, folgte eine Hasel-Invasion. Anders als Birken und Wald- oder Bergföhre braucht die Hasel Tiere, die ihre Früchte verbreiten, nicht alleine den Wind. Kälteliebende Rabenvögel wie der Tannenhäher oder Nager, Mäuse, Schläfer und Hörnchen mussten zu dieser Zeit prägend im Ökosystem vorhanden gewesen sein.

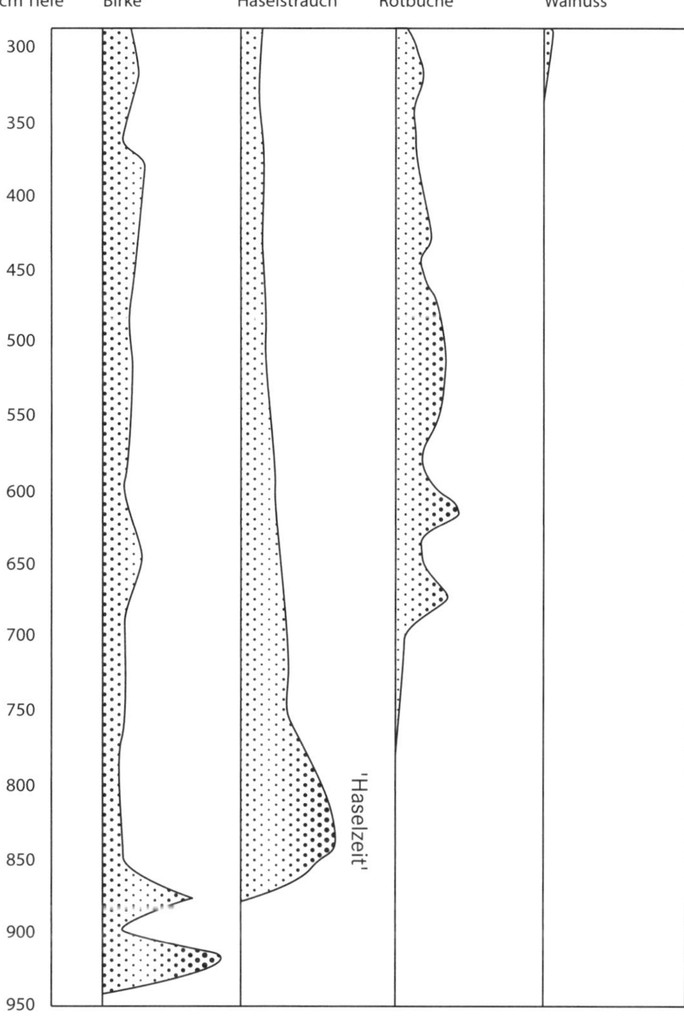

Pollendiagramm der Buchseen beim Bodensee. Die Tiefe der Pollenlage zeigt ihr Alter an. Pro Jahr wächst die Torfschicht um etwa einen Millimeter. (Nach einer Grafik aus: Denkmalpflege in Baden-Württemberg, 35. Jg., 4/2006)

Unbelegte Anfänge

Im Raum einiger für die Hasel vermuteten Relikt-Areale in Südfrankreich liegen – auf die Altsteinzeit datiert – wichtige Fundstätten der Cro-Magnon-Menschen (Aurignacien bis Magdalénien), der frühesten europäischen Vertreter unserer Art, des *Homo sapiens*. Die ersten Funde sind auf etwa 45 000 Jahre datiert. Obschon sich das Verbreitungsgebiet der Hasel damit im Raum der Kulturareale befand, liegen keine Belege für die Nutzung der Haseln vonseiten des Menschen vor. Auch schon die frühere Besiedlung Europas durch den Neandertaler *Homo neanderthalensis* deckt sich in der Verbreitung über einige Perioden mit den Arealen der Haselstauden. Besonders Pollenauswertungen von iberischen Neandertaler-Fundstätten mit einem Alter von 30 000 bis 45 000 Jahren zeigen einen hohen Deckungsgrad mit dem Vorkommen von Haseln an. Auch im Alpenraum lassen sich zur Kulturzeit der Neandertaler Nussreste in Schieferkohlen nachweisen. Ob die Haselnuss aber für die Neandertaler von Bedeutung war, kann nach heutigem Wissensstand nicht beurteilt werden. Ebenso unklar – aber genauso Teil verschiedener spekulativer Annahmen – ist die zeitliche und geografische Überschneidung von Skelettfunden der *Lufengpithecus*-Homidien in China mit Haselnussfossilien im späten Miozän.

Die Haselzeit

Als die Hasel nördlich der Alpen für die modernen Menschen Bedeutung gewann, im Mesolithikum, waren die Neandertaler längst verschwunden. Der moderne Mensch war in Europa noch nicht über längere Zeit sesshaft. Das Mesolithikum, die Mittelsteinzeit, fällt ins Präboreal und Boreal und damit in den Beginn der »Hasel-Zeit« (circa 8500 bis 7000 v. Chr.). Mit der klimatischen Erwärmung gewannen Haselbüsche eine prägende Funktion in der europäischen Landschaft, bildeten flächendeckende Gebüsche und ganze niedrige Wälder. Belegt ist die »Haselzeit« bis ins Atlantikum durch die große Zahl an Haselnusspollen im Torf der Hochmoore. Haselnüsse wurden dann auch zu einem wichtigen Sammelgut für die mitteleuropäischen Clans des frühen mittelsteinzeitlichen *Homo sapiens*, zumal die Wilddichte in den zunehmend bewaldeten Gebieten nun stark abnahm. Besonders eindrucksvolle Belege für eine frühe Hasel-Kultur bieten die Grabstätten im Duvenseer Moor in der Nähe von Hamburg in Norddeutschland. Die archäologische Datierung der frühmesolitischen Funde lassen eine Abhängigkeit der damaligen Menschen von der Hasel vermuten, die wohl bereits mit dem Eintreffen der Haselbüsche in der Region ihren Anfang nahm. Wohn- und Feuerstellen waren stets von einer großen Zahl geknackter Haselnüsse umgeben und wurden wohl ausschließlich im Spätsommer und Herbst zur Zeit der Nussreife besiedelt. Die Nüsse wurden geröstet, um sie besser lagern zu können oder einfacher zu knacken. Diese Fundstellen sind auch frühe Hinweise auf eine ausgeprägt vegetarische Kost der Menschen, im Übergang von der stark karnivor geprägten Altsteinzeit zur mehrheitlich vegetarischen Nahrung der Jungsteinzeit. Die Archäologin Daniela Holst hat in ihren Arbeiten über die Funde von Dunvensee den Begriff der »Haselnussökonomie« als Basis dieser frühen Besiedlung Nordeuropas geprägt. An einer der vielen Fundstellen im Duvenseer Moor wurden über 28 000 geknackte Nüsse gefunden, was einer Ernte von über 30 Kilogramm Nusskerne entsprechen dürfte; eine Kalorienmenge, die eine Person fast 80 Tage lang ernährt. Die Hasel ist damit das einzige breit vom Menschen genutzte, nusstragende Gehölz, das vor der dauerhaften Sesshaftwerdung des Menschen in Mitteleuropa Fuß gefasst hatte. Auch bei südschwedischen Fundstellen sind an Lagerstätten Schalenreste von Haseln dieser Zeit (Frühmesolithikum) sehr verbreitet.

Der Niedergang der flächendeckenden Haselwälder erfolgte Ende des 7. Jahrtausends v. Chr., als die klimatischen Bedingungen und die nacheiszeitliche Sukzession neuen Gehölzen einen Nährboden gaben. In Duvensee decken sich Beginn und Ende der temporären Besiedlung des Menschen mit der Ausbreitung und dem Rückgang der Haseln. Auch aus weiteren Regionen Eu-

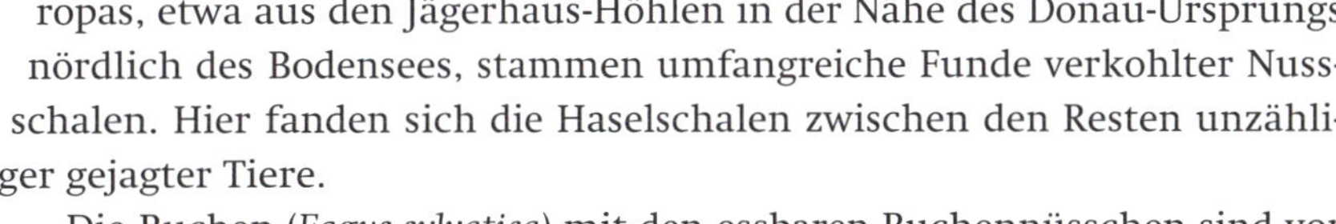

ropas, etwa aus den Jägerhaus-Höhlen in der Nähe des Donau-Ursprungs nördlich des Bodensees, stammen umfangreiche Funde verkohlter Nussschalen. Hier fanden sich die Haselschalen zwischen den Resten unzähliger gejagter Tiere.

Die Buchen (*Fagus sylvatica*) mit den essbaren Buchennüsschen sind vor etwa 6000 bis 3000 Jahren (vor heute) nördlich der Alpen zur dominanten Baumart geworden, als die Menschen schon vielerorts sesshaft waren. Für sie konnte eine Ausbreitungsgeschwindigkeit von etwa 150 bis 280 Meter pro Jahr errechnet werden. Und im dunklen Schatten der Buchen wichen die vorher eingewanderten Gehölze zurück. Wohl wurden damals durch Rodungen die Wälder in ihrer Ausdehnung und Zusammensetzung bereits durch den Menschen beeinflusst. Walnuss und Esskastanien sind sogar erst etwa zur Zeit der römischen Invasion vor 2000 Jahren zur Vegetation nördlich der Alpen gestoßen. Die mitteleuropäischen Eichenarten, deren Früchte bitter und ohne langes Auswaschen wenig genießbar sind, hatten ihre Verbreitung schon im Atlantikum, also etwa zur Zeit der verbreiteten Sesshaftwerdung der Menschen, ausgebaut. Nach aktuellen Erkenntnissen war die Sesshaftwerdung aber kein einseitiger Prozess, der nur in eine Richtung lief. Zum Beispiel kehrten die bäuerlich geprägten Megalith-Kulturen, die vor etwa 4000 Jahren den bekannten Steinkreis Stonehenge im Westen des heutigen Großbritannien errichteten, um 3300 vor unserer Zeitrechnung teilweise zum Sammeln von Haselnüssen, das heißt zur vorhergegangenen »Sammlerkultur«, zurück. Auch in späteren Zeiten blieb die Hasel ein wichtiges Sammelgut, auch wenn sich die Hasel selbst nur lokal als prägendes Gehölz erhalten konnte. Nach der Rückkehr der dominanten Schatten-Baumarten wurde die Hasel von den besten Standorten vertrieben. Nun siedelte sie an Hängen, wo Stürme offene Flächen in die Wälder rissen, entlang von Bächen oder an durch den Menschen gerodeten Waldrändern und den Hecken der sich ausbreitenden Weide- und Ackerbaugebiete.

Haselnuss von der Fundstelle Schweizersbild in Schaffhausen, einer Fundstelle der Magdalénien-Kultur. In der Erdwissenschaftlichen Sammlung der ETH Zürich.

Die Rätsel von Schweizersbild

Die ältesten Haselfunde aus dem heute deutschsprachigen Raum finden sich in der Erdgeschichtlichen Sammlung der ETH in Zürich. Sie stammen aus Schweizersbild, einer bekannten altsteinzeitlichen Fundstelle der Magdalénien-Kultur in der Nähe von Schaffhausen in der Nordschweiz. Da und im nahen Kesslerloch wurden unzählige Relikte gefunden: Pfeilspitzen, Lochstäbe und ein Hundeschädel – das ist einer der ältesten Nachweise für die Hundedomestizierung. In den Kulturschichten fanden sich auch Haselnüsse, obschon vor etwa 14 000 Jahren die Hasel nördlich der Alpen noch gar nicht heimisch war. Gab es einen Handel von Nüssen über einen langen Transportweg über die Alpen? Die Haselnüsse könnten vom südlichen Alpenbogen oder aus Frankreich stammen. Neben den Haselnüssen sind auch Kerne von Zwetschgen und anderen Kulturpflanzen gefunden worden, die in der späten Eiszeit nicht hätten gedeihen können. Am wahrscheinlichsten ist aber, was für viele außergewöhnliche Funde in untypischen Fundschichten gilt: Vermutlich sind die Samen erst später in die altsteinzeitlichen Kultur-Schichten gelangt. Vielleicht durch ein gegrabenes Versteck von Mäusen oder Eichhörnchen. Das Kesslerloch wurde zudem über einen Zeitraum von mehreren Tausend Jahren von Menschen genutzt, weshalb sich dort auch neuere Kulturreste finden.

Von Pfahlbausiedlungen und Ötzi

Haselnussreste gehören auch zu den am häufigsten gefundenen Nahrungsresten in Kulturschichten aus dem Neolithikum, der Jungsteinzeit in Europa. Die sich sehr langsam zersetzenden Schalen der Nüsse konnten fast über ganz Europa verteilt in großen Zahlen nachgewiesen werden. In den Pfahlbau-Siedlungen der Voralpenseen und den Langhaus-Kulturen der Lössgebiete waren Funde von Haselschalen aus dem Neolithikum Mitteleuropas derart häufig, dass die Förderung dieser Pflanzenart als eine Form bäuerlicher Haselkultur vermutet wird. Die Haselstaude könnte eine der ersten landwirtschaftlich genutzten Pflanzen gewesen sein, als Einzige der damals heimischen Arten war sie zur Kultur geignet.

Selbst in der Zeit nach dem Heimischwerden der Buche, als die Naturwälder vielerorts zu dunkel für das häufige Vorkommen der lichthungrigen Haselstauden wurden, nahmen in den Pfahlbauregionen die Funde von Haselpollen nicht ab, was auch auf eine gezielte oder zufällige Förderung der Haselbestände durch eine Offenhaltung von Waldflächen schließen lässt. Auch Funde von Apfel- und Kornelkirschensamen außerhalb ihrer natürlichen Verbreitungsgebiete lassen eine gezielte Anpflanzung von Gehölzen in dieser Zeit wahrscheinlich erscheinen. In den Pfahlbauschichten gefundene Getreidereste belegen den Ackerbau und den zunehmenden Einfluss des Menschen auf die Vegetation.

Besonders in älteren schriftlichen Quellen zu Haselnussfunden in Kulturschichten wird zwischen länglichen (*f. oblonga*) und runden Nüssen (*f. ovata* oder *f. silvestris*) unterschieden. Schon Oswald Heer, der viele Nussfunde aus Pfahlbauten beschrieben hat, hat sie diesen klar unterscheidbaren Formen zu-

Hasel-Schalenreste, gefunden in einer Pfahlbausiedlung am Bodensee (Wangen, fotografiert in der Erdwissenschaftlichen Sammlung der ETH Zürich).

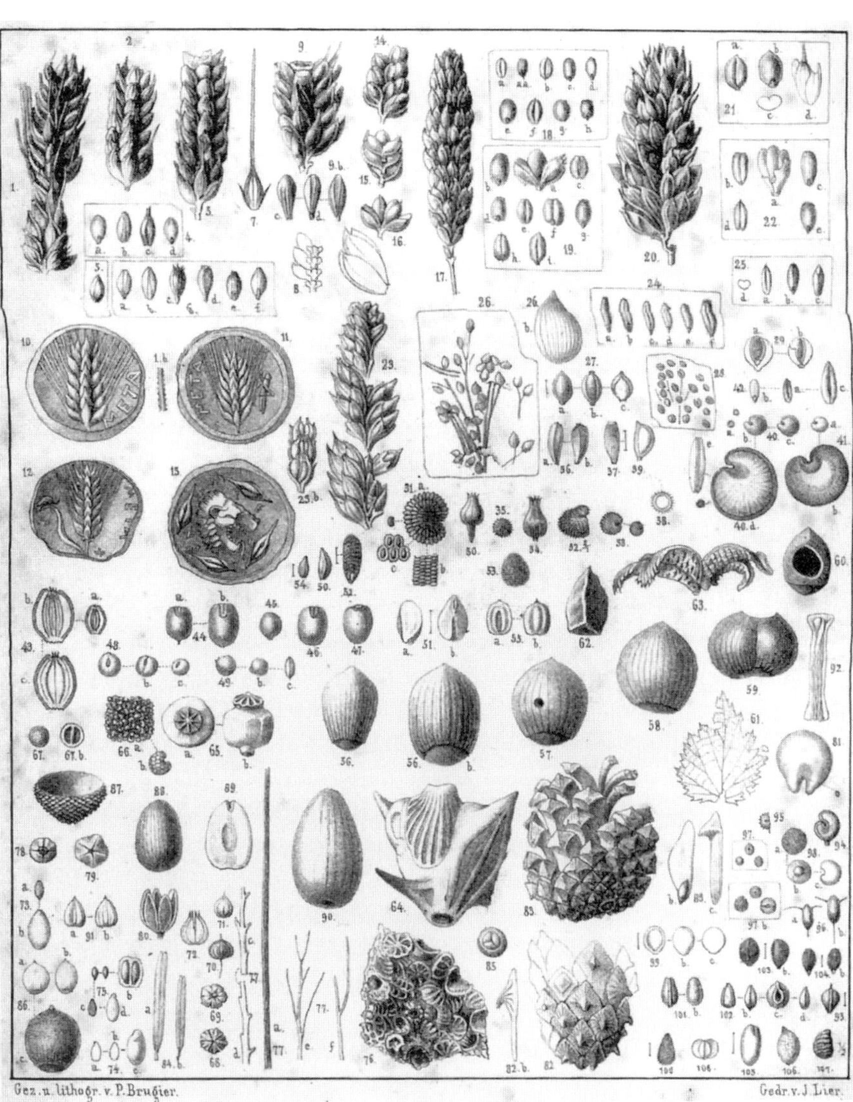

Hasel-Schalenreste waren regelmäßig Fundstücke bei botanischen Untersuchungen von Pfahlbauten der Voralpenseen. Hier eine Tafel aus Oswald Heers *Die Pflanzen der Pfahlbauten*, 1865.

geteilt. Die zwei Nussformen der Gemeinen Hasel lassen sich aber schon in den zwischeneiszeitlichen Dürntener Schieferkohlen nachweisen, und auch heute findet man sie in Wildbeständen häufig. Die Unterschiede in der Fruchtform sind daher bei der Gemeinen Hasel nicht durch unterschiedliche Arten oder Sippen bedingt, sondern lediglich ein Ausdruck der natürlichen Variabilität. Schon in den Nüssen aus den Pfahlbausiedlungen der Schweiz lassen sich regelmäßig Löcher des Haselnussbohrers (*Curculio nucum*) finden, was eine Anwesenheit dieser Käferart seit der Jungsteinzeit belegt.

Mit einem hohen Anteil an essenziellen Fettsäuren und ihrer guten Lagerbarkeit waren Haselnüsse wohl besonders in der kalten Jahreszeit von großer Bedeutung; der Mensch hat wahrscheinlich, vergleichbar mit den Hähern oder Nagern, gut geschützte Haselnuss-Lager als Wintervorrat angelegt.

Haselpflanzen wurden aber nicht nur wegen ihrer Nüsse genutzt. So wurde neben den knapp 5300 Jahre alten sterblichen Überresten des Eiszeitmenschen »Ötzi« eine als Rückentrage interpretierte Haselholz-Konstruktion entdeckt. Auch viel später hatten die Nusszweige noch praktischen Nutzen: In Gräbern der Hallstattkultur, etwa 800 v. Chr., in Oberösterreich wurden diverse Pfeile aus Haselnussholz gefunden. Wichtige Oberhäupter wurden in großen Hügelgräbern auf Haselzweige »gebettet« und unter anderem mit Haselnüssen als Proviant auf die Nachwelt vorbereitet.

Nordamerika: Die Bedeutung der Haseln bei den indigenen Völkern

Einen Einblick in die Nutzung von Haseln als Lebensmittel ergibt sich aus Überlieferungen der amerikanischen indigenen Bevölkerung, in deren Brauchtum sich viele Details bis zur Ankunft der Europäer erhalten haben, die in der europäischen Kultur ohne Aufzeichnung verschwunden sind.

Auch in Nordamerika waren die Haselbüsche in nacheiszeitlichen Busch- und Waldländern weit verbreitet und haben flächige Bestände gebildet. Für die Bestände der Amerikanischen Schnabel-Hasel (*Corylus cornuta*) und der nah verwandten Kalifornischen Schnabel-Hasel (*Corylus californica*) an der Westküste der heutigen USA ist sogar belegt, dass indigene Völker für lange Zeit Buschbrände genutzt und wohl auch gezielt gelegt haben, um die Vermehrung der Haselbüsche zu fördern.

»Nutting Stone«, welcher der indigenen Bevölkerung zum Nussknacken gedient hat, was Vertiefungen und Spuren der Nussbearbeitung belegen. Abgebildet ist ein Werkzeug aus dem Gebiet der Chippewa im Süden von Michigan. In der Region herrscht heute die Amerikanische Schnabel-Hasel und die Amerikanische Hasel vor.

Ein besonders oft gefundenes Artefakt aus der Nusskultur sind die »Cupstones« oder »Nuttingstones«; das sind Steine, in die mechanisch Vertiefungen von der Form und Größe einer Haselnuss gemacht wurden. Vielfach wird die Funktion der Steine als eine Art prähistorischer Nussknacker angenommen – für Haselnüsse, nordamerikanische Hickorys oder auch Eicheln. Es ist allerdings umstritten ob alle diese Steine, die auch in vielen prähistorischen Kulturstätten Europas, Asiens, Afrikas und Australiens gefunden wurden, nur dem Knacken von Nüssen dienten, einige könnten eine Art Mörser gewesen sein. Auch rituelle Bedeutungen werden diskutiert.

Aus der Geschichte der Indigenen des westlichen Kanadas ist bekannt, dass sie die dortigen Haseln oft nicht direkt von den Büschen geerntet haben, sondern die Eichhörnchen, die heute in Haselkulturen als Schädlinge gelten, alle Nüsse ablesen ließen. Später sammelten die Indigenen die Nüsse aus den Winterverstecken der Tiere, wobei immer ein Teil für die Nagetiere belassen wurde. Bei den Schnabel-Haseln (*Corylus cornuta / C. californica*) hatte dieses Vorgehen zudem den Vorteil, dass die Nüsse von den Amerikanischen Rothörnchen (*Tamiasciurus hudsonicus*) bereits aus ihren stachelhaarigen Hüllen gelöst worden waren. Ein mühsamer Prozess für Menschenhände, weil die Haare schmerzhaft in die Haut eindringen können. Die Nutzung von Nagerverstecken, die an Anomalien im Falllaub oder der Bodenstruktur erkannt wurden, ist auch für andere Regionen der Welt bekannt und wurde wohl auch für andere Haselarten angewendet.

Schalenreste der Mongolischen Hasel *Corylus heterophylla* aus bronzezeitlichen Ausgrabungen in Nordchina. (Foto: Dr. Pengfei Sheng)

Die prähistorische Nutzung der Hasel in China

Auch in Ostasien, in der Region Peking, einem der artenreichsten Verbreitungsgebiete der Haselnüsse, wurde die Nutzung der dort heimischen Haselnussarten mit verschiedenen Funden in Kulturschichten seit dem Neolithikum belegt. Die Funde, die anhand von detaillierten Analysen der Fruchtmorphologie der Mongolischen Hasel (*Corylus heterophylla*) zugerechnet werden konnten, belegen die Verwendung von Haselnüssen insbesondere in der Bronzezeit (vor circa 5500 Jahren) im Norden Chinas. Trotz des Reichtums an Haselarten in Ostasien beschränken sich die Funde in ganz China bisher auf ein gutes Dutzend Einzelnachweise aus neolithischen Schichten. Für die Bronzezeit Chinas werden Haselnüsse in der Literatur als Luxus-Ritualopfer an die Vorfahren erwähnt.

Die Hasel in Westasien

Bezeichnenderweise kommen im »Fruchtbaren Halbmond«, einem Winterregengebiet am nördlichen Rand der Syrischen Wüste und eine der bedeutendsten Wiegen der Kulturgeschichte des Menschen, gleich vier natürliche Verbreitungsgebiete von Haselarten (bzw. heute zumeist Formen) sowie der Pistazie, der Esskastanie und der Walnuss zusammen.

Hier, wo Asien, Afrika und Europa aufeinandertreffen, überschneiden sich auch viele natürliche Verbreitungsgebiete der vom Menschen domestizierten Tierarten. Bei archäologischen Funden mit einem Alter von etwa 14 000 Jahren wurden im Fruchtbaren Halbmond, das heißt, im fruchtbaren Land der Schwemmebenen zwischen Nil, Euphrat und Tigris erste Belege für die Sesshaftwerdung der Menschen gefunden. In diesem Gebiet ist bis heute die Türkische Baumhasel (*Corylus colurna*), die auch Levante-Hasel genannt wird, verbreitet. Weiter nördlich im Pontischen Gebirge und im Kaukasus finden sich heute die wichtigsten Hasel-Anbaugebiete mit Haseln, die je nach taxonomischem Stand oft der Pontischen, Kolchischen oder einfach der Gemeinen Hasel angerechnet werden. Vor 14 000 Jahren dürften klimatisch bedingt typische Haselhabitate jedoch zumindest teilweise südlicher gelegen haben; damals war Mittel- und Nordeuropa noch von dicken Eispanzern der Gletscher überzogen.

Während in frühen neolithischen Ausgrabungsstellen in der Levante wie Göbekli Tepeke (circa 10 000 Jahre alt) zwar viele Belege für einen Beginn der Ackerkultur und der Pflanzenkultur und auch Reiben und Steinwerkzeuge zur Bearbeitung von Nüssen gefunden wurden, fehlen aber erst mal eindeutige Belege für eine Haselkultur.

Haselsamen wurden aber verbreitet bei archäologischen Ausgrabungen späterer Kulturschichten gefunden. Zum Beispiel fanden sich in früh-phrygischen Schichten in der Stadt Gordion in der Türkei regelmäßig Haselschalen. Die Stadt ist noch heute bekannt für ihren unlösbaren Gordischen Knoten, den Alexander der Große mit seinem Schwert durchschlug. Die ältesten Haselfunde in Gordion werden auf etwa 3200 Jahre vor unserer Zeit datiert, sie liegen besonders in Quartieren der Oberschicht. Sie stammten vermutlich von bereits kultivierten Haseln und waren von der Schwarzmeerküste importiert worden. Funde aus der Stadt Kanesh aus Schichten der Mittleren Bronzezeit vor fast 4000 Jahren belegen ebenfalls den Handel mit Haselnüssen, wie sie im damaligen und heutigen Klima an der Schwarzmeerküste vorkommen. Der griechische Historiker Herodot (circa 500 v. Chr.) beschrieb die Haselnusskultur am Schwarzen Meer und die Verwendung von Haselnussöl. Die in der Antike und im mitteleuropäischen Mittelalter verwendete Bezeichnung »Nux/Nuces Pontica« verweist ebenfalls auf die frühe Bedeutung der Haselkultur in Westasien.

Die Hasel in der Antike

In Südeuropa ist die Haselnusskultur schon in der Antike bekannt. Der noch heute als Artname für die Gemeine Haselnuss verwendete Name »avellana« (»Auellanae« bei Cramerianus im ausgehenden Mittelalter) wurde vom Namen der Ortschaft Abella, heute Avella, abgeleitet. Dort wurde in der römischen Antike Haselnussanbau betrieben.

In zeitgemäßen Quellen wurde die Haselnuss daher »nux abellana« genannt, später bis ins Mittelalter latinisiert »Avellanarios«. *Corylus*, der heutige

Gattungsname bezieht sich auf das altgriechische »korylos«. Auch die später bei Cramerianus verwendete Bezeichnung »Praenestinae« als Bezeichnung für die Haselnüsse weist auf den mittelitalienischen Ort Palestrina (das antike Praeneste) hin. Die Bezeichnung Lambertsnuss, früher Lampartische (aus der Lombardei stammende) Nuss verweist auf die Haselkulturen im römischen Nord-Italien. Diese deutschen und latinisierten Quellen aus dem Spätmittelalter und der deutschen Renaissance beziehen sich fast durchgehend auf den Wissensstand antiker Quellen.

Neben Herodot erwähnten auch andere griechische und römische Gelehrte die Haselnuss und deren Nutzung und Symbolik. Der im römischen Reich lebende Grieche Dioskurides erwähnt die Hasel als Mittel gegen Erkältung und Husten. Der Naturforscher und Philosoph Theophrast von Eresos unterscheidet in seinen Schriften kultivierte und wilde Haseln und weist auf deren Verpflanzbarkeit hin. Bei den Griechen wurden die Nüsse, sowohl Walnüsse als auch Haselnüsse, gelegentlich auch »Karya« genannt, wovon sich der botanische Name *Carya* für die nordamerikanisch-ostasiatische Walnussgattung der Hickorys ableitet. Von den römischen Gelehrten erwähnt unter anderem Marcus Porcius Cato der Ältere die Hasel als »nux avellana« und empfahl ihre Pflanzung auf Farmen. Plinius der Jüngere erwähnt in seiner *Naturalis Historia* die Hasel ebenfalls als Kulturpflanze. Noch heute zeugen verkohlte Schalenreste, die in den Ruinen der beim Ausbruch des Vesuv 79 n. Chr. zerstörten Stadt Pompeji gefunden wurden, vom damaligen Nusskonsum. Auch in einigen bildlichen Darstellungen von Gerichten aus Pompeji sind Haselnüsse zu finden. Apicius, ein römischer Autor und Feinschmecker, erwähnt in seinem *De re coquinaria* ein Rezept für ein nougatähnliches Haselnuss-Dessert mit Honig – das vielleicht älteste Haselnussrezept.

Die Hasel im Mittelalter

Aus dem frühen Mittelalter sind nur wenige Quellen erhalten, die auf eine Haselnusskultur hinweisen. Das Fehlen von Schriften über die Haselnuss spiegelt einerseits eine nur unwesentlich vorhandene Forschungstätigkeit der mittelalterlichen Gesellschaft wider, andererseits die Tatsache, dass die Fähigkeit zu schreiben und zu lesen in der Bevölkerung kaum vorhanden war. Es ist anzunehmen, dass die Haselnuss als Wildnuss immer gesammelt, aber nur selten kultiviert wurde. In der Kulturgeschichte der keltischen und germanischen Völker spielte die Hasel aber auch schon vor dem Mittelalter eine wichtige Rolle.

Schalenreste einer verkohlten Haselnuss aus der im Jahr 79 durch den Ausbruch des Vesuv eingeäscherten Stadt Pompeji. (Illustriert nach F. G. Meyer, Carbonized food plants of Pompeii, Herculaneum, and the Villa at Torre Annunziata)

Belegt ist die Anordnung zur Pflanzung der Hasel aus der Handelsgüterverordnung *Capitulare de villis vel curtis imperii* von Karl dem Großen aus dem Jahr 800. Spannend ist, dass die Hasel fast die einzige heimische Pflanze auf der Liste der auf Geheiß des Königs anzubauenden Pflanzen ist, während die anderen Kulturpflanzen nicht wild in Mitteleuropa verbreitet waren. Verschiedentlich wird deshalb vermutet, es handle sich bei der Erwähnung der »avellanarios« um eine Kulturform der Hasel, vielleicht die Lambertsnuss.

Oben: »Auelane« Haselnussanbau aus dem *Tacuinum sanitatis*, einer lateinischen Version von Ibn Butlans *Taqwim as-sihha*, 11. Jh. Interessant sind die Fruchthüllen, die eindeutig eine östliche Form der Hasel zeigen, vermutlich die heute noch in der Türkei kultivierte *Corylus avellana* var. *pontica*, die mit der Hülle geerntet wird.

Unten: Auszug aus dem *Capitulare de villis vel curtis imperii*, der Handelsgüterverordnung Karls des Großen, welche die Pflanzung von Haselnüssen, »avellanarios«, um das Jahr 800 n. Chr. in seinem Reich vorschrieb.

Aus dem frühen Mittelalter Vorderasiens und Persiens sind mit Ibn Butlans medizinischem Werk *Taqwim as-sihha* aus dem 11. Jahrhundert viele grafische Abbildungen der Pflanzenkultur erhalten geblieben. Der damals weit bekannte Arzt beschreibt in seinem Werk Heilwirkungen vieler Pflanzen, deren Anbau im Werk detailliert illustriert ist. Die Schriften wurden während des Mittelalter aus dem Arabischen ins Lateinische übersetzt, wurden im lateinischen Sprachraum *Tacuinum sanitatis* genannt und haben so große Verbreitung gefunden. Die Übersetzung ins Deutsche berichtet über die Haselnuss Folgendes:

»Vorzuziehen sind große und saftreiche. Nutzen: Sie fördern die geschlechtliche Potenz und die Gehirntätigkeit. Schaden: Sie schaden dem Magen. Verhütung des Schadens: mit Gerstenzucker. Was sie erzeugen: scharfes und nicht gutes Blut. Besonders zuträglich für Menschen mit kalter Komplexion, Geschwächte und Greise, im Winter, in nördlicher Gegend.«

Die Darstellung einer Hasel mit langen Hüllblättern in Ibn Butlans übersetztem *Tacuinum sanitatis* stellt womöglich die türkische Pontische Hasel (*Corylus avellana* var. *pontica*) dar, die bis heute die Ertragssorten rund ums Schwarze Meer stellt. Butlan hatte unter anderem Konstantinopel am Fuße des pontischen Gebirges besucht.

Auch der persische Arzt Ibn Sina, besser bekannt als Avicenna, erwähnt im 11. Jahrhundert in seinem vielfach übersetzten *Kanon der Medizin* die medizinischen Vorzüge der Hasel. Ebenso wie in der ersten deutschsprachigen Naturgeschichte, Konrad von Megenbergs *Buch der Natur* von 1350. Der geistliche Megenberg greift dabei wie im Mittelalter üblich auf verschiedene antike und zeitgemäße Quellen zurück und beschreibt insbesondere die Nahrhaftigkeit der Haselnuss. Aber er spricht der Hasel auch allerlei Zauberkraft zu; so sollen sich zwei geteilte Haselrauten »wie von Geisterhand« wieder verbinden. Und ein Vögelchen mit einer Haselrute über dem Feuer gebraten, würde sich von selbst um seine Achse drehen, um schön gleichmäßig gar zu werden. Selber, schreibt Megenberg dazu, habe er das aber noch nie beobachten können. Hildegard von Bingen und andere Geistliche ihrer Zeit lehnten die Hasel aufgrund ihrer »heidnischen« Nähe zur Sexualität ab. Auch die Walnuss (oder in vielen Quellen einfach die Nuss an sich) wurde in christlichen Quellen wegen ihrer sexuellen Symbolik rund um die Potenz und den Kindersegen abgelehnt. Mehr dazu aber im Kapitel zur Symbolik.

Die Hasel in der Renaissance

In der mitteleuropäischen Renaissance werden mit dem Buchdruck und dem Forschungswesen in vielen Apotheken die schriftlichen Zeugnisse rund um die Hasel häufiger. Es wurde nun wieder verbreiteter auf die Quellen der Antike zurückgegriffen und eigene Beobachtungen beigesteuert. Leonhart Fuchs, der bekannte deutsche Botaniker und Apotheker, beschreibt 1543 in seinem *New Kreüterbuch* »zweierley Geschlecht« der Hasel: zum einen die »Wilde Hasel«, eine Haselnuss, wie sie in Hecke, Wald und im Gebirge zu finden sei, und

Haselnüsse bei Leonhart Fuchs 1543 im *New Kreüterbuch*. Es wird zwischen der Wilden Haselnuss (*C. avellana*) und der kultivierten Rotnuss (Lamberts-Hasel, *C. maxima*) mit langen Fruchthüllen unterschieden.

Links: Die Haselnuss in Hieronymus Bocks *Kreütterbuch*, 1551. Hier trägt die Pflanze zweierlei Früchte: oben die kultivierte Lambertsnuss und unten die Gemeine Haselnuss.

Rechts: Abbildung aus *La Clef des champs*, 1586, des Hugenotten Jacques le Moyne de Morgues.

die Rotnuss, eine »Zahme Haselnuss«, die in den Gärten angepflanzt werde. Die Rotnuss oder Ruhrnuss hat gemäß Fuchs ihren Namen wegen ihrer Heilwirkung gegen die Rote Ruhr bekommen. – Ruhr ist eine Sammelbezeichnung für bakterielle Durchfallerkrankungen. Weil einige Kultursorten der Hasel neben der europäischen Gemeinen Hasel auch der Lamberts-Hasel (*C. maxima*) zugeteilt werden, lohnt sich eine genauere Betrachtung der verschiedenen Kulturformen.

Obwohl Fuchs die beiden Haselarten in seinem Text als im Wuchs nahezu identisch beschreibt, sind die abgebildeten Fruchthüllen der Nüsse verschieden: die europäische, wilde Haselnuss hat kurze Hüllen, aus denen die Nüsse herausschauen; während die Rotnuss lange, schnabelförmige Hüllblätter bildet, welche die Nuss komplett umschließen. Das ist bis heute der anerkannte Unterschied zwischen den Haselarten oder Sippen der Europäischen Gemeinen Hasel *C. avellana* und der kultivierten Lambertsnuss *C. maxima* aus Südosteuropa. Noch viel später sprach man gelegentlich von der Wald-Hasel, wenn es um Wildformen aus Mitteleuropa ging, während die Kulturhaseln stets aus dem Süden (Italien), Südwesten (Spanien) oder besonders dem Osten (Schwarzmeerraum) stammten. Während in vielen mittelalterlichen Quellen alte Abbildungen kopiert wurden, gelten die Pflanzenstiche von Fuchs als Abbildungen der effektiven Beobachtung. Auch Hieronymus Bock bildet in seinem *Kreütterbuch* 1551 beide Arten ab, jedoch am gleichen Strauch. Ob diese Chimäre, der auch Frühlings- und Sommerzweige entspringen, nur einer künstlerischen Freiheit entstammt oder sie erste Veredelungen einer Kulturform auf die Wildhasel darstellen könnte, bleibt eine Spekulation; oft wurden aus Platzgründen die Arten in den Holzstichen so vereinigt. Auch der Züricher Universalgelehrte Conrad Gessner kennt zu dieser Zeit (16. Jh.) die zwei Nüsse: die kultivierte lange »urbane« Hasel und die Wildform.

Es kann demnach davon ausgegangen werden, dass in der deutschen Renaissance bereits südosteuropäische Haselnussformen kultiviert wurden. In anderen Quellen wird die Rotnuss vermutlich aufgrund römischer Quellen als »Nux pontica« bezeichnet, die Pontische Nuss. Im Pontischen Gebirge, das sich entlang der türkischen Schwarzmeerküste zieht, liegt heute das größte Haselnuss-Anbaugebiet der Welt. Jene langhülligen Haselnüsse, wie sie wohl in der mittelalterlichen *Tacuinum sanitatis* abgebildet sind, wurden wissenschaftlich der Pontischen Hasel (*C. avellana* var. *pontica*) zugerechnet. Die Pontische Nuss ist aber weder optisch noch verwandtschaftlich identisch mit der Lambertsnuss, für die eine Herkunft rund um die Adria vermutet wird. In neuester Zeit werden alle diese Haseln wegen ihrer nahen genetischen Verwandtschaft oft auch einfach als Formen der Gemeinen Hasel verstanden. Sie lassen sich genetisch in Cluster einteilen, es kommt ihnen aber genetisch nicht die botanische Stellung einer Art oder Varietät zu.

Selbst in den originalen Colorierungen der Stiche wurden die Fruchthüllen der Rotnuss von Leonhart Fuchs rötlich eingefärbt; die abgebildeten Auszüge entstammen von Fuchs' Privatexemplar aus dem mittleren 16. Jahrhundert. Vielleicht ist das ein Hinweis darauf, dass mit der 'Rotnuss' bereits im ausgehenden Mittelalter die rotblättrige Lamberts-Hasel, die heute unter dem

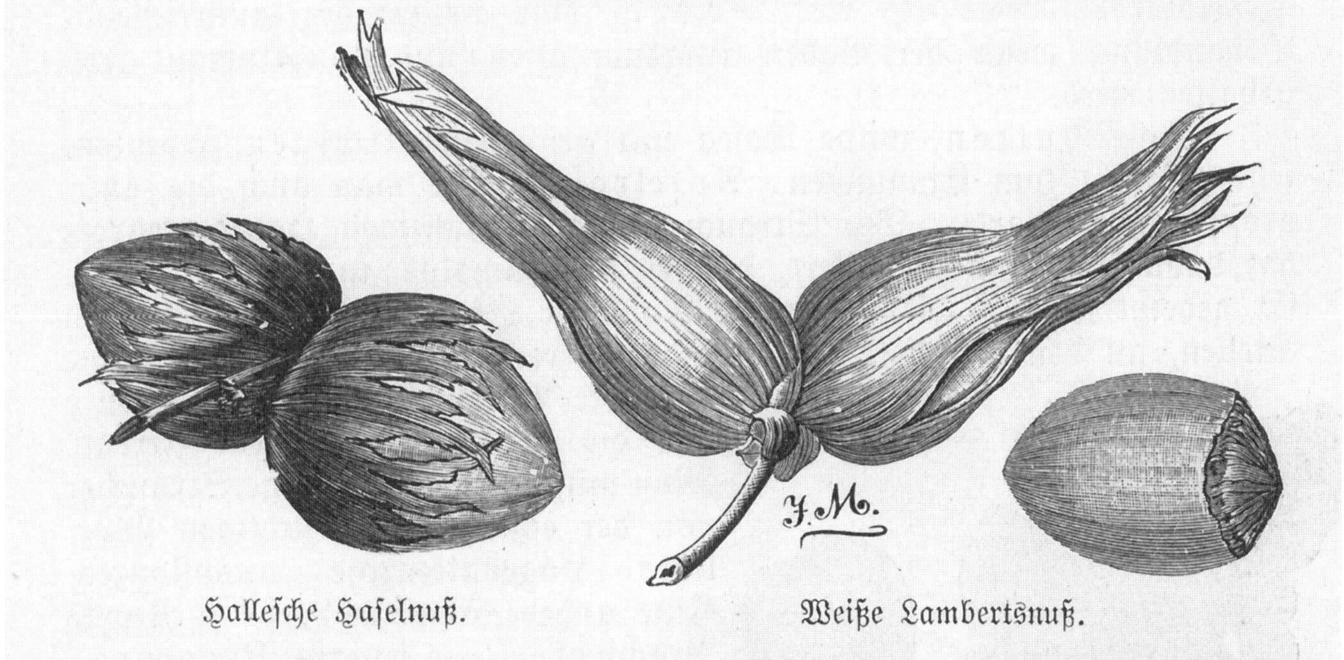

Der Unterschied zwischen Kulturformen der Gemeinen Hasel *C. avellana* (linke Seite) und der Lambertsnuss *C. maxima* (rechts). (Aus: Johannes Böttner: *Gartenbuch für Anfänger*)

Sortennamen 'Atropurpurea' geführt wird, im deutschsprachigen Europa gepflanzt wurde. Vielleicht hatte sich aus der mittelalterlichen Signaturenlehre auch die Verwendung der rotblättrigen Hasel als Heilmittel für die Rote Ruhr entwickelt.

In Georg Pritzels *Die deutschen Volksnamen der Pflanzen* von 1882 werden dann jedenfalls die Begriffe Rot-, Ruhr- und Blutnuss ausschließlich synonym für die Lambertsnuss aufgeführt. Der Vermutung, die rotblättrige Lamberts-Hasel sei eine alte Sorte, widerspricht später der Botaniker Franz Göschke in seiner detaillierten Haselmonografie *Die Haselnuss, ihre Arten und ihre Kultur* von 1887. Die ursprüngliche Rotnuss, schreibt er, sei gleich wie die weiße Lambertsnuss, habe grüne Blätter, aber unterscheide sich von dieser durch ein rotes Nusshäutchen. Die Rotblättrige Lambertsnuss sei hingegen eine Sorte, die erst seit etwa 60 Jahren (circa 1827) angeboten werde und in früheren Pomologien fehle. Heute lässt sich das nicht mehr überprüfen. Fuchs' Colorierungen jedenfalls gelten als authentisch und wurden vermutlich durch den Autor selbst akribisch überprüft.

Das Zeitalter der Renaissance läutete auch die Globalisierung ein mit Eroberungs- und Forschungsreisen in alle Welt. Schon in wenigen Jahrhunderten sollten so weltweit neue Arten der Haseln gefunden und für die Wissenschaft erstbeschrieben werden.

87
Corylus ferox

Die botanische Erforschung der Haselnüsse

Die Anfänge der Systematik

Während also bis ins ausgehende Mittelalter in Mitteleuropa nur die »Wild- oder Waldnuss«, also *Corylus avellana*, und die heute botanisch oft zur gleichen Art gestellte, kultivierte Lambertsnuss, *C. maxima*, bekannt waren, musste es noch einige Jahrhunderte dauern, bis das wissenschaftliche Interesse an der Erforschung der anderen Haselnussarten geweckt war. Noch gab es die erwähnten latinisierten Taxa nicht; sie zogen erst während der Einführung einer einheitlichen, wissenschaftlichen Systematik in die Literatur ein.

1753 beschrieb der große Systematiker Carl von Linné in seinem Werk *Species Plantarum* die ihm bekannten Pflanzenarten. In dieser ersten Nomenklatur und wissenschaftlichen Sammlung von Artbeschreibungen führt er neben den kultivierten und wilden Formen der Gemeinen Hasel erstmals die Türkische Baumhasel *C. colurna* auf. Die Art ist von der Levante in Reliktbeständen bis in den Balkan und nach Griechenland verbreitet. Während Linné von diversen Pflanzen, etwa den Walnüssen, auch amerikanische Arten aufführte, waren ihm die außereuropäischen Haseln aber noch unbekannt. In Kultur war die Türkische Baumhasel damals schon einige Zeit. Der Botaniker Günther Beck schrieb 1890 in seiner *Flora von Niederösterreich* über sie: »Im Jahre 1582 aus Constantinopel nach Niederösterreich gekommen und hier in den Gärten cultiviert« und offenbar durch Carolus Clusius gepflanzt, wie der Botaniker Franz Göschke in seinem Werk *Die Haselnuss – ihre Arten und ihre Kultur* von 1887 fast zeitgleich präzisiert.

Nordamerika

In Nordamerika beschrieb der Botaniker Humphry Marshall dann 1785, nur gut 30 Jahre nach Linnés bahnbrechendem Werk, die beiden an der Ostküste verbreiteten Haselarten zum ersten Mal. Der Sohn eingewanderter Quäker aus England wurde zu einem wichtigen US-amerikanischen Vertreter der Botanik seiner Zeit. Die Amerikanische Schnabel-Hasel nannte er umgangssprachlich »Dwarft filbert«. In seiner Schrift *Arbustum Americanum* beschrieb er neben den zwei Haseln 109 weitere Gehölze seiner Region zum ersten Mal, darunter

Erste Abbildung einer neu entdeckten Art: *Corylus ferox.* (Aus: Nathaniel Wallich: *Plantae asiaticae rariores* (1830–1832)

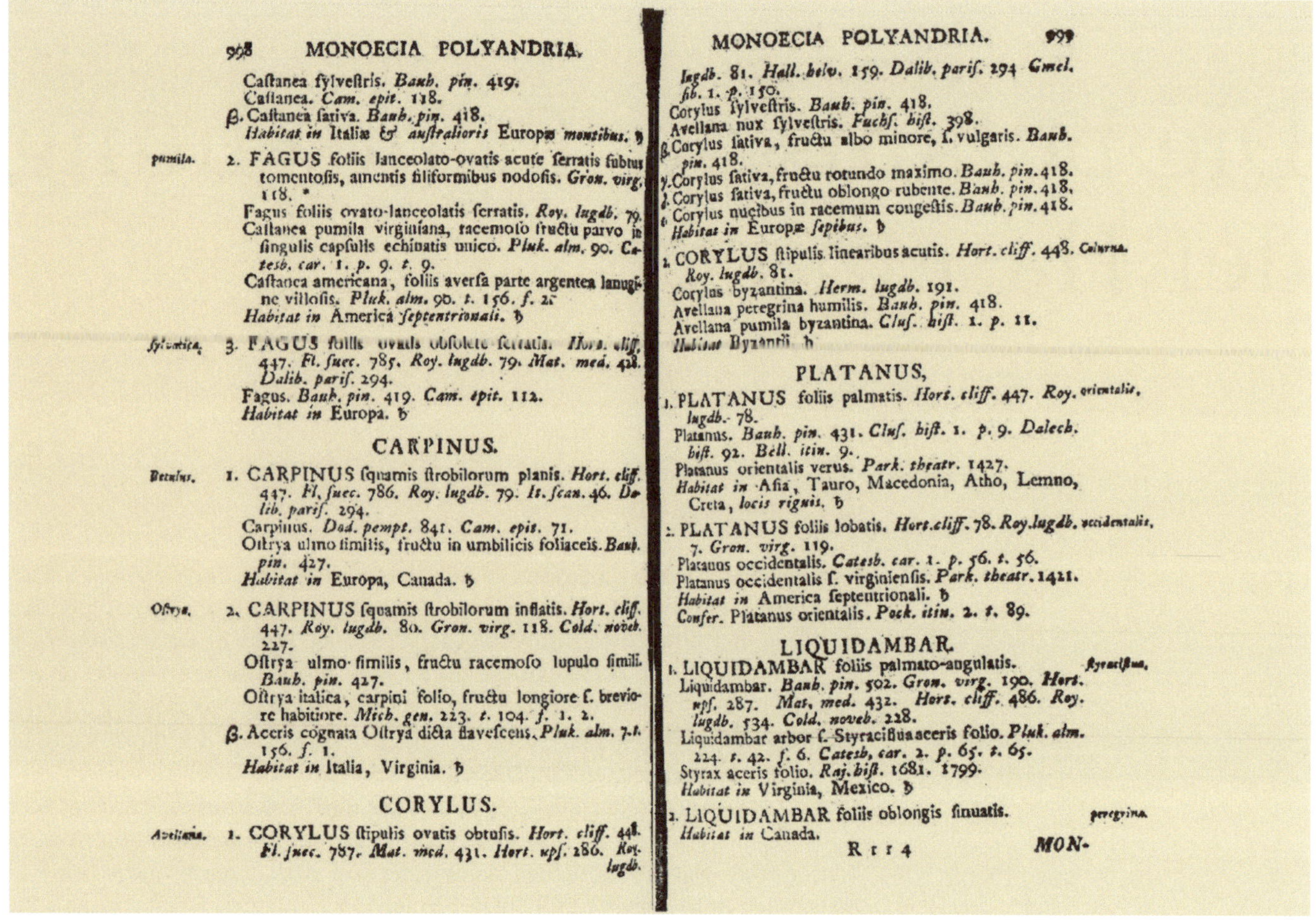

998 MONOECIA POLYANDRIA.

Caſtanea ſylveſtris. *Bauh. pin.* 419.
Caſtanea. *Cam. epit.* 118.
β. Caſtanea ſativa. *Bauh. pin.* 418.
Habitat in Italiæ & *auſtralioris* Europæ *montibus.* ♄

pumila. 2. FAGUS foliis lanceolato-ovatis acute ſerratis ſubtus tomentoſis, amentis filiformibus nodoſis. *Gron. virg.* 118. *
Fagus foliis ovato-lanceolatis ſerratis. *Roy. lugdb.* 79.
Caſtanea pumila virginiana, racemoſo fructu parvo in ſingulis capſulis echinatis unico. *Pluk. alm.* 90. *Cateſb. car.* 1. *p.* 9. *t.* 9.
Caſtanea americana, foliis averſa parte argentea lanugine villoſis. *Pluk. alm.* 90. *t.* 156. *f.* 2.
Habitat in America *ſeptentrionali.* ♄

ſylvatica. 3. FAGUS foliis ovatis obſolete ſerratis. *Hort. cliff.* 447. *Fl. ſuec.* 785. *Roy. lugdb.* 79. *Mat. med.* 428. *Dalib. pariſ.* 294.
Fagus. *Bauh. pin.* 419. *Cam. epit.* 112.
Habitat in Europa. ♄

CARPINUS.

Betulus. 1. CARPINUS ſquamis ſtrobilorum planis. *Hort. cliff.* 447. *Fl. ſuec.* 786. *Roy. lugdb.* 79. *It. ſcan.* 46. *Dalib. pariſ.* 294.
Carpinus. *Dod. pempt.* 841. *Cam. epit.* 71.
Oſtrya ulmo ſimilis, fructu in umbilicis foliaceis. *Bauh. pin.* 427.
Habitat in Europa, Canada. ♄

Oſtrya. 2. CARPINUS ſquamis ſtrobilorum inflatis. *Hort. cliff.* 447. *Roy. lugdb.* 80. *Gron. virg.* 118. *Cold. noveb.* 227.
Oſtrya ulmo ſimilis, fructu racemoſo lupulo ſimili. *Bauh. pin.* 427.
Oſtrya italica, carpini folio, fructu longiore ſ. breviore habitiore. *Mich. gen.* 223. *t.* 104. *f.* 1. 2.
β. Aceris cognata Oſtrya dicta flaveſcens. *Pluk. alm.* 7. *t.* 156. *f.* 1.
Habitat in Italia, Virginia. ♄

CORYLUS.

Avellana. 1. CORYLUS ſtipulis ovatis obtuſis. *Hort. cliff.* 448. *Fl. ſuec.* 787. *Mat. med.* 431. *Hort. upſ.* 286. *Roy. lugdb.*

MONOECIA POLYANDRIA. 999

lugdb. 81. *Hall. helv.* 159. *Dalib. pariſ.* 294 *Gmel. ſib.* 1. *p.* 150.
Corylus ſylveſtris. *Bauh. pin.* 418.
Avellana nux ſylveſtris. *Fuchſ. hiſt.* 398.
β. Corylus ſativa, fructu albo minore, ſ. vulgaris. *Bauh. pin.* 418.
γ. Corylus ſativa, fructu rotundo maximo. *Bauh. pin.* 418.
δ. Corylus ſativa, fructu oblongo rubente. *Bauh. pin.* 418.
ε. Corylus nucibus in racemum congeſtis. *Bauh. pin.* 418.
Habitat in Europæ *ſepibus.* ♄

2. CORYLUS ſtipulis linearibus acutis. *Hort. cliff.* 448. *Roy. lugdb.* 81. Colurna.
Corylus byzantina. *Herm. lugdb.* 191.
Avellana peregrina humilis. *Bauh. pin.* 418.
Avellana pumila byzantina. *Cluſ. hiſt.* 1. *p.* 11.
Habitat Byzantii. ♄

PLATANUS.

1. PLATANUS foliis palmatis. *Hort. cliff.* 447. *Roy. lugdb.* 78. orientalis.
Platanus. *Bauh. pin.* 431. *Cluſ. hiſt.* 1. *p.* 9. *Dalech. hiſt.* 92. *Bell. itin.* 9.
Platanus orientalis verus. *Park. theatr.* 1427.
Habitat in Aſia, Tauro, Macedonia, Atho, Lemno, Creta, *locis riguis.* ♄

2. PLATANUS foliis lobatis. *Hort. cliff.* 78. *Roy. lugdb.* 7. *Gron. virg.* 119. occidentalis.
Platanus occidentalis. *Cateſb. car.* 1. *p.* 56. *t.* 56.
Platanus occidentalis ſ. virginienſis. *Park. theatr.* 1421.
Habitat in America ſeptentrionali. ♄
Confer. Platanus orientalis. *Pock. itin.* 2. *t.* 89.

LIQUIDAMBAR.

1. LIQUIDAMBAR foliis palmato-angulatis. ſtyraciflua.
Liquidambar. *Bauh. pin.* 502. *Gron. virg.* 190. *Hort. upſ.* 287. *Mat. med.* 432. *Hort. cliff.* 486. *Roy. lugdb.* 534. *Cold. noveb.* 228.
Liquidambar arbor ſ. Styraciflua aceris folio. *Pluk. alm.* 224. *t.* 42. *f.* 6. *Cateſb. car.* 2. *p.* 65. *t.* 65.
Styrax aceris folio. *Raj. hiſt.* 1681. 1799.
Habitat in Virginia, Mexico. ♄

2. LIQUIDAMBAR foliis oblongis ſinuatis. peregrina.
Habitat in Canada.

Rrr 4 MON-

Erste wissenschaftliche Beschreibung der Haseln: *Corylus* in Linnés *Species Plantarum* von 1753.

Acer saccharum, den Zucker-Ahorn, der heute die kanadische Flagge ziert und deren eingedickten Pflanzensaft wir als Ahornsirup kennen.

Die Amerikanische Hasel *Corylus americana* führt der Botaniker Thomas Walter 1788 auch in seinem Buch *Flora Caroliniana* auf und wird deshalb oft als Namensvetter der Art genannt, obschon Marshall die Art drei Jahre früher schon unter dem gleichen Namen beschrieben hatte. Normalerweise gilt die früheste Beschreibung als gültiges Taxon; in diesem Fall wird aber selbst in der *Flora of North America* Walter zitiert. Auch das noch regelmäßig verwendete Synonym *Corylus rostrata* für die Amerikanische Schnabel-Hasel wurde bereits 1789 von William Aiton, dem damaligen Vorsteher des Royal Botanic Gardens Kew in London, erstmals in der Literatur verwendet. Die Beschreibungen fallen in eine geopolitisch wichtige Zeit, im gleichen Jahr erfolgte der Sturm auf die Bastille in Paris; der Beginn der Französischen Revolution.

Pflanzenjäger und der Einzug der Haselarten in die Literatur

Im 19. Jahrhundert sollte sich dann eine »Pflanzenjagd« in den entfernten Gebieten dieser Welt abspielen. Handelsreisende und von den europäischen Königshäusern gesandte Botaniker erforschten in abenteuerlichen Expeditionen die Urwälder am Fuße des Himalaja-Massivs, drangen bis weit nach China, Ozeanien und viele weitere bisher wenig von westlichen Naturforschern erkundete Weltgegenden. Dabei wurden auch immer wieder Haseln entdeckt, neue Arten, welche die westliche Welt bis dahin nicht gekannt hatte.

Bis 1887, als der deutsche Botaniker und Pflanzenzüchter Franz Göschke seine wegweisende Monografie *Die Haselnuss: ihre Arten und ihre Kultur* publizierte, waren deshalb auch im deutschen Sprachraum einige Erkenntnisse über den Artenreichtum der Gattung hinzugekommen. Als »in Kultur befindlich« führt Göschke neben den europäischen Arten nun auch die zwei amerikanischen, von Marshall beschriebenen Haseln auf. Zwar bildet er unter beiden Namen Formen der Amerikanischen Haselnuss *C. americana* ab und unterscheidet sogar noch weitere nordamerikanische Haseln, die wohl alle Wildformen der Amerikanischen Hasel sind. Auch bei der Gemeinen europäischen Hasel unterscheidet er diverse Wildformen und Sorten und erkennt die Levantische und Türkische Baumhasel als unterschiedliche Arten an. Seine

1. CORYLUS americana. *American Hazelnut.*

This grows very common in a rich, looſe, moiſt ſoil; ſpreading far by its roots, and riſing at firſt with a ſimple, erect ſtem; which, as it grows old, is divided into a few irregular branches, cloathed with oval, pointed leaves, ſawed on their edges. The Male katkins are produced at the ends of the branches, and the Female parts a little beneath them, often many together, at other times ſingly; and are ſucceeded by ſeed-veſſels, roundiſh at the baſe, but lengthened out into a leaſy, fringed expanſion, parted at the extremity; each containing one nut.

2. CORYLUS cornuta. *Dwarf Filbert, or Cuckold-nut.*

This kind much reſembles the other, except in ſize, ſeldom growing above three or four feet high; and alſo in having its nuts ſingle upon the branches, and

Auszug aus Humphry Marshall's *Arbust(r)um Americanum*. Dort beschreibt er 1785 die zwei nordwestamerikanischen Arten. Trotzdem gilt vielerorts Thomas Walter (1788) als Erstautor ersterer Art.

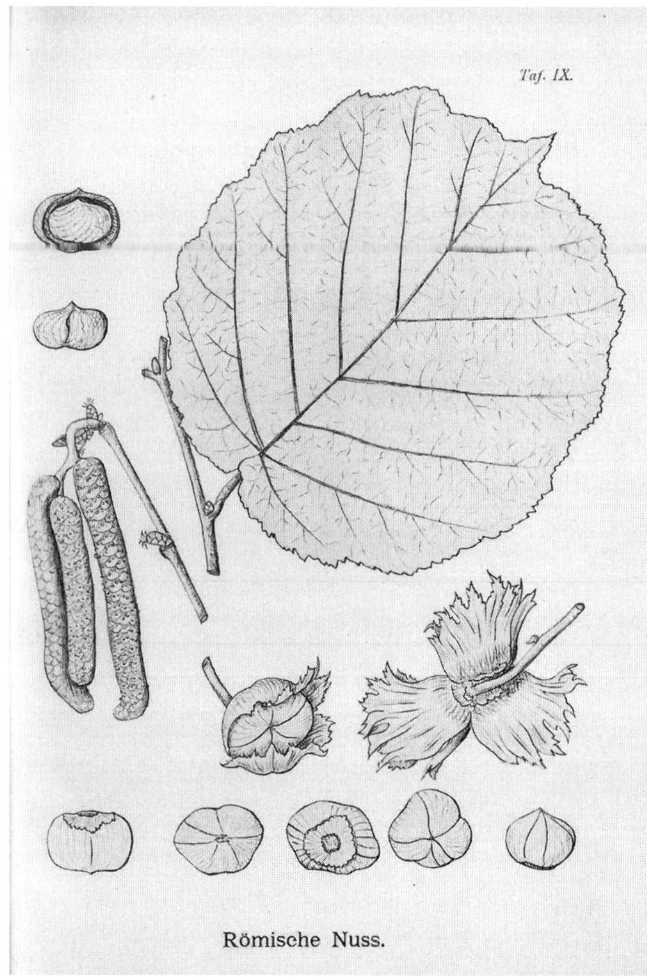

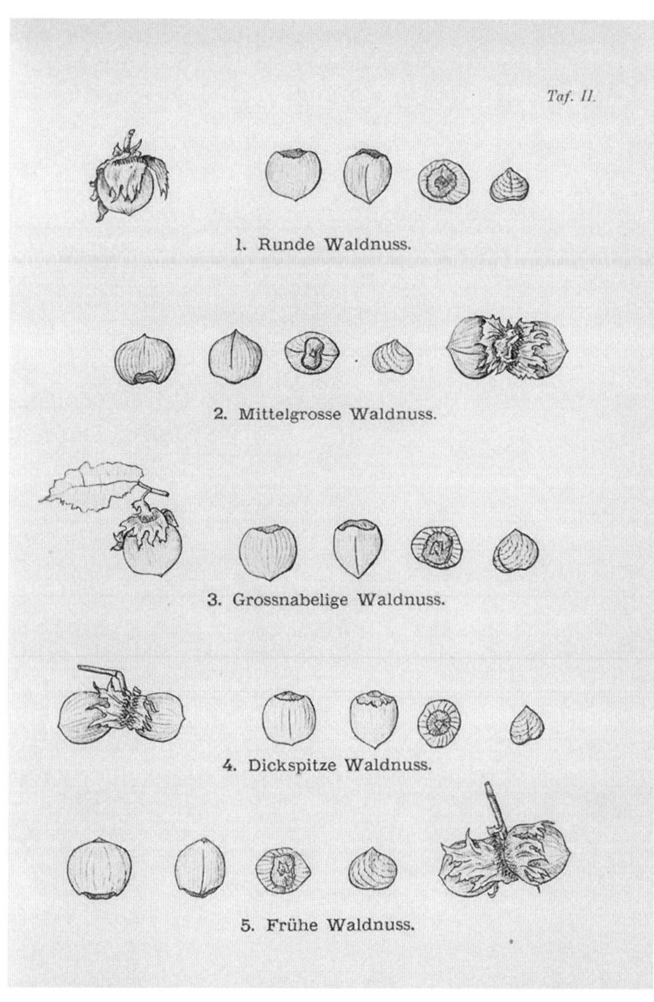

Zwei Abbildungen aus der 1887 erschienenen Monografie *Die Haselnuss: ihre Arten und ihre Kultur* von Franz Göschke.

Er unterscheidet einige Haselarten und legt den Fokus auf die ihm bekannten Sorten der Gemeinen Hasel. Er nennt die Wildformen der Art »Waldnuss«, die er weiter in viele optisch unterscheidbare Varietäten unterteilt.

genauen Beobachtungen, auch wenn manche nach heutiger Taxonomie nicht mehr stimmig sind, bildete er in faszinierend detaillierten Stichen ab.

Die Mongolische Hasel war 1844 bereits vom deutschen Botaniker Ernst Rudolph von Trautvetter erstbeschrieben worden, der sich auf die Flora Russlands spezialisiert hatte. In europäische Kultur war die Art aber wohl noch nicht gelangt, weshalb Göschke sie nicht mit Sicherheit als eigene Art aufführen mochte. Auch die Himalaja-Hasel war damals bereits durch den Botaniker Nathaniel Wallich auf seiner Reise in den Hindustan entdeckt und 1830 in seinem Werk *Plantae asiaticae rariores* erstbeschrieben worden. Das umfassende Werk des dänischstämmigen Wallich umfasst fast 300 Lithografien, die vom bekannten Lithografen Maxim Gauci auf der Basis von Aquarellen indischer Künstler gefertigt wurden. Darunter auch eine detailgetreue Lithografie der Himalaja-Hasel *C. ferox* – das Titelbild dieses Kapitels.

Die Japanische Schnabel-Hasel (*Corylus sieboldiana*) wurde vom deutsch-niederländischen Botaniker Carl Ludwig Blume 1851 erstbeschrieben. Er hatte sich auf die Flora Ost-Indiens spezialisiert und sie nach dem bayerischen Naturforscher und Arzt Philipp Franz von Siebold benannt, der die Pflanzenwelt des damals geopolitisch isolierten Japan in Europa bekannt machte.

Eindrückliche und detailgetreue Abbildungen der Mandschurischen Hasel wurden im *Curtis Botanical Magazine* von Kew Gardens 1915 abgebildet und beschrieben. Hier wurde auch aufgeführt, wie diese Pflanzenart 1855 vom deutsch-russischen Botaniker Karl Johann Maximowicz in der Nähe des Amurflusses zum ersten Mal gefunden wurde. Verschiedene Wissenschaftler, darunter auch Charles Sprague Sargent, der erste Direktor des Arnold Arboretums in Boston, sandten dem Botanischen Garten in Kew Samen zu. Bereits 1882 wurde die Mandschurische Unterart deshalb im Englischen Botanischen Garten erstmals gepflanzt. Nur gute 20 Jahre später auch die japanische Form. Im internationalen Austausch zwischen Botanikern, Pflanzensammlern und Handelsreisenden verbreiteten sich so die Haselgehölze in den großen botanischen Institutionen.

Die Wege in die deutschsprachige Literatur und in hiesige botanische Gärten dauerte aber bei vielen dieser Arten noch an. Zwischen den Erstbeschreibungen, von denen viele noch Mitte des 19. Jahrhunderts ihren Weg in die Literatur fanden, und ihrem Bekanntwerden in der Gartenkultur verging oft viel Zeit. Viele Pflanzen wurden damals anhand von zugesandten Herbarbelegen in europäischen Universitäten oder von den heimkehrenden Forschungsreisenden nach ihrer Rückkehr aus der Ferne beschrieben. Anhand der Herbarbögen wurden Zeichnungen angefertigt, die als Lithografien ausgearbeitet in botanische Magazine und Bücher aufgenommen wurden. Noch waren Artbeschreibungen aber oft in Latein verfasst oder dann in englischer Sprache, zumal neue Arten in der Gartenkultur besonders in England von großer Bedeutung waren. Die Erstbeschreibung einer Art musste aber nicht auch gleich ihre Einführung in die westliche Gartenkultur bedeuten, was die Geschichte der Farges' Baumhasel zeigt. Diese Art, die erst in neuester Zeit als bedeutende Zierpflanze gehandelt wird, wurde bereits im späten 19. Jahrhundert entdeckt und 1912 durch den deutschen Botaniker Camillo Karl Schneider in seinem *Illustrierten Handbuch der Laubholzkunde* erstmals als eine eigene Art beschrieben. Es ist eine der wenigen Erstbeschreibungen einer Haselart, die in deutscher Sprache erfolgte. Wohlgemerkt war die Art in der Literatur aber schon früher bekannt. Nur hatte sie Adrien René Franchet als botanische Varietät der Amerikanischen Schnabel-Hasel unter Verwendung des bereits ungültigen Taxons William Aitons *C. rostrata* var. *fargesii* beschrieben. Benannt hatte er sie nach dem Finder Paul Guillaume Farges. Dieser hatte über 4000 Herbarbelege aus China nach Frankreich gesandt, die Franchet dann beschrieb. So hatte er auch die Chinesische Baumhasel *C. chinensis* erstmalig in der Literatur erwähnt.

Erst gute 80 Jahre nach der Anerkennung als eigene Art folgte die Einführung der Farges' Baumhasel in die botanischen Gärten der USA und Europas. Noch heute sind die meisten europäischen Pflanzen dieser Art erst kleine Büsche. Camillo Karl Schneider ist auch Erstautor der im Schwarzmeer-Raum wild wachsenden Hybride zwischen der Türkischen Baumhasel und der Gemeinen Hasel, die er *C.* x *colurnoides* nannte.

In Adolf Engelers Buch *Das Pflanzenreich* der Ausgabe von 1904 wurde dann bereits mit erstaunlicher Genauigkeit ein Großteil der heute bekannten Arten der Gattung *Corylus* abgebildet und beschrieben. Zwar hat sich die Systematik seither etwas geändert, aber über die Details wird auch heute noch diskutiert. Einige wenige Arten, die damals bereits bekannt waren, fehlen aber bei Engeler noch. Besonders die chinesischen Populationen aus der Gruppe der Mongolischen Hasel *Corylus heterophylla* werden heute in mehr Arten und Unterarten unterschieden. So wurde eine südliche Population 1929 als *Corylus yunnanensis* von der französischen Botanikerin Aimée Antoinette Camus erstmals als eigene Art beschrieben. Die Pflanzen unterscheiden sich durch ihre starke Behaarung und eine länglichere Blattform vom Typus der Mongolischen Hasel, weshalb eine ältere Beschreibung als Unterart durch Franchet heute als Synonym gilt. Camus hat sich auch intensiv mit den Gräsern der damaligen französischen Kolonie Madagaskar beschäftigt und ist besonders als Autorin einer umfassenden Monografie zur Gattung der Eichen in Erinnerung geblieben.

Synonyme

Schon zu Beginn der Haselforschung und in manchem Fall bis in die heutige Zeit entstanden unzählige Synonyme für verschiedene Haselarten. Dies hat, wie bereits in Beispielen erwähnt, oft mit dem unabhängigen Beschreiben einer Art durch mehrere Autorinnen und Autoren oder mit Neuerungen in der Nomenklatur zu tun. Ein weiterer Grund sind feinste Unterteilungen von Arten in Varietäten und Unterarten, die heute nicht mehr gestützt werden. Besonders auffällig ist dies bei der europäischen Gemeinen Hasel (*C. avellana*). Sie wurde schon in unzählige Unterarten, Kleinarten und Gruppen unterteilt. Anhand der Größe und Form der Nüsse, aber auch anhand der bis heute teilweise gültigen Beschreibung der Hüllblatt-Länge wurden Formen abgegrenzt. Heute ist gerade bei dieser lange kultivierten Hasel kaum mehr eruierbar, welche Merkmale in ihrer Unterscheidung einen Art- oder Varietätstatus rechtfertigen und welche nicht. Einige dieser Varietäten sehen wir bei Göschke (siehe Seite 56). Gleich 61 Taxa für die Gemeine Hasel veröffentlichte der skandinavische Botaniker Johannes Henriksson zwischen 1915 und 1931. Er verlieh jedem kleinsten Unterschied zwischen Haseln in seiner Umgebung den Rang einer Varietät mit botanischem Taxon und publizierte diese in botanischen Zeitschriften. Heute werden alle seine Funde als Synonyme für die Gemeine Hasel geführt, die Unterschiede zwischen seinen Varietäten gelten als natürliche Variabilität der Art. Bei einigen bis heute strittigen Taxa aus dem 20.

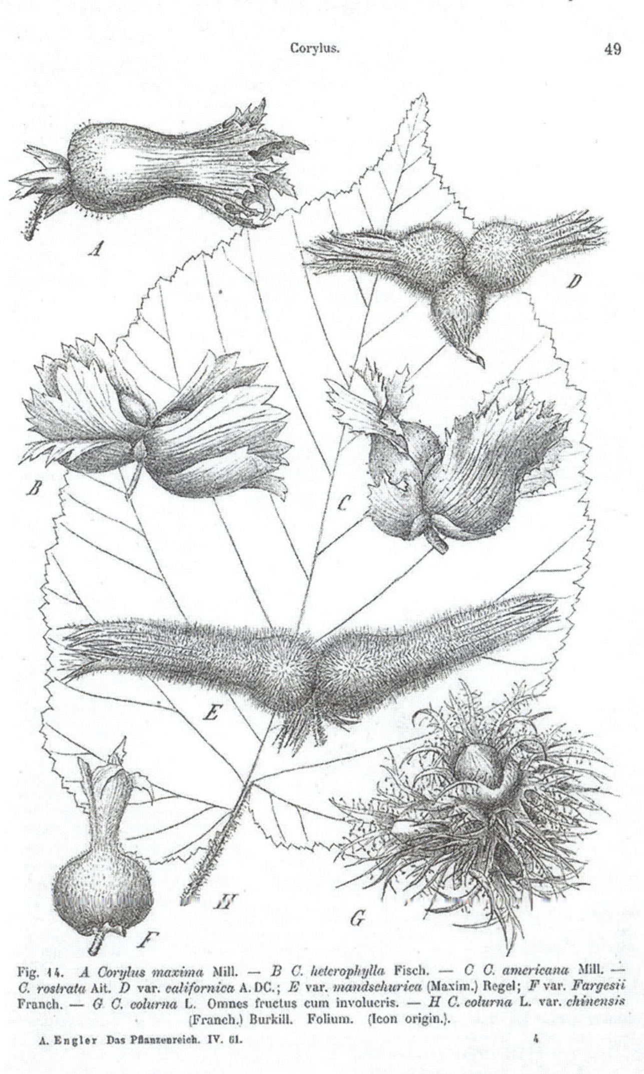

Links: Haselarten; detailreiche Darstellung der Früchte in Adolf Engelers *Pflanzenreich* von 1904.

Rechts: Aus *Curtis Botanical Magazine* von 1915: *Corylus mandshurica*. Die Pflanze wurde in Kew gezogen aus Früchten, die 1882 von Emil Wassiljewitsch Bretschneider gesandt wurden. Ab 1912 bildete der Strauch Früchte.

Jahrhundert, die dem Artkomplex der Mongolischen Hasel *C. heterophylla* angerechnet werden, ist bis heute nicht einheitlich anerkannt, ob die feinen Unterschiede als Artgrenze herhalten. Häufig erwähnt sind unter diesen Taxa *C. potaninii* oder *C. wullinguensis*.

Wang's Hasel

Eine der als letzte beschriebenen Haselarten ist *Corylus wangii*, benannt nach ihrem Finder, C.W. Wang. Diese Gehölze wachsen unzugänglich in den Bergen Yunnans auf über 3000 Meter über dem Meer. Der Botaniker Xiansu Hu, der die von Wang gesammelten Pflanzen auswertete, beschrieb die Art 1937, zwei Jahre nach dem Erstfund. Hu war der erste nicht-europäische Autor, der eine Haselart Chinas beschrieb. Er ist auch Erstautor der Guizhou-Hasel, die aber schon ein Jahrhundert früher von Franchet als Unterart der Mongolischen Hasel beschrieben wurde. Belege der Wang's Hasel wurden ans Herbarium des Londoner Botanischen Gartens Kew und an die Herbarien von Harvard gesandt, wo sie im Zuge der Digitalisierung international zugänglich wurden. Durch das Verteilen von Pflanzenmaterial an verschiedene Institutionen wird auch heute noch sichergestellt, dass eine Art auch bei Verlust eines Belegs noch in anderen Sammlungen auffindbar bleibt.

Obwohl sich Wang's Hasel optisch klar von allen anderen Arten abgrenzen lässt, ist ihr Artstatus umstritten. Die Art wird heute in Europa und in den USA nur von wenigen Autoren akzeptiert und in wissenschaftlichen Arbeiten selten erwähnt. Trotzdem wird das Taxon in mehreren Online-Datenbanken sowie in der *Flora of China* aufgeführt. Der Ursprung dieser Unsicherheit ist, dass hinter Wang's-Hasel eine hybride Population vermutet wird, die zwischen der Tibetischen Hasel *Corylus ferox* var. *thibetica* und einer weiteren, noch nicht sicher bestimmten Art liegen könnte. Optisch liegen die Merkmale zwischen Letztgenannten und einer Baumhasel, in Yunnan ist die Chinesische Baumhasel *C. chinensis* verbreitet. Genetische Studien könnten auch auf eine Hybridisierung mit der Mongolischen Hasel hinweisen. Verwandtschaftlich wird die Wang's Hasel aber meist zur Tibetischen Hasel in eine Sektion gestellt.

Von der Definition einer Art

Während wir den Begriff »Art« im Alltag mit größter Selbstverständlichkeit verwenden, ist er in der Praxis oft sehr unscharf. In der Theorie wird eine Art meist als Gruppe von Lebewesen definiert, die sich untereinander fortpflanzen können, jedoch nicht mit Individuen von anderen Arten.

Tatsächlich sind botanische Artbeschreibungen anhand von getrockneten und gepressten Herbarbelegen von Pflanzen aus ihren natürlichen Habitaten gemacht worden, Versuche zur Kreuzbarkeit wurden historisch nur selten unternommen. Und gerade bei den Haseln mit ihrer hohen Keimrate bei hybridem Saatgut ist diese Definition von »Art« auch unzureichend. Historisch gibt es deshalb für jede Art einen sogenannten »Typus-Herbarbogen«, anhand dessen die erste Beschreibung stattfand. Dieses Typus-Exemplar ist, was für das Längenmaß der Ur-Meter ist. Auf diese Belege, von denen die meisten zugänglich in wissenschaftlichen Sammlungen abgelegt sind, kann man stets zurückgreifen und neue Funde damit abgleichen. Anhand von optisch festlegbaren oder heutzutage auch genetischen Methoden kann dann ein Unterschied definiert werden, wann eine Vergleichspflanze eine neue Art, Unterart oder Varietät ist. In der Natur lassen sich Unterschiede zwischen den Individuen einer Art, Unterarten, verschiedenen Arten oder Gattungen aber nicht klar definieren; mal sind sie groß, mal klein. Darum streitet man auch heute noch über viele Details der Hasel-Systematik. Sind die Schnabel-Haseln Japans und des benachbarten Koreas und Chinas etwa tatsächlich zwei Arten, nur

Links: *Corylus wangii*, Hu, 1935, Isotyp. Gesammelt von C.W. Wang in Yunnan, Herbarium Harvard University.

Rechts: *Corylus wangii*, Hu, 1935, Holotyp. Gesammelt von C.W. Wang in Yunnan, Herbarium Kew Gardens.

weil sich die Blattspreite und Schnabel-Länge etwas unterscheidet? Wohl sind sich Individuen dieser Bestände seit spätestens den letzten Eiszeiten nicht mehr natürlich begegnet, aber ist das genügend »Distanz« – genetisch, morphologisch und geografisch –, um den Artstatus zu erhalten? Neue genetische Analysen liefern Antworten, aber auch die sind nicht von allen Wissenschaftlerinnen und Wissenschaftlern akzeptiert.

Wir müssen uns deshalb bewusst sein, dass sie auch nur den neuesten Stand einer Wissenschaft darstellen, die sich stetig selbst revolutioniert. Ausgehend von den genauen Verfahren, aber auch von ideologischen Vorstellungen und Ansichten der Autorinnen und Autoren einer Studie lassen sich deshalb auch heute noch nicht alle Rätsel um die Haselarten so lösen, dass ein einheitlicher Konsens gefunden wäre. Einige Beispiele bis heute strittiger Arten und Unterarten finden sich in den Art- und Sektionsbeschreibungen.

Volksglaube, Etymologie und Ethnobotanik

Die Hasel ist eine der meistgenannten Pflanzenarten in den Märchen des deutschen Sprachraums, man findet sie als Wünschelrute, Schutzgeist oder als Symbol für Sexualität mit sehr unterschiedlichen Bedeutungen, die in vielen Erzählungen und Traditionen eingeflossen sind.

Wünschelruten und Dimensionsverbindungen

Haselruten, wie sie Kinder gerne angespitzt zum Braten einer Bratwurst über dem Feuer oder zum Basteln von Pfeil und Bogen verwenden, gelten im Volksglauben als Verbindung in andere Dimensionen. Durch sie soll man Wasseradern und verborgene Schätze finden oder Verbindungen zu Verstorbenen aufnehmen können. Als Symbol der Unsterblichkeit und Wiederauferstehung treibt die Gemeine Hasel immer wieder aus ihrem Stock, wenn man sie nieder schneidet; sie erneuert sich durch junge Triebe aus der Wurzelbasis.

Wünschelruten, in ihrer einfachen Bauweise oft aus Haselnusszweigen hergestellt, sind Y-förmige Astgabeln oder in neuerer Zeit auch Drahtstücke, die dafür benutzt werden, Energien und Strahlungen zu spüren, die durch Erze, Wasseradern oder geologische Verwerfungen hervorgerufen werden. Schon bei den Etruskern war die Suche nach Wasseradern mittels Zweigen bekannt, auch im antiken China wurde mit Ruten nach unterirdischen Energieströmen gesucht.

Der noch immer verbreiteten Theorie der Radiästhesie zufolge sollen unterirdische Wasseradern die Gesundheit von Menschen und Tieren negativ beeinflussen. Besonders sensitive Menschen könnten diese Strahlen durch die Wünschelrute, einfach im Körper oder mithilfe anderer Geräte erkennen. Die Technik ist in Europa seit dem späten Mittelalter belegt, es gibt aber keine wissenschaftlichen Anhaltspunkte für ihre Wirkung. Auch lehnen offizielle Schriften von Geologen und anderen Wissenschaftlern die Theorie ab, da mit anerkannten Methoden keine messbare Strahlung über unterirdischen Wasserläufen beobachtet werden kann. Im Volksglauben ist die Wirkung von Wasseradern und ihre Auffindbarkeit mit Haselruten aber eine sehr verbreitete Theorie, der auch heute noch nachgegangen wird.

1696, Adriaen Coorte, Stilleben mit Lambertsnuss (Niederlande).

Selbst bei der Verbindung in andere Dimensionen sollen Haselruten helfen, zum Beispiel bei der Kontaktaufnahme mit Verstorbenen. Hinweise findet man in verschiedenen Märchen. Und in der christlichen Tradition wird zu Ostern oft ein Haselzweig in die Wohnung gestellt oder eine Korkenzieherhasel (der Sorte 'Contorta') im Garten als »Osterbaum« geschmückt und angemalte »Ostereier« daran aufgehängt. Ostern, das Fest der Wiederauferstehung Christi, ist mit der germanischen Symbolik der unsterblichen Hasel verbunden. Wie alt der Brauch um den »Osterbaum« tatsächlich ist, ist nicht im Detail belegt, er hat aber eine Verbindung zu dem Schutzglauben der Haselrute, die mit Palmwedeln in einen Kontext gestellt wird. Palmwedel haben am Palmsonntag eine große Bedeutung im christlichen Glauben behalten. Da die Korkenzieher-Form der Hasel erst Mitte des letzten Jahrhunderts größere Verbreitung in den Hausgärten gefunden hat, ist diese Verwendung auch erst seit neuester Zeit belegt; bestimmt auch einfach, weil sich an den gebogenen Ästen viel einfacher Ostereier aufhängen lassen.

Springwurzeln und Aschenputtel

Am bekanntesten ist das Haselbäumchen im Märchen *Aschenputtel*. Nach Grimm wünscht sich Aschenputtel von ihrem Vater anstelle von Edelsteinen oder anderen Kostbarkeiten den ersten Zweig, der ihm auf einer Reise ins Gesicht schlägt. Der Vater bringt ihr einen Haselzweig, den sie auf das Grab ihrer Mutter setzt. Unter ihren Tränen beginnt dieser zu wachsen und erfüllt fortan

Rutenträger. (Aus: *Histoire critique des pratiques superstitieuses* von Pierre Lebrun 1661–1729)

Haselnuss im Märchen »Aschenputtel«: Setzen des Haselzweiges, Erscheinen von Schuhen und Kleidern durch die weißen Tauben im Haselbusch. Von Theodor Hosemann, 1868, und Helen Stratton, 1903.

Osterbaum; eine Gemeine Hasel der Sorte 'Contorta', geschmückt mit gefärbten Hühnereiern.

die Wünsche des Mädchens. Weiße Tauben bringen dem Aschenputtel Kleider vom Haselbaum herunter, in denen sie derart schön aussieht, dass der Sohn des Königs sich in sie verliebt. Dieses Märchen ist auch die Grundlage des mehrfach verfilmten Märchens *Drei Haselnüsse für Aschenbrödel*.

Der Haselbusch wird dabei sowohl als schützendes Symbol, als Lebensbaum oder eben als Dimensionsverbindung gesehen – zur Mutter und den übersinnlichen Kräften. Verbreitet ist auch die Idee, dass unter einem Haselstrauch Schlafende in ihren Träumen die Zukunft sehen können.

Bedeutung haben Haselstauden auch als sogenannte »Spring-Wurzeln«. Eine *Springwurzel* wird in einem gleichnamigen Märchen der Gebrüder Grimm erwähnt: Dort wird sie als Wurzel beschrieben, die für den Menschen unauffindbar ist. Man kommt nur an sie heran, wenn man das Nest eines Vogels versperrt, der dann die Wurzel sucht, um damit sein Nest wieder zu öffnen. Wenn der Mensch dann diese Wurzelrute hat, kann sie ihm Türen zu verborgenen Schätzen öffnen.

Schlangen und der Haselwurm

Im Märchen *Die Haselruthe* in den Sammlungen der Gebrüder Grimm wird die Jungfrau Maria im Wald von einer giftigen Natter verfolgt. Maria versteckt sich im Haselgebüsch, bis sich die Schlange verzogen hat, und erklärt darauf-

Darstellungen des Haselwurms und der Krönchenschlange, als welche dieser manchmal beschrieben wird.

hin, dass Haseln den Menschen vor Schlangen und »was sonst noch aus der Erde kriecht« schützen. Das Märchen basiert wohl auf Volksgeschichten, in denen die Haselruten zum Vertreiben von Schlangen benutzt werden. Auch könnte es auf der Beobachtung beruhen, dass sich ruhende Schlangen bei Erschütterungen, die durch einen Wander(-Hasel-)stock verursacht werden, oft schnell zurückziehen.

Gleichsam bevölkert auch der »Haselwurm«, eine drachenhafte Schlange mit Menschengesicht und goldener Krone die europäische Mythologie. Dieses Wesen, das in einem alten Haselbusch haust, wird sehr unterschiedlich dargestellt. Manchmal wird es als fünf Meter lange Schlange beschrieben, die als Krönleinschlange ähnlich dem »Tatzelwurm« ein gefährliches Wesen sei.

Im Mittelalter wurde die Geschichte der Schlange im Baum der Erkenntnis aus dem Alten Testament mit dem Haselwurm in Verbindung gebracht, wovon auch einige Darstellungen inspiriert sind.

In mancher Quelle hat der Haselwurm das Gesicht einer Katze, soll Weiden vergiften und dem Vieh die Milch aussaugen. In anderer Schrift wiederum ist der Haselwurm ein »Heerwurm«, der kriegerische Auseinandersetzungen voraussagen kann. Im Heerwurm wurde später die Masse von Trauermückenlarven der Art *Lycoria militaris* vermutet, die heute den Namen »Heerwurm-Trauermücke« trägt. Ihre glasigen, madenartigen Larven bilden zu Tausenden schlangenartige, sich gemeinsam fortbewegende Prozessionsverbände. Wie ein einziger, zusammenhängender Körper kriechen sie über den Boden. Heute werden Blindschleichen (*Anguis fragilis*) noch in einigen Regionen »Haselwurm« genannt, obgleich nur wenige Ähnlichkeiten zwischen den Charakteristika des mythologischen Haselwurms und der beinlosen Eidechsenart zu finden sind.

Im Tirol wurde der Haselwurm als einem »gewickelten Kinde« ähnliches Tier mit weißer Färbung beschrieben. Es sei ein harmloses Wesen, und wer von seinem Fleisch esse, ermächtige sich seiner Kräfte: Man verstehe dann die

Sprache der Tiere und erkenne die Heilkraft der Pflanzen. In anderen Quellen erwirbt man bei der Speise des Haselwurms die Gabe, unsichtbar zu werden oder mit Geistern zu kommunizieren. Ein weiterer Hinweis auf die Dimensionsverbindung, die der Hasel in unterschiedlichen Kontexten zukommt.

Ewige Jugend, Fruchtbarkeit und Schutz

Haselsträucher gelten in der germanischen Tradition auch als Symbol der Ewigen Jugend und Unsterblichkeit. Anders als etwa eine Eiche, bei der man an der Anzahl der Jahrringe ihr Alter ablesen kann, schießen beim Haselstrauch immer wieder neue Stämmchen aus dem Boden, während alte absterben. So kann man nicht oder nur schwer das effektive Alter eines Haselbusches bestimmen; ewig wirkt er jung und erneuert sich aus der Erde. Die Symbolik der Jugendlichkeit und Unsterblichkeit rührt aber auch von der frühen Blüte des Haselstrauchs her; sie ist ein Zeichen des Vorfrühlings, des Aufbruchs und Neubeginns und vielerorts die erste Blüte der neuen Vegetationsperiode.

Wie auch die Walnuss stand die Haselnuss im Volksglauben auch für die Fruchtbarkeit. In sehr vielfältiger Art und Weise wird die Haselnuss mit der Liebe und der Sexualität in Verbindung gesetzt.

Die alte römische Tradition, bei der in die Menge oder der Braut zugeworfene Nüsse am Hochzeitsfest den Kinderreichtum verkündeten, wurde für Walnuss und Haselnuss überliefert und findet sich in unterschiedlicher Form im europäischen Brauchtum. »In die Haselbüsche gehen« wurde zum geflügelten Begriff für kurze Schäferstündchen, so wurde die Hasel zum Symbol für uneheliche Beziehungen und Kindersegen. »Nussjahre sind Bubenjahre« oder »Viele Nüsse – viele Kinder« sind volkstümliche Redewendungen, die in unterschiedlichen Regionen in vielen Variationen den Bezug zwischen Nuss und Fruchtbarkeit erhalten haben. Die selten vorkommende Variation verwachsener Nüsse gilt als Symbol der Paarung. Der plattdeutsche Begriff »Klötenbusch« für den Haselstrauch fasst dabei sinnbildlich die Beziehung zwischen der Hasel und der männlichen Fruchtbarkeit zusammen.

Meistens jedoch ist die Hasel weiblich, sie wurde oft »Frau Hasel« oder »Haselin« genannt und war als weibliches Symbol der Jugend und Fruchtbarkeit bekannt. Frau Hasel tritt in Märchen und Volksliedern auf und gilt als Beschützerin vor allerlei Ungemach.

Die Symbolik des schützenden Haselbusches findet sich auch in der keltischen und germanischen Mythologie; so war der Haselbusch zum Beispiel dem germanischen Donnergott Thor gewidmet, der ihn deshalb mit seinen Blitzen niemals zerstört hat. Darum sei es klug, bei Gewittern unter Haseln Schutz zu suchen, was sich gewissermaßen bis heute bestätigt hat. Haselbüsche und auch Baumhaseln werden nur ganz selten von Blitzen heimgesucht. Dieser Umstand wird heute allerdings mehr auf den niedrigen Wuchs der Haseln als auf ihren göttlichen Schutzpatron zurückgeführt.

Der Hasel und ihrer Bedeutung im altgermanischen Zauberwesen ist eine 16-seitige Abhandlung des deutschen Mittelalterforschers Karl Weinfeld von

1905 gewidmet. Er berichtet darin, wie auch das Bepflanzen eines Grundstücks mit Haseln und das Mittragen eines Haselzweigs vor Gewittern schützen konnte und wie später dieser »heidnische« Glaube um die Haselzweige auch in kirchliche Bräuche überging. So wurde der Schutz durch die Hasel später auch Maria gewidmet. In mancher Region wurden Gerichtsverhandlungen oder traditionelle Arenen für Kampf und »Hosenlupf« mit Haselstecken abgesteckt.

Die Hasel bei den Kelten

Nach der Lehre des keltischen Baumkreises gelten Menschen, die zwischen dem 22. und 31. März sowie zwischen dem 24. September und 3. Oktober geboren sind, als Hasel-Geborene. Sie zeichnen sich durch entwaffnende Ehrlichkeit und Geradlinigkeit aus. Sie sind mit der Fähigkeit ausgestattet, Dinge einfach auf den Punkt zu bringen und gelten als geschätzte Gesprächspartner. Gleichzeitig sind sie ungeduldig, brauchen Konfrontation und Herausforderung, können eigensinnig sein und egoistische Züge entwickeln.

Etymologie und Sprache

Der Begriff »Hasel« taucht in frühen Quellen im Althochdeutschen als »hasal«, im Mittelhochdeutschen bereits als »hasel« auf und ist mit »haesl« auch im Altenglischen vertreten. Davor wurde die Hasel wie erwähnt in Anlehnung an die Stadt Abella in Italien »nux abellana«, »auellana« oder im *Capitulare* Karls des Großen »avellanarios« genannt. Der lateinische Begriff, der auf die Haselkultur in Abella hinweisen soll, wurde später weiterverwendet. Konrad von Megenberg nennt die Hasel »Nuces avallanae« und verweist auf das lateinische »corulus«. Schon hier werden also die aus dem Lateinischen übernommenen und später von Carl von Linné zur botanischen Erstbeschreibung verwendeten latinisierten Begriffe *Corylus* und *avellana* verwendet. Beide bezeichneten schon mehrere Jahrhunderte lang jene Art, die wir heute umgangssprachlich »Gemeine Hasel« nennen.

Der Wortstamm der Hasel taucht im Germanischen scheinbar ohne nähere Verwandtschaft auf und lässt sich auch nicht auf griechische oder römische Bezeichnungen zurückführen wie viele andere deutsche Pflanzennamen. Eine mögliche Erklärung findet sich im *Deutschen Wörterbuch* der Gebrüder Grimm von 1854. Demnach soll die Hasel und der Hase (*Lepus europaeus*) demselben Wortstamm folgen; Grund sei die Verwendung von Haselruten als Spring-Wurzel, wodurch eine Verbindung zum flinken, springenden Hasen geschlagen werden könne.

Seit Shakespeare wird das englische »hazel« neben seiner botanischen Bedeutung auch für rotbraune Augen verwendet. Meist wird in der heutigen Zeit eine Augenfarbe im Grün- oder Blauton beschrieben, deren Mitte zur Pupille hin einen Übergang zu brauner Farbe aufweist. Heute findet sich die Farbbezeichnung auch in der Beschreibung von Kosmetika, Haarfärbemitteln und Modeschmuck.

Die Hasel (schweizerisch oft »der«, wohl abgekürzt von »der Haselstrauch«) hat viele regionale Namen. In der Schweiz sind in Graubünden »Hasla« oder »Hasslastuda«, in der Innerschweiz »Hasastude« oder »Haslestude« verbreitet, im Kanton Obwalden auch »Hagnuss«. Im Schaffhausischen ist der Begriff »Haselpösche« verbreitet, während im Kanton Bern »Hasustuude« und »Haslere« zu den verbreiteten Namen gehören. Als »Augstennuss« (August-Nuss) wurden in der Schweiz früh fruchtende Haselnussformen bezeichnet.

In der Schweiz gab es viele Sprüche rund um die Nuss, einige haben sich erhalten. So steht eine »Knacknuss« (harte Nuss) bis heute für eine schwierige (schwer zu knackende) Sache; ein kaum zu lösender Fall und »E härti Nuss« für eine Person, die nicht von ihrem Standpunkt abweicht. Der Spruch »Das isch e Nuss mit Löchli« (Das ist eine Nuss mit Loch; wurmstichige Nuss) stand in der Schweiz für eine wertlose Sache oder leeres Geschwätz.

Unterschied zwischen der Gemeinen Hasel *C. avellana* (oben) und Lambertsnuss (unten). Die Bezeichnung »Filbert« stammt wohl von »Vollbart« und bezieht sich auf die längeren Hüllblätter dieser kultivierten Art, die wegen ihres oft größeren Wuchses einst auch Riesenhasel (*C. maxima*) genannt wurde.

Die Lambertsnuss oder Lamberts-Hasel, wie die oft kultivierte Haselnuss *C. maxima* heute genannt wird, soll ihre Bezeichnung von »lombardische Nuss« oder »lampartische Nuss« im Mittelhochdeutschen bekommen haben. Im Mittelalter stand »Lampartia« für das gesamte nördliche Italien inklusive der heutigen Haselanbaugebiete im Piemont. In der deutschen, mittelalterlichen Sage *Wolfdietrich* wird Norditalien »Lampartenland« genannt. Die heutige Lombardei ist jedoch kein wichtiger Hasellieferant oder Produzent. Interessanterweise sind zudem die traditionellen, in Italien kultivierten Handelssorten kurzhüllig und nicht näher mit der Lambertsnuss verwandt. Vermutlich wurden die Lambertsnüsse einfach über den Süden in die deutschsprachigen Gebiete importiert und sind so zu ihrem Namen gekommen. Ähnlich der Walnuss, die als »Welsche Nuss« über die welschen, demnach italienisch-französischen Sprachgebiete nach Mitteleuropa kam.

Die englische Bezeichnung »Filbert«, ist weit verbreitet und gilt in den USA als wichtigster Handelsname für die Haseln. Der Begriff stammt verschiedenen Quellen zufolge vom Begriff »Vollbart« und dessen Übersetzung »Fullbeard« ab, die vermutlich im Mittelalter im deutschsprachigen Raum für die eingeführte Lamberts-Hasel entwickelt wurde. Vermutlich wurde damit zur Unterscheidung von den mitteleuropäischen Wildhaseln auf die langen Hüllblätter, die »Bärte«, hingewiesen. Ein alter österreichischer Name für die Lambertsnuss ist »Bartnuss«. Weit weniger verbreitet ist die Herleitung der Bezeichnung vom Heiligen Philibert (Filibert), dessen Feiertag, der 20. August, etwa auf die Zeit der Reife der Nüsse fällt. Auch in englischen Quellen wird die Lambertsnuss gelegentlich »Filibert« genannt.

Filbert, ein Name der wohl einst zur Unterscheidung der Haselformen gedient hat, hat sich in den USA zur Handelsbezeichnung aller kultivierbaren Haseln durchgesetzt, obwohl die meistkultivierten Sorten in den USA kurze Hüllblätter aufweisen und daher die Bezeichnung »Fullbeard« längst nicht mehr sinngemäß ist.

Verbreitung von Ortschaften und Flurnamen mit Mundartnamen der Hasel in der Schweiz. Das französische Noisette, italienische Nocciola und rumänische Nitschola sind wesentlich seltener und hier nicht berücksichtigt. (Nach dem Flurnamenverzeichnis von geo.admin.ch, 2023)

Ein Fisch und der Haselstrauch

»Der Hasel« wird in den meisten deutschsprachigen Gebieten ein Weißfisch mit der zoologischen Bezeichnung *Leuciscus leuciscus* genannt. Die silbrig glänzende Fischart ist in langsam fließenden und seltener stehenden Gewässern verbreitet. Sie gehört zu einer Gruppe fischereilich nur wenig interessanter Arten, wie auch der Döbel und das Rotauge. Weißfische haben meist starke, schwer zu lösende Gräten, was eine Verarbeitung viel schwieriger gestaltet als die der beliebten Forellen oder Felchen. Schon im Mittelalter war der Hasel mit seiner Bezeichnung »Hasala« dem damaligen »Hasal« für die Haselsträucher ähnlich. Einen Grund für die ähnlichen Namen finden sich in einem traditionellen Fischerspruch aus der Schweiz: »Hend d' Hasel Laub wie Müseohre, chömit d'Hasel i Hüüfe z'troole.« Was heißen soll, dass beim Austrieb des Laubes der Haselsträucher die Haselfische zu den Laichplätzen an den Rändern ihrer Gewässer kommen. Tatsächlich deckt sich der Austrieb der Hasel im März, also die Zeit, in der die Blätter etwa die Größe von Mäuseohren haben, etwa mit der Hasellaichzeit. Außerhalb der Schweiz finden sich keine Hinweise auf diesen Zusammenhang; im *Wörterbuch* der Gebrüder Grimm wird der Hasel als »Fisch mit besonderer Sprungkraft« beschrieben. Deshalb soll der Name Hase(l) oder Häsling an den flinken Hasen, das Säugetier, das für ebensolche Sprungkraft bekannt ist, erinnern. Welche Herleitung aber richtig ist, bleibt unbekannt.

Ortschaften und Flurnamen

Der Name der Haselstaude hatte auch einigen Einfluss auf die Namen von Ortschaften in Mitteleuropa. So gibt es in der Schweiz in bernischen Gemeinden »Hasliberg« und »Hasle« bei Burgdorf im Entlebuch und Luzern sowie »Haslen« im Glarnerland, in Deutschland die Ortschaft »Hasel« im Schwarzwald und »Hasselbach« im Taunus. Verbreitet ist »Hasel« auch als Flur- und Straßennamen. In der Schweiz sind Hunderte Flurnamen, Straßen und Hofnamen mit Mundartnamen der Hasel bezeichnet. In den USA gibt es neun Ortschaften mit dem Namen »Hazel« sowie einige mit »Filbert«. Im westlichen Kanada liegt die Ortschaft »Hazelton«, die nach ihren Haselbüschen benannt wurde. Hazelton liegt innerhalb einer isolierten Population der Amerikanischen Schnabel-Hasel *C. cornuta*, weit ab vom Hauptverbreitungsgebiet der Art. »Hasel« ist zudem der Name eines Zuflusses der Werra in Südthüringen und unter dem gleichen Namen ein Nebenfluss der Mindel im Unterallgäu sowie mindestens acht weiterer Gewässer in Mitteleuropa.

Die Verbreitung als Gewässernamen hat wohl ihren Ursprung in den Haselhecken, die viele Bäche im offenen Landwirtschaftsgebiet umgeben. Womöglich ist da und dort auch die Fischart »Hasel« Namensgeberin – oder der Feldhase. Die Häufigkeit von Hasel-Darstellungen in Wappen weisen aber auf den botanischen Ursprung vieler Flurnamen oder deren Interpretation hin.

Heraldik

Viele Gemeinden mit Haselnüssen im Wappen haben auch in der Ortsbezeichnung die »Hasel« oder »Haselnuss«. Auf Familien- und Ortschaftswappen ist die Haselnuss ein weit verbreitetes Motiv, das in unterschiedlicher Form auftritt. Sowohl den Strauch als auch Nüsse und Blätter der Haselnuss findet man als Wappenfiguren. Häufig sind dreiteilige Nuss-Fruchtstände und vereinfachte, grafische Nüsse mit oder ohne Hüllblätter.

Wappen mit Haselnussmotiven. Von links: Haselnussstrauch und Bären, Nußbach, Kreis Braov, Siebenbürgen. Rote Nuss im Wappen von Hasselbach im Taunus. Haslau, Haselzweig mit Haselhahn, Österreich. Wappen der Ortschaft Hasle, Luzern, Schweiz.

140.
BAUMNUSSÄ! HASELNUSSÄ?
WOTTÄDER GUT NUSSÄ?
In Schalen ſtekt der ſüße Kern,
Wer den verlangt, bricht jene gern.

Mandeln für die Reichen, Haselnüsse für die Armen

Dominik Flammer über die kulinarische Geschichte der Haselnuss im Alpenraum

In den neolithischen und bronzezeitlichen Ufersiedlungen des Alpenraums gehörte die Haselnuss zu den wichtigsten Sammelfrüchten überhaupt. Im *Historischen Lexikon der Schweiz* ist für die Zeit der Pfahlbauer gar von einer »herausragenden« Rolle der Haselnuss als lagerfähige und kalorienreiche Frucht die Rede. Und dennoch wurde sie in Mitteleuropa bis ins 19. Jahrhundert nie in Kultur angepflanzt, während die Landwirte bereits im antiken Griechenland oder in Syrien die Haselnüsse im großen Stil anbauten. Eine ägyptische Warenliste aus dem 3. Jahrhundert vor Christus listet sie gar als eines der wesentlichen Importprodukte aus Syrien auf.

Umso verblüffender scheint es deshalb, dass sich in unseren Breitengraden erst die Kräuter- und Pflanzengelehrten im ausgehenden Mittelalter mit der Haselnuss zu beschäftigen begannen, sich aber insbesondere die Köche der Adelshäuser und die bürgerlichen Kochbuchautorinnen nicht im Geringsten für die kleinen und in ihrer Wildform in ganz Mitteleuropa verbreiteten Nüsse interessierten.

Das dürfte darauf zurückzuführen sein, dass die Römer die Nutzung und Anpflanzung der weit größeren und ergiebigeren Walnuss nach ihren Eroberungen in allen Gebieten forcierten, während die Haselnuss eine zwar weitverbreitete, aber nur wildwachsende Frucht blieb. Eine Frucht allerdings, die vor allem in Notzeiten in größeren Mengen von der ärmeren Bevölkerung gesammelt wurde – vermutlich nur in Jahren, wenn die Obst- und Walnusserträge in den eigenen Obsthainen zu gering ausfielen. Für die Vorratshaltung begannen die Haselnüsse mit dem sich ausdehnenden Obstbau ihre Bedeutung als Winternahrung zusehends zu verlieren.

Nussverkäufer aus Zürich; Ausruferbild, kolorierter Stich von David Herrliberger, 1749.

Mit den wachsenden Importen der Mandel spielten insbesondere in den wohlhabenderen Haushalten selbst die Walnüsse kaum mehr eine Rolle. Die Mandel hatte schon früher neben den Gewürzen und dem Wein zu den wichtigsten Handelsgütern der Säumer gehört, die sie von den Handelshäfen des Mittelmeers über die Alpen nach Norden brachten. Von Spanien aus verbreiteten sich die Anbautechniken für diese »arabische Nuss« im ganzen Mittelmeerraum, und in den Jahrhunderten darauf dominierte sie als Zutat zu Marzipan oder des spanischen Turrón das Zuckerbäckerhandwerk in ganz Europa, bis hinauf nach Skandinavien. Dementsprechend taucht die Haselnuss selbst in handschriftlichen Rezeptsammlungen kaum auf und wenn, wird kaum zwischen Wal- und Haselnuss unterschieden. Beide galten allenfalls als billiger Ersatz für die edle Mandel.

Noch Ende des 17. Jahrhunderts schrieb Eleonora Maria Rosalia Liechtenstein in ihrem hausmütterlichen Werk *Freywillig aufgesprungener Granat-Apffel des Christlichen Samariters*, dass in den ihr bekannten deutschen Haushalten zwar auffällig viele Haselnüsse verwendet würden, diese aber nichts anderes als ein Ersatz für die in alten deutschen, französischen und englischen Kochbüchern erwähnten Mandeln seien. Mit ihrem Vorschlag, die Haselnüsse auch für die Herstellung von Marzipan zu verwenden, blieb sie aber noch für lange Zeit alleine auf weiter Flur. Dass der Züricher Kupferstecher David Herrliberger eines seiner Hunderten von Bildern von Marktrufern, die er auf dem Züricher Markt beobachtet, einem Nuss- und Haselnussverkäufer widmet, deutet ebenfalls darauf hin, dass selbst Mitte des 18. Jahrhunderts kaum mehr jemand im größeren Stil Haselnüsse für den Eigengebrauch sammeln ging, wenn die Not es nicht erforderte. Entsprechend exotisch kamen den Zürcher Käuferinnen und Käufern wohl selbst die heimischen Nüsse vor.

Auch all die traditionellen und heute noch bekannten Rezepte für Süßgebäcke beinhalten in den heute noch vorhandenen Kochbüchern sogar bis ins 20. Jahrhundert hinein fast ausschließlich Mandeln. Selbst eines der heute bekanntesten Haselnussgebäcke, die Totenbeinli, wurden in Graubünden noch um 1905 nur und ausschließlich mit Mandeln hergestellt. Dies zeigen die insgesamt sechs unterschiedlichen Rezepte für dieses Gebäck in Graubünden, die von den bündnerischen Frauen in ihrem im ganzen Kanton weitverbreiteten und umfassenden Kochbüchlein aufgelistet wurden. Die Wahl der anderen Zutaten variiert, aber weder in den Rezepten aus Chur, aus dem Unterengadin, noch aus dem Bündner Oberland taucht in diesem Traditionsgebäck auch nur eine Haselnuss auf. Ebenso wenig in den ersten Rezepten für die bekannten Basler Leckerli oder ihres Vorläufers, dem Basler Lebkuchen. Kein Wunder, dass selbst die großen Basler Gebäckforscher wie Albert Spycher oder Eugen A. Meier in ihren zahlreichen Standardwerken über die Gebäcktraditionen ihrer Heimatstadt kein Wort über die Haselnuss verlieren.

Einen wesentlichen Anteil am Aufstieg der Haselnuss zur immer häufiger in Kultur genommenen Frucht haben die ab Mitte des 19. Jahrhunderts aufstrebenden Chocolatiers Norditaliens und der Schweiz. Während auch im nahen Piemont eingeschleppte Pilzkrankheiten und die Reblaus zu einem ansehnlichen Schwund der Weingärten führte, was durch den Aufbau großer Haselnusskulturen kompensiert werden sollte, begannen die europäischen Handelshäuser insbesondere den Haselnussanbau in der Türkei zu entdecken und zu fördern. Um 1900 berichtet die Neue Zürcher Zeitung von den stark wachsenden Haselnusskulturen rund um die Hafenstadt Trapezunt am

Charles Amédée Kohler ist der erste Chocolatier der Schweiz, der Mitte des 19. Jahrhunderts mit Haselnüssen arbeitete. Schon bald ziehen die anderen Hersteller nach, die Haselnuss-Schokolade etabliert sich.

Schwarzen Meer. Trabzon, wie die Stadt heute heißt, ist heute noch der wichtigste Umschlagplatz für türkische Haselnüsse. Die Ausfuhr steige von Jahr zu Jahr, schrieb die NZZ, wovon ein bereits seit 50 Jahren ansässiges schweizerisches Handelshaus stark profitiere. Die Firma Hochstrasser & Co. habe an diesem Handelszweig besonderen Anteil. Dies vor allem, so die NZZ weiter, »da die Haselnuss der pontischen Küste sich durch Wohlgeschmack und Aroma auszeichnet, weshalb man diese an Stelle der Mandel zur Chocoladen- und Marzipanproduktion mit Erfolg zu verwenden begonnen habe«.

In der Tat setzten die großen Schweizer Schokoladenhersteller zusehends auf Haselnüsse, indem sie diese vom Schwarzen Meer und aus Norditalien importierten, so wie auch die im Piemont aus Haselnüssen gefertigte Gianduja-Masse. Sprüngli in Zürich hat um 1920 die »Chocolat Piemontais aus Noisettes entières« im Angebot, Tobler in Bern exportiert seine »Swiss Milk Chocolate with Hazelnuts« zur selben Zeit bereits in die USA, und Lindt zog zwei Jahre nach der 1935 erfolgreich lancierten »Lindt Milch« mit einer »Lindt Noisettes« nach. Im Zweiten Weltkrieg brach dann der Import von Rohkakao massiv ein, sodass die italienischen wie auch die schweizerischen Hersteller zusehends dazu gezwungen waren, andere, aber gleichwertige Ingredienzen für die wachsende Nachfrage zu verwenden: Mandeln und Haselnüsse boten sich an, insbesondere, weil sie während des Krieges zwar zu höheren Preisen erhältlich waren, dies aber auf lange Zeit in fast beliebigen Mengen. Wie seine Konkurrenten musste sich auch der Berner Schokoladenunternehmer Camille Bloch überlegen, wie er trotz der Verringerung der Kakaoimporte seine Produktion weiterführen konnte. Statt nur die Haselnüsse oder die Haselnussmasse zu importieren, begann er, mit türkischen Haselnüssen eine Masse herzustellen, da sich diese Nüsse mit ihrem Fettanteil von 65 Prozent durch den Mahlvorgang in einen feinen Teig verwandeln. Dann wurde diese Masse mit ganzen Haselnüssen ergänzt und anschließend mit einer dünnen Schokoladenschicht beidseitig überzogen. Aus der Not heraus entstand so eines der bekanntesten Schweizer Schokoladenprodukte, das »Ragusa«, das 1942 lanciert wurde und heute noch fast identisch ist mit dem einst von Camille Bloch entwickelten Original.

Für Furore weltweit sorgte allerdings vor allem ein Haselnussaufstrich aus dem Piemont, das »Nutella«, das gemäß Firmenangaben 1940 vom piemontesischen Konditor Pietro Ferrero noch unter dem Namen »Pasta gianduia« entwickelt worden sein soll. Unter seinem heutigen Namen begann dieser Brotaufstrich allerdings erst 1964, den Weltmarkt zu erobern. Allerdings fällt es schwer, hier noch von einer Haselnusscreme zu sprechen, enthält dieses Produkt heute doch gerade mal nur 13 Prozent Haselnüsse.

Die Türkei blieb trotz des Aufstiegs der USA zu einem Haselnuss-Anbauland der klar führende Haselnussproduzent, mit 665 000 Tonnen liegt sie heute weit vor Italien mit 140 000 Tonnen. Mengen, die um ein Vielfaches über dem liegen, was noch vor hundert Jahren angebaut wurde. Und obwohl weltweit noch immer viermal mehr Mandeln angebaut und gehandelt werden, sind heute Haselnüsse in ganzer oder gemahlener Form zu Preisen erhältlich, von denen die Schweizer Chocolatiers früher nur träumen konnten. Entsprechend begann die Haselnuss die Mandel auch in zahlreichen Schweizer Traditionsrezepten zu ersetzen oder ihr zumindest Konkurrenz zu machen. Allen voran in den schweizweit bekannten Totenbeinli, die zum Beispiel der Schweizer Großdetaillist Migros unter einem »Originalrezept aus dem Jahr 1930« anpreist. Was in etwa zeigt, wann sich dieses Süßgebäck von einem Mandel- zu einem Haselnussbiskuit zu wandeln begonnen hatte. Nur 25 Jahre nachdem die Bündner Hausfrauen ihre Rezepte zu diesem Gebäck ausschließlich mit Mandeln veröffentlicht hatten, zog die Industrie mit einem reinen Haselnussgebäck nach. Mit dem Verweis selbstverständlich, dass dieses Gebäck aus dem Kanton Graubünden stammt, wo es ursprünglich zum Kaffee beim Leichenschmaus gereicht wurde.

Auch viele Konditoren zogen nach: Der traditionell vor allem in den katholischen Kantonen verbreitete »Mandelfisch« – ein klassisches Anisgebäck mit Mandelfüllung – wird heute in vielen Fällen auch mit einer Haselnussmischung angeboten – wenn auch als »Anisfisch«. Mit dem Vorteil, dass so wie bei den Nussgipfeln verfahren werden kann, einem anderen in der Schweiz sehr populären Haselnussgebäck: Dessen Fülle besteht heute noch etwa aus einem Viertel Haselnüssen, den Großteil der Masse macht der Schraps aus. Schraps ist sozusagen das Paniermehl der Konditoren und Confiseure: süße Backwaren, die nicht verkauft werden konnten und dann zu einer Masse verarbeitet werden, mit der sich wiederum die Füllungen für Gebäcke wie die erwähnten Nussgipfel strecken lassen.

Obwohl die Haselnuss zu den wenigen heimischen Nutzpflanzen Mitteleuropas gehört, hat sich bis heute die Kultivierung insbesondere nördlich der Alpen nicht durchgesetzt. Zwar werden mittlerweile einige Hektar Haselnüsse in der Schweiz angebaut, doch ist die hier geerntete Menge nur ein Klacks im Vergleich zu den jährlich weit über 10 000 Tonnen, die in geschälter Form in die Schweiz eingeführt werden. Während der Weltmarkt für die industrielle Verarbeitung von Haselnüssen von der Türkei und Italien beherrscht wird, besteht in der Schweiz allenfalls ein Nischenbedürfnis nach Tafelnüssen, die eine gewisse Chance in der Direktvermarktung haben. Konkurrenzfähig werden Schweizer Haselnüsse auf dem Weltmarkt aber ebenso wenig sein wie die meisten in der Schweiz angebauten Nutzpflanzen.

Dass die Bündner Hausfrauen die Haselnuss kannten und auch verwendeten – wenn auch nicht für ihre beliebten Totenbeinli –, zeigt ein Rezept aus ihrem prächtigen Kochbüchlein aus dem Jahr 1905 für eine Haselnusscrème: 125 Gramm fein gestoßene Haselnüsse und 125 Gramm Zucker werden in der Pfanne geröstet, bis sie einen angenehmen Geruch verbreiten, dann werden dieser Masse vier ganze Eier untergerührt und anschließend vier Deziliter Vollrahm. Die Masse lässt man unter ständigem Rühren etwas aufwallen, nimmt sie vom Feuer und rührt sie mit dem Schwingbesen noch so lange, bis sie eine sämige Cremigkeit erreicht hat.

Haselnusskultur und Erwerbsanbau

Die Kultivierung der Haselnuss hat an geografisch verschiedenen Orten Tradition. In jedem Anbaugebiet wird die Haselkultur durch Haselsorten gebildet, die eine lange Tradition haben und oft aus lokalen Wildformen gezüchtet wurden. Obgleich gerade in neuester Zeit auch der globale Handel und die Hasel-Zucht Nüsse unterschiedlichster Herkunft vermischt und Hasel-Kulturen in ursprünglich Hasel-freie Weltgegenden befördert, lebt jede Region von ihrer eigenen, charakteristischen Hasel-Geschichte und Haselnuss-Sortenvielfalt. Gleichzeitig wird die weltweite Produktion nur aus etwa 20 von über 500 bekannten Sorten gebildet. Dieser Umstand stellt ein Risiko dar, denn zukünftige klimatische Veränderungen oder durch die Globalisierung verbreitete Pathogene (Krankheitserreger) können so größere Schäden anrichten.

Die Haselnusskultur im deutschsprachigen Raum

Der gewerbliche Anbau von Haselnüssen hat in der Schweiz, in Deutschland und Österreich eine erstaunlich geringe Bedeutung, wenn man bedenkt, wie lange schon großkernige Haseln in der botanischen und pomologischen Literatur Erwähnung finden. Die 'Halle'sche Riesennuss' etwa wurde von Carl Gottlieb Büttner bereits 1788 in Halle ausgelesen, 'Gunslebert' sogar schon 1757. Im erwähnten Werk *Die Haselnuss – ihre Arten und ihre Kultur* von Goeschke wurde 1887 bereits eine große Zahl von Sorten aufgeführt, von denen noch etliche erhältlich sind und sehr viele eine bis heute nachvollziehbare Geschichte bis zu ihren Züchtern haben. Trotzdem beschränkte sich die Ernte lange auf die uralte Tradition des Wildhasel-Sammelns, der Haseln, die in beinahe jeder Hecke und vielen Privatgärten wachsen. Der ertragreiche Anbau von großkernigen Sorten in Plantagen für den Handel ist erst in Entwicklung begriffen, aber bisher nur punktuell rentabel. Rund 300 Hektar werden derzeit in Deutschland mit Haselnüssen bepflanzt, etwa ein Hundertstel der Fläche in Frankreich oder Italien.

Die Schweiz hat mit etwa 2 Kilogramm pro Person und Jahr den höchsten Haselnusskonsum weltweit. Dieser wird fast vollständig durch den Import gedeckt, der Gesamtwert des Imports lag 2014 bei etwa 10 000 Tonnen Haselnüssen (ohne Schale) bei etwa 77 Millionen Franken. In der Schweiz existieren erst wenige Pionierplantagen sowie einige Sortensammlungen. Dieser Um-

Plantage mit Haselnusssträuchern (*Corylus avellana*).

stand wird in der Schweiz auch durch die Direktzahlungsverordnung gestützt, durch die Haselnusskulturen derzeit weniger subventioniert werden als andere Pflanzenkulturen. Die Neuanlage von Haselnusskulturen ist zudem mit größeren Investitionen in die Infrastruktur verbunden.

Auch die Produktion ist aufgrund des höheren Lohnniveaus in Mitteleuropa wirtschaftlich weniger lohnend, was zu einer starken internationalen Konkurrenz führt. Weil die meisten Hasel-Anbaugebiete in wärmeren Regionen liegen, kann man für die Hasel als Kultur zumindest hinsichtlich der globalen Erwärmung des Klimas auch im deutschsprachigen Raum eine gewisse Zukunft voraussehen. Scheinbar führt das warme Klima zu speziell gutem Nussaroma, so etwa wie bei den Nüssen im Piemont.

In Österreich setzen derzeit etwa 120 Betriebe auf die Haselnusskultur. Mit etwa 80 Hektar Anbaufläche ist dieser Erwerbszweig allerdings ebenfalls überschaubar.

Es gibt diverse mitteleuropäische Hasel-Sorten mit deutschen Namen: die 'Hallesche Riesennuss', das 'Wunder von Bonweiler' oder die 'Kaiserhasel von Trapezunt' – um nur wenige zu nennen. In Mitteleuropa wurden aber auch stets Sorten aus anderen Gebieten angebaut, deren Sortennamen dann eingedeutscht wurde, etwa 'Badem Funduk' von der Krim, die in mitteleuropäischen Pomologien 'Mandelförmige Lambertsnuss' genannt wird. Es gibt deshalb einige synonyme Sortennamen und allerlei Hinweise auf den Import von Sorten aus anderen Anbaugebieten.

In Mitteleuropa werden viele großfruchtige Sorten als »Zellernüsse« bezeichnet. Der Begriff soll auf das Kloster Zell bei Würzburg zurückgehen, wie Wolf Helmhardt von Hohberg schon 1701 in seiner Landwirtschaftsmonografie *Georgica curiosa* beschreibt. Die Zellernuss stellt aber botanisch kein einheitliches Taxon dar. Einige der Sorten wurden als Kreuzungen zwischen Gemeiner und Lamberts-Hasel identifiziert, das trifft aber längst nicht für alle Zellernüsse zu.

Für die Bestäubung in Haselnusskulturen werden jeweils einige Bestäuber-Büsche mitgepflanzt, deren Blütezeit mit jener der Ertragssorten korrespondiert. Weil in Mitteleuropa in fast allen Regionen Wildhaseln mit einer Variabilität in der Blütezeit vorkommen, wird die Notwendigkeit der Pflanzung von Bestäubersorten unterschiedlich diskutiert.

Erst seit neuester Zeit (circa 2019) breitet sich in Deutschland und der Schweiz der Asiatische Haselmehltau aus, ein aus Ostasien stammender Pilz (*Erysiphe corylacearum*). Er wurde auf der wirtschaftlich wenig bedeutenden Mandschurischen Schnabel-Hasel erstbeschrieben. Der Pilz befällt mehrheitlich die Blätter der Haseln und ist bereits vor seiner Ankunft im westlichen Europa schon 2013 in die Türkei eingeführt worden. Dort hat er offenbar Schäden in den Kulturen hinterlassen. Doch es wurde bereits ein Resistenz-Gen bei der Gemeinen Hasel ausgemacht, das bei neuen Sorten mit Resistenzbildung wichtig werden könnte.

Westasien/Südosteuropa-stämmige Kultivare (auch einige mit deutschem Sortennamen) zeichnen sich durch mehrheitlich rundliche Nüsse und langer, stark genetzter Hülle aus. Sie werden wahlweise als eigene Art/Varietät *C. pontica* bzw. *C. avellana* var. *pontica* genannt oder ohne weitere Unterscheidung der formenreichen Gemeinen Hasel *C. avellana* zugerechnet.

Türkei und Westasien

Haselnüsse für den Verzehr werden primär in der Türkei produziert, deren Anbau heute etwa 70–75 Prozent der weltweiten Hasel-Produktion ausmacht. Zwischen 2010 und 2020 hat die Türkei ihre Anbaufläche von etwa 440 000 Hektar auf 740 000 erhöht. Auch andere Länder Westasiens wie Aserbaidschan, Georgien und der Iran gehören zu den wichtigen Produzenten. Während in Italien und in geringerem Maße auch in anderen südeuropäischen Ländern wie Spanien großfrüchtige Sorten der Gemeinen Haselnuss mit kurzen Hüllblättern kultiviert werden, finden an der türkischen Schwarzmeerküste besonders Sorten mit langer, von prominenten Blattadern geprägter Hülle um die Nüsse Verwendung. In mancher Quelle werden sie zur Lambertsnuss (*C. maxima*) gezählt, was aber geografisch, morphologisch wie historisch nicht zutreffend ist.

Die Nussvarietäten vom Schwarzen Meer wurden schon in antiken Quellen als Pontische Nüsse bezeichnet. Botanisch wurden sie unter dem Taxon *Corylus pontica* beschrieben, Wildformen aus dem Kaukasus als Kolchische Hasel (*C. colchica*). In vielen neueren Schriften werden diese Formen nicht mehr auf Artebene unterschieden. Sie gelten dann als Sorten/Varietäten der als größeren Komplex gehandhabten Gemeinen Hasel (*C. avellana*). Zeitweise wurde deshalb das Taxon »*Corylus domestica*, Kultivierte Hasel« als Artname für die unklar zu definierende Gruppe kulturell lang beeinflusster Haselarten vorgeschlagen. Dieser Name hat sich aber nie durchgesetzt.

Viele türkische Sorten sind reich tragend, aber spätfrostgefährdet. Weil ein großer Teil der weltweiten Hasel-Produktion in der Türkei liegt, ist in klimatisch schlechten Jahren in der Vergangenheit die Erntemenge manchmal um fast die Hälfte eingebrochen; das macht den Handel, die Berechnung der Nusspreise und auch die Berechenbarkeit der Mengen schwierig.

Die wichtigste türkische Sorte ist 'Tombul', eine Sortenbezeichnung, die eine ganze Gruppe ähnlicher Haseln beschreibt. Dies ganz im Gegensatz zu den vielen neueren, vegetativ vermehrten Sorten, bei denen alle Pflanzen genetisch identisch sind. Weitere Handelssorten sind 'Çakıldak', 'Sivri', oder 'Foşa'. Bei diesen Sorten halten die röhrenförmigen Hüllblätter die Nüsse fest umschlossen, weshalb sie auch bei Reife oft nicht einzeln vom Strauch fallen wie bei den westeuropäischen Sorten. In den steilen Plantagen ist das bei der Ernte ein Vorteil, weil die Nüsse nicht davonrollen.

Ein wichtiges Merkmal neuer Sorten, die derzeit in den Handel kommen, ist ihre bessere Frosttoleranz durch eine spätere Blüte. Die Haselnusskultur in der Türkei ist insbesondere im wintermilden und verhältnismäßig feuchten Norden des Landes an der Schwarzmeerküste verbreitet. In den bergigen Regionen des Pontischen Gebirges und der Ausläufer des Kaukasus hat der Anbau der Haselnuss bis heute eine immense wirtschaftliche Bedeutung, sie ist die Haupteinnahmequelle großer Teile der Landbevölkerung. Die steilen Hanglagen und die gesellschaftliche Verankerung des Anbaus haben eine landwirtschaftliche Industrialisierung und die Zusammenlegung der Parzellen, wie man sie aus flachen Landschaften kennt, unmöglich gemacht, weshalb bis heute traditionelle Anbau- und Erntemethoden vorherrschen. Manche Familien bauen schon über mehrere hundert Jahre in denselben Gebieten an.

Die Ernte erfolgt oft von Hand; im Gegensatz zur industrialisierten Ernte auf ebenen Landflächen werden hier die Nüsse in noch grünen Hüllen abgeerntet oder vom Boden aufgelesen und in großen Körben gesammelt. In den Hanglagen des Pontischen Gebirges ist diese Erntemethode typisch, eine maschinelle Ernte ist hier unmöglich. Gepflanzt werden die Haselbüsche hier traditionell zu mehreren in einer Pflanzmulde, die Büsche wachsen mehrstämmig.

Die Arbeitsbedingungen rund um die Hasel-Produktion in der Türkei stehen in mitteleuropäischen Medien gelegentlich in Kritik, da in der Landwirtschaft generell ein sehr tiefes Lohnniveau für Wanderarbeiter vorherrscht. Das gilt auch für viele Haselnussplantagen. Ganze Familien reisen zur Erntezeit in die Anbauregionen, oft leisten auch die Kinder lange Tagesschichten bei der Nussernte. Die großen Gewinne der Branche landen gemäß den Medienberichten nicht bei Bauern oder Erntehelferinnen, sondern mehrheitlich bei großen, internationalen Konzernen. Auch aufgrund dieser kritisierten Umstände ist für den internationalen Handel der Haselnuss-Anbau im Pontischen Gebirge und im Transkaukasus wirtschaftlich wesentlich interessanter als die teurere Produktion in Mitteleuropa.

Georgien und Aserbaidschan liegen im Ursprungsgebiet der Kolchischen Hasel. Die Sorten wurden aus den Wildhaseln im Kaukasus und den Pontischen Haseln von der südlichen Schwarzmeerküste ausgelesen und über Jahrhunderte gezüchtet. Die Sorte 'Gulisvelah' gilt als wichtigste in Georgien, das zuletzt etwa 13 500 Hektar für die Haselkultur reserviert hatte. Der Nachbarstaat Aserbaidschan gilt mit über 35 000 Hektar sogar als derzeit weltweit drittgrößter Haselnussproduzent.

Veredelungsstelle einer Ertragssorte. Unten das Stämmchen der Baumhasel (*C. colurna*), oben die Sorte der Gemeinen Hasel (*C. avellana*).
Neben der in Kulturen erwünschten Einstämmigkeit erhält man mit der Veredelung die Sortenechtheit und erhält auch einen früheren Fruchtertrag im Gegensatz zu Sämlingen.

Südeuropa

Italien ist der international zweitgrößte Haselnussproduzent. Ein Großteil der Anbaufläche liegt in Latium und Kampanien, bekannt ist aber auch besonders das Piemont sowie Sizilien für Italiens Haselnusskultur. Die piemontesische Hauptsorte heißt 'Tonda Gentile delle Langhe'. Dank Herkunftszertifikat der Sorte und einem besonders guten Geschmack gelten die »Piemonteser Nüsse« als von besonders hochwertiger Qualität und finden als Rohprodukt sowie in der Patisserie guten Absatz. Die Anbaufläche ist auch quantitativ im internationalen Vergleich bedeutend, sie hat mit etwa 80 000 Hektar aber nur 10 Prozent der türkischen Haselkultur-Fläche. Im Piemont wird mehrheitlich auf mehrstämmige Sträucher gesetzt, nur selten werden die Haseln einstämmig veredelt oder einstämmig gezogen.

Die industrielle, teilweise stark von Insektengiften und Düngemittel abhängigen Plantagen sind in den internationalen Medien teilweise aufgrund ökologischer Probleme in der Kritik. Biologisch produzierte Nüsse würden von den Verarbeitungskonzernen nicht gekauft, weil niedrigere Qualität befürchtet wird. Dies insbesondere, seit die aus Asien eingeführte Marmorierte Baumwanze die noch jungen Nüsse ansteche und so ohne Pestizideinsatz die Nussqualität beeinträchtige.

In Spanien ist die Haselnussproduktion mit gut 22 500 Hektar weniger bedeutend als in Italien, in der Region Catalonien sind etwa 7000 Betriebe auf die Haselnusskultur spezialisiert. Hauptsächlich wird auf die Sorte 'Negreb' gesetzt.

In Frankreich beschränkt sich die Haselzucht auf etwa ein Zehntel der spanischen Kultur. Auf Korsika gibt es ältere Hasel-Haine, und im Süden des

Haselnusskulturen in Dayton, Oregon, USA.

Haselnusskulturen im Pontischen Gebirge an der Schwarzmeerküste in der Türkei.

Boston, Massachusetts, USA: Eastern Filbert Blight. Links oben auf der hier heimischen Amerikanischen Hasel *C. americana*; darunter auf dem lockeren Wuchs der Hasel aufgrund abgestorbener Zweige. Rechts oben: die nur wenig betroffene Guizhou-Hasel *C. kweichowensis*. Darunter auf einer kultivierten europäischen Hasel, *C. avellana*.

Landes ist seit den 70er-Jahren ein zunehmendes Interesse an der Haselkultur entstanden; seither wird auch an neuen Sorten geforscht.

Großbritannien

Auf den Britischen Inseln hat das Anbauen von Haseln – trotz der Tradition rund um Haselhaine und der belegten Hasel-Kultur seit mindestens den megalithischen Kulturen – derzeit keine große wirtschaftliche Bedeutung mehr. Besonders in Kent gibt es noch Reste der »Cobnut«-Kulturen, wirtschaftlich genutzter Haselhaine, wie sie im 19. Jahrhundert wichtig waren. Aus dieser Zeit stammen englische Hasel-Sorten wie 'Daviana' oder 'Cosford', die sich bis heute im europäischen Sortiment finden. Sie wurden durch Richard Webb in Calcot Garden bei Reading westlich von London gezüchtet. Die verbliebenen »Nutteries« haben heute in der Gartenkultur noch eine gewisse Stellung, wo alte und neu angepflanzte Hasel-Haine als Gestaltungselemente Teil der englischen Gartentradition wurden.

Nordeuropa

In Nordeuropa, insbesondere in Dänemark, Schweden und Finnland hat die Zucht kälteresistenter Sorten eine große Bedeutung. Denn obschon die Hasel wesentlich besser mit dem kalten Klima zurechtkommt als andere Nuss- und Fruchtbäume, sind großfruchtige Sorten aus der Türkei und Südeuropa in Nordeuropa nicht kultivierbar. Aus diesem Grund werden durch Auslese oder die gezielte Kreuzung mit nördlichen Varietäten der Mongolischen Hasel (*C. heterophylla*) kälteresistente Sorten geschaffen. Weil in den USA und Kanada die Zucht kälteresistenter Sorten eine große Bedeutung hat, ist dort auch Saat- und Pflanzgut erhältlich, das in Nordeuropa einen gewissen Absatz findet. Auch mit russischem kälteresistentem Saatgut wird experimentiert. Die Produktion in diesen klimatisch kühlen Regionen beschränkt sich im Wesentlichen auf Selbstversorgung und alternative Anbaukonzepte, größere Anbaugebiete fehlen.

Nordamerika und ein Pilz

In den USA ist der Anbau von Haselnüssen in Ausbreitung begriffen, hat sich aber noch nicht so stark etabliert wie etwa der Walnussanbau. Ein Grund dafür ist hauptsächlich der Pilz »Eastern Filbert Blight« (*Anisograma anomala*), der europäische Haselnüsse befällt. Frisch gepflanzte Haselnusspflänzchen sterben oft schon innerhalb weniger Jahre komplett ab. Die Amerikanische Haselnuss (*C. americana*) wird auch befallen, stirbt aber nicht ab und dient deshalb als Reservoir für die Pilzpopulation. So leben die Pilze auf der nordamerikanischen Haselart, ohne ihr größeren Schaden zuzufügen. Aufgrund der großen Verbreitung der Amerikanischen Haseln in fast allen für den Haselnussanbau ge-

'Emoa 34'.

'Kaiserhasel von Trapezunt'.

'Tonda di Giffoni'.

'Webb's Preisnuss' ('Kenthish Cob').

'Englische Zellernuss'.

'Butler'.

Sorten der Gemeinen Haselnuss *C. avellana* (sensu lato; inklusive Varietäten aus der *Maxima* und *Pontica*-Gruppe).

'Cosford'.

'Corabel'.

'Torino'.

'Tombul' (Pontische Hasel).

'Katalonski'.

'Princess Royal'.

Oben: Haselnussernte von auf Baumhasel veredelten Sorten mittels Netzen. Sorten mit kurzen Hüllen (links) lassen sich mit dieser Technik wesentlich einfacher ernten, da die Nüsse nur selten in den Hüllen hängen bleiben. In den steilen Anbaugebieten der Türkei sind demgegenüber lange Hüllen von Vorteil, erfordern aber aufgrund des Aushüllens eine aufwendigere Nachbearbeitung.

eigneten Regionen in Nordamerika, ist es dort kaum möglich, die traditionellen europäischen Sorten anzubauen. *Anisograma anomala* lebt in jungen Zweigen, später aber in älterem Holz und lässt sich an Reihen von schwarzen Stromata (Pilzfruchtkörpern) auf den Ästen erkennen; befallene Äste werden morsch und sterben ab. Aus diesem Grund gibt es in den USA Zuchtprogramme mit Hybriden zwischen europäischen Sorten und amerikanischen Haselarten. Insbesondere Hybriden mit der Amerikanischen Hasel (*C. americana*) haben sich dabei als gute Alternativen herausgestellt, die Ertrag liefern und eine hohe Resistenz gegen den Pilz zeigen. Ausgelesene Hybriden mit *C. heterophylla*, *C. cornuta* sowie *C. colurna* sind ebenfalls resistent. Es scheinen aber auch einige kultivierte Sorten der Europäischen Hasel *C. avellana* eine hinreichende Resistenz zu zeigen. Weil es sich bei den resistenteren Sorten primär um Züchtungen aus ozeanisch und warm geprägtem Klima handelt, sind diese Sorten aber nur bedingt für die großen, teilweise kontinental geprägten potenziellen Anbaugebiete Nordamerikas geeignet.

Schon die frühesten europäischen Siedler hatten Haselpflanzen aus Europa in die USA gebracht, man geht aber davon aus, dass von diesen Büschen kein Einziger den Pilz längerfristig überlebt hat. Nur punktuell gibt es resistentere Exemplare, so haben einige ältere Büsche der Art im Arnold Arboretum in Boston überlebt, sind aber partiell vom Pilz befallen. Der einzige geografische Raum in den USA, in dem eine Haselproduktion etabliert wurde, ist die nördliche Westküste in Oregon und Washington, die klimatisch geeignet ist für die europäischen Haseln, das natürliche Verbreitungsgebiet der Amerikanischen Hasel und des auf ihr spezialisierten Pilzes aber nicht hinreicht. Schon 1847 importierte Henderson Lewelling, ein Baumschulist, erste Kultursorten der Hasel aus Europa nach Oregon. Ab dieser Zeit entwickelte sich an der Westküste eine Haselkultur, die heute wirtschaftlich die wichtigste auf dem amerikanischen Doppel-Kontinenten darstellt.

Die amerikanische Produktion ist an diesen Standorten, wie in der US-Landwirtschaft üblich, hoch mechanisiert und industrialisiert. Bis heute ist die Haupthandelssorte die großfrüchtige, spanischstämmige Sorte 'Barcelona', die hier schon früh importiert worden war. An der Oregon State University wurden aber inzwischen viele neue Sorten der Gemeinen Hasel gezüchtet, darunter die Sorte 'McDonalds' oder die Filbert-Blight resistenten Sorten 'Dorris' und 'Jefferson'. Das Hasel-Forschungszentrum in Corvallis gilt als eines der Zentren der derzeitigen Haselkultur. Für die Bestäubung werden Sorten wie 'Daviana' oder 'York' angepflanzt, da es in der Region keine Wildhaseln zum Bestäuben der weiblichen Blüten in der näheren Umgebung gibt. Auch in anderen großen Kulturen wird auf Bestäubersorten zwischen den Fruchtsorten gesetzt, die ideal auf die Zeit der weiblichen Blüte abgestimmt sind. Die meisten Haseln sind selbstinfertil und müssen von einer anderen Sorte oder einer Wildhasel mit gleichem Blütezeitpunkt bestäubt werden. Weil bei den Haseln moderne Sorten nicht über Saatgut, sondern vegetativ vermehrt werden, sind sie genetisch identisch; alle Büsche einer Plantage, die nur aus einer Sorte gebildet wird, können sich deshalb nicht gegenseitig bestäuben.

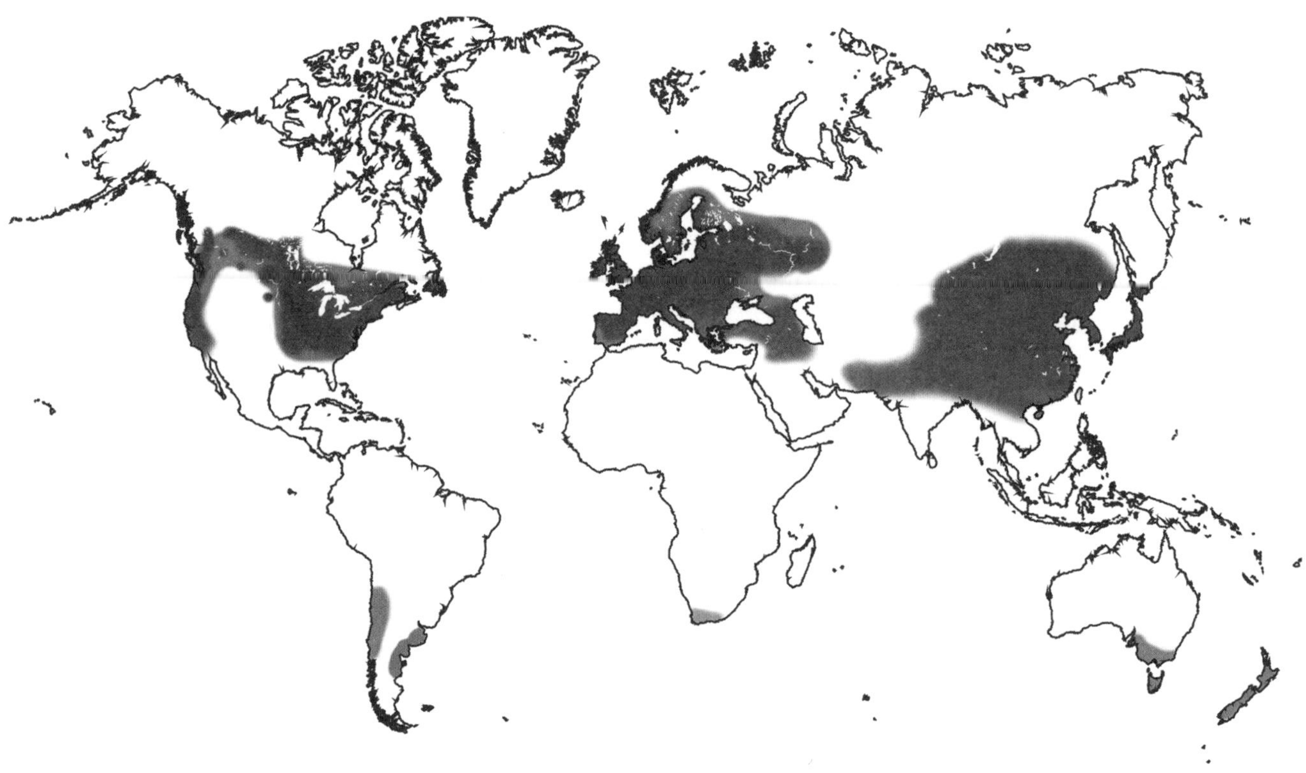

Die Haselnusskultur (hellblau) erweitert das natürliche Verbreitungsgebiet der Gattung (dunkelblau) nur wenig auf der Nordhalbkugel; in den Regionen außerhalb der natürlichen Verbreitung beschränkt sich der Anbau fast überall auf experimentelle Kulturen. In der neueren Zeit erweitert sich die Haselkultur rapide in den geeigneten Klimazonen der Südhalbkugel.

Der Anbau erfolgt im Gegensatz zur Mehrheit der Anbaugebiete aus der Alten Welt hier öfter mit einstämmigen Kleinbäumen, die entweder auf die Türkische Baumhasel veredelt oder häufiger durch Rückschnitt der Stockausschläge einstämmig gezogen werden.

Das Willamette Valley in Oregon gilt in den USA als wichtigstes Hasel-Anbaugebiet und trägt zurzeit fast 90 Prozent des Haselnussernte der USA bei. Während die Filbert Blight in Oregon kein großes Problem darstellt, sind besonders zwei Haselnuss-Blattlausarten (*Myzocallis coryli, Corylobium avellanae*) der Grund für den erhöhten Pestizideinsatz in den Gebieten. Die Lausarten sind wohl natürlicherweise auf der nördlichen Hemisphäre auf vielen Haselarten verbreitet und saugen an Blättern und manchmal an den Hüllen der Haselnüsse. Auch wenn die schädliche Wirkung auf die Nussgröße durch die Lausarten nur experimentell festgestellt wurde und im Einzelfall wenig problematisch ist, wird seit Längerem an ihrer optimalen Bekämpfung geforscht. In den 80er-Jahren schon wurde deshalb in Europa nach natürlichen Prädatoren der Läuse in Haselnussplantagen gesucht. Dabei wurde in Spanien und Frankreich die parasitierende Wespe *Trioxys pallidus* gefunden, deren Larven sich auf die Läuse spezialisiert haben. Nach kurzer Forschung wurde die Art in Oregon ausgesetzt.

Heute hat die eingeführte Wespenart das Spritzen von Pestiziden großflächig überflüssig gemacht – aber gleichzeitig unbekannte Folgen für die heimische Blattlausfauna mit sich gebracht, die als Futter für unzählige andere Insekten von Bedeutung sind.

Die in Nordamerika heimischen Haselarten sind auch heute nur für Sammler und im kleinen Rahmen für den regionalen Handel von Bedeutung, da es bisher nicht gelungen ist, großfruchtige und ertragreiche Sorten zu züchten, die es mit den Ertragssorten aus Europa und Westasien wirtschaftlich aufnehmen können. Es gibt zwar einige Auslesen, für den internationalen Handel sind sie aber nicht geeignet. Gerade die Nüsse der Amerikanischen Hasel sind unter nordamerikanischen Nusszüchtern der NNGA (Northern Nutgrowers Association) aber für ihr besonders feines Aroma bekannt. Andere Nutzungen der Nuss wie das Pressen zu Haselnussöl oder die Verwendung in Gebäcken hat durchaus Tradition.

Einige Projekte erforschen zudem die »Neohybriden«, die neben der Europäischen und Amerikanischen Hasel auch die Amerikanische Schnabel-Hasel in Kreuzungsversuche mit einschließt.

Südhalbkugel

Obwohl auf der Südhemisphäre natürlich keine Haselarten vorkommen, expandiert der Haselanbau derzeit in vielen klimatisch geeigneten Regionen südlich des Äquators schnell. In Südamerika, darunter insbesondere in Chile, schreitet die Kultur nach US-amerikanischem Vorbild voran, ganz ähnlich dem dortigen Walnussanbau. Der Vorteil in diesen Kulturen im Gegensatz zu denen in Nordamerika liegt im Fehlen nah verwandter Arten in der heimischen südamerikanischen Flora. Darum gibt es bisher auch keine spezialisierten Insekten, die den Haseln schaden könnten. 2019 zählte Chile mit einer enormen Produktionssteigerung gegenüber dem Vorjahr bereits zu den fünf wichtigsten Haselnussproduzenten weltweit. Auch in Argentinien nimmt die Haselnussproduktion rapide zu; besonders im Tal des Rio Negro, aber auch in anderen Flusstälern und im Großraum Buenos Aires wird die Sorte 'Tonda di Giffoni' angebaut. In Südamerika fördert das italienischstämmige Unternehmen Ferrero, das Nutella und andere Haselnuss-Produkte herstellt, den Ausbau der industriellen Haselnuss-Produktion stark.

In Chile ist auch die nicht näher mit der Hasel verwandte »Chilenische Haselnuss« *Gevuina avellana* verbreitet. Diese Art der Silberbaumgewächse (Proteaceae) hat etwa haselnussgroße Früchte mit als Nuss konsumierbaren Kernen. Sie wird in ihrer Heimat im kleineren Umfang kultiviert und kann in Mitteleuropa als Kübelpflanze im Garten gehalten werden. Sie ist nur bedingt winterhart und muss in der kalten Jahreszeit geschützt und möglichst frostfrei gehalten werden.

Chilenische Haselnuss *Gevuina avellana* mit Fruchtfleisch und geschält der haselartige Samen (rechts unten).

In Ozeanien wurde die Haselnuss in den 1840ern aus England eingeführt und kultiviert. Erst in Tasmanien, später auch im Süden Australiens (insbesondere im Bundesstaat Victoria). Heute hat sich die Haselnusskultur im Südosten Australiens ausgebreitet, wobei die klimatische Eignung den Anbau einschränkt. Die jährliche Nussproduktion beträgt derzeit etwa 60 Tonnen und liegt weit unter dem australischen Bedarf. Die Hauptsorte, die als besonders wärmeresistent gilt, ist 'Tokolyi/Brownfield Cosford' (TBC).

Haselnusskulturen in Italien (Langhe).

Türkische Haselkulturen mit Pontischen Haseln im Pontischen Gebirge; Pflanzung mehrerer Haseln in Gruppen.

Traditionelle Haselnusskultur in Georgien.

Haselkultur in Deutschland; Ertragssorten auf Baumhaseln veredelt.

Haselkulturen im Wilamette Valley in Oregon; verbreitet werden die Haseln hier einstämmig gezogen.

Auch in Neuseeland beginnt sich die Haselkultur auszubreiten. Der Inselstaat, der derzeit noch eine Mehrheit des Haselbedarfs importiert, hat seit den 90er-Jahren eine wachsende Haselkultur. Die verbreitetste Sorte 'Whiteheart' ist für ihre gute Eignung im Inselklima bekannt und wurde vor Ort, vermutlich aus europäischen Kultivaren, ausgelesen. Es wird sowohl auf Baumhasel veredelt, als auch mit mehrstämmigen Haseln gearbeitet. Wohl auch, weil nach Neuseeland kaum auf Haseln lebende Pilze, Bakterien und Insekten importiert wurden, gilt »Whiteheart« als sehr gesunde Sorte.

2010 begann das Unternehmen Ferrero auch in Südafrika mit dem Bau großangelegter Haselnusskulturen am Ostkap. Weil bisher in Südafrika keine Haselnusskultur bekannt war, wurden testhalber 24 Hektar Haselnüsse mit Haselnussstöcken aus Italien und Südamerika angepflanzt. Gesamt umfasste das Förderprogramm 48 Hektar Haselnussplantagen. Die Zahlen von 2020 zeigen aber noch immer eine vergleichsweise kleine Produktion mit schwankenden Exportzahlen. Mit ihrer Expansionsstrategie, die sie auch in anderen Ländern vorantreibt, möchte Ferrero international seine wichtige Rolle in der Haselnussverarbeitung und -produktion stärken und die jahreszeitlichen Erträge besser verteilen.

China

In China mit seiner großen Zahl heimischer Haselnussarten hat der Erwerbsanbau interessanterweise nur eine kleine Bedeutung, der größte Teil des kommerziellen Haselnussbedarfs wird importiert. Eine ganz andere Entwicklung als bei Walnüssen und Kastanien, bei denen China im Weltmarkt eine wichtige Rolle spielt. Die wichtigsten Hasel-Kultursorten sind aus europäischen und nordamerikanischen Sorten der Gemeinen Hasel hervorgegangen, nicht aus den vielen in China heimischen Arten. Vielerorts wird erst in neuester Zeit mit einer Auslese und Zucht der heimischen Arten begonnen. Diese Sorten der Mongolischen Hasel *C. heterophylla* sind aber verglichen mit in China gepflanzten Sorten der Europäischen *C. avellana* kleinerkernig und weisen oft eine dickere Schale auf. Von zunehmender Wichtigkeit sind die sogenannten »Ping'ou«, sehr kälteresistente, relativ großfruchtige Hybriden der zwei Arten. Einige dieser Kultivare heißen 'Dawei', 'Liaozhen3' oder 'Yuzhui'. Von den erst seit 2010 kommerziell angebauten Ping'ou-Kulturen wurden 2016 bereits 50 000 Hektar Kulturfläche registriert. Derzeit sind 14 Ping'ou-Sorten auf dem Markt. Lokal werden von der Landbevölkerung aber fast alle Haselarten beerntet und zu Öl oder Speisen verarbeitet. Im Osten des Landes werden insbesondere größere Mengen Nüsse der Wildpopulationen der Mongolischen Hasel geerntet. Nach chinesischen Quellen soll in China gesamt eine Fläche von 1,3 Millionen Hektar den Haselnüssen gewidmet sein, insbesondere mit Mongolischen (Ping-)Haseln. Diese tauchen aber in den internationalen Statistiken, insbesondere beim Export derzeit nicht auf.

'Webb's Preisnuss'.

'Ennis'.

'Segorbe'.

'Butler'.

'Corabel'.

'Juningia'.

'Princess Royal'.

'Kaiserhasel von Trapezunt'.

'Lange Zellernuss'.

Kultursorten der Gemeinen Hasel (*Corylus avellana* inklusive *C. maxima* und *C. avellana* var. *pontica*).

'Tonda di Giffoni'.

'Daria'.

'Katalonski'.

'Englische Zellernuss'.

'San Giovanni'.

'Neue Riesen'.

'Rotblättrige Zellernuss'.

'Gunsbert'.

'Warschauer Rote'.

Kultursorten der Gemeinen Hasel (*Corylus avellana* inklusive *C. maxima* und *C. avellana* var. *pontica*).

Die Chinesische Baumhasel gilt als gefährdet und wird in China nur regional genutzt. Selten wird sie von Sammlern als Fruchtgehölz in Europa gepflanzt. Die Nüsse eignen sich nach eigener Beobachtung mehr für Feinschmecker und Liebhaber; für den Erwerbsbau sind sie zu klein, zu wenig ergiebig und oft sehr dickschalig.

Russland

In Russland, wo die südlichen, großfruchtigen Sorten aus klimatischen Gründen nicht kultiviert werden können, wurde schon in den 1930er-Jahren zur Ermittlung kälteverträglicher Nüsse geforscht. Die Selektion lokaler, möglichst großkerniger Sorten war Teil der Erhebungen, es wurden aber auch südliche Kulturformen eingekreuzt, mitunter wurden sogar rotlaubige Sorten als Zierpflanzen ausgelesen. Zur Zeit der Sowjetunion waren die warmen Anbaugebiete im Kaukasus die wichtigsten Anbau- und Forschungsgebiete, heute gehören diese zu Aserbaidschan, Georgien und auch der Ukraine/Krim. Auch in Russland wurde die kälteresistente Mongolische Haselnuss (*C. heterophylla*) eingekreuzt. Entstanden sind verschiedene Sorten, darunter 'Pervenec'. In den Schwarzerdegebieten Russlands wird auch mit besonders kälteresistenten Sorten der Gemeinen Haselnuss experimentiert, als Sorten sind zu nennen 'Schelkunchik' und 'Moscovskiy rubin'.

Die Züchtung neuer Sorten

Bisher gibt es weltweit etwa 500 beschriebene Haselnusssorten, die Weltproduktion ist aber auf weniger als 20 Sorten gestützt, die fast alle aus dem mediterranen Raum oder von der Schwarzmeerküste stammen.

Neue Züchtungen versuchen insbesondere bessere Resistenzen gegen bestimmte unerwünschte auf Haseln lebende Gliederfüßler und Pilze (etwa die Hasel-Knospengallenmilbe *Phytoptus avellanae*) zu erreichen, oder bessere Adaptionen für bestimmte Klimata zu erlangen. Weil das Ursprungsgebiet der meisten großfruchtigen Sorten relativ mild ist, stellen insbesondere Haselnusskulturen in kälteren Regionen eine Herausforderung dar. Während früher primär Privatpersonen und Baumschulen Züchtungen auf den Markt brachten, gab es nach dem Zweiten Weltkrieg verschiedene größere, meist staatlich organisierte Programme zur Haselnusszucht.

Elf Programme zur Züchtung neuer Kultivare haben dabei in den letzten 60 Jahren weltweit neue Züchtungen zur Marktreife gebracht und intensive Forschungen betrieben. Nur zwei größere Forschungsprogramme sind in den USA derzeit noch aktiv. Auch die genetische Forschung ist wichtig, so wurden durch das Vergleichen von genetischen Markern viele Sorten miteinander verglichen, und man stellte fest, dass einige bekannte Sorten genetisch identisch sind, oder dass es sich um direkte Nachkommen oder Kreuzungen bekannter älterer Sorten handelt, die beispielsweise spontan in einer gemischten Kultur entstanden sind.

Die gezielte Haselnusszucht für den Erwerbsmarkt ist eine zeitintensive Sache, da von der gezielten Bestäubung einer Haselpflanze mit den Pollen einer Bestäubersorte viele Jahre bis zur Marktreife einer neuen Sorte vergehen. Mithilfe genetischer Marker werden auch Stellen im Genom gesucht, die für Resistenzen gegen bestimmte Krankheiten verantwortlich sind. Damit kann das Zuchtverfahren abgekürzt werden. Unter Hunderten Sämlingen einer gezielten Kreuzung zweier Sorten oder Arten finden sich oft nur wenige geeignete Pflanzen für die Produktion. Werden Wildlinge eingezüchtet, braucht es zudem oft mehrere Generationen kontrollierte Kreuzung, um eine für den Handel geeignete Sorte zu entwickeln. Wird eine geeignete Sorte ausgelesen, werden von einer Mutterpflanze meist Reiser geschnitten und auf einem Wurzelstock veredelt. Auch die Vermehrung durch Klonung in Gewebekulturen in vitro wird bei Haselsorten angewendet. Früher hatte man die buschförmig wachsenden Haseln gerne durch »Absenker« vermehrt (eine junge Rute wird unter die Erde gezogen und bildet da Wurzeln); so kann ein Jahr später eine bewurzelte Pflanze geerntet werden. Diese Technik gilt in der kommerziellen Produktion aber oft nicht mehr als rentabel.

Heute wird auch die genetische Modifikation von Haseln zur besseren Resistenz gegen Schadorganismen im kommerziellen Anbau oft diskutiert. Das Einschleusen gewünschter Eigenschaften, »Traits«, wird bei der Entwicklung neuer Sorten als zukunftsweisend betrachtet. Insbesondere die Gen-Editing-Schere CRISPR-Cas9, mit der fast beliebig DNA-Sequenzen aus dem Genom von Arten ausgeschnitten und andernorts eingeschleust werden können, wird auch bei der Entwicklung von Hasel-Sorten als wichtiges Werkzeug gesehen. CRISPR-Cas9 wird von Befürwortern als Revolution in der Pflanzen- und Tierzucht gesehen, da relativ zielgerichtet Veränderungen im Genom vorgenommen werden können. Der Einsatz dieser Technik kann die Pflanzenzucht massiv verschnellern, weil dadurch eine gezieltere Kombination gewünschter Eigenschaften stattfinden kann, die den Zuchterfolg erhöhen und die zeitintensive traditionelle Züchtung ersetzen kann.

Kritikerinnen sehen in der Verwendung dieser Genschere eine Gefahr, weil damit DNA-Bestandteile von einem beliebigen Lebewesen in ein anderes transferiert werden können; eine Verwandtschaft der Ursprungsarten ist, anders als bei Zucht durch Kreuzung und Vererbung, keine Voraussetzung. Kritisiert wird die Technik auch, weil darin ein ethisch umstrittener, technischer Eingriff in natürliche Prozesse gesehen wird, der sich über die evolutive Vererbung hinwegsetzt – ein Versuch, sich auf neuem, einfacherem Weg in den Code des Lebens einzumischen – mit unbekannten, langfristigen Konsequenzen. Weil je nach rechtlicher und politischer Lage durch genetische Modifikation (GMO) geschaffene Sorten einfacher dem Patentrecht unterstehen, wird diese technische Revolution als Gefahr für traditionelle Anbaumethoden gesehen, die unabhängig vom Einfluss größerer Agrarkonzerne produzieren möchten.

Bei windbestäubenden Pflanzen gelangen zudem die modifizierten Genstränge besonders einfach und in großer Zahl über die Pollen zu den Wildbeständen oder in das Erbgut traditioneller Sorten. Bei den ebenfalls windbestäubten Maispflanzen in Mittelamerika, wo schon seit Längerem genetisch editierte Sorten im Handel sind, ist dieser Prozess bekannt. So konnten editierte

Gen-Sequenzen selbst in den traditionellen Sorten indigener Völker gefunden werden.

Alternative Anbaukonzepte

Der industrielle Anbau von Haselnüssen, der derzeit expansionsartig in großen Monokulturen gefördert wird, macht einen größer werdenden Teil der Haselnussproduktion für den Weltmarkt aus. Wenn große Flächen mit einer einzigen Pflanzenart oder -Sorte bepflanzt werden, kann durch eine einfache maschinelle Ernte ein größerer Ertrag erzielt werden. Nachteilig wirkt sich aber ein damit einhergehendes großes Vorkommen von für die Produktion schädlichen Organismen aus. In einartigen Plantagen können auch auf der Hasel lebende Insekten, Bakterien oder Pilze genauso wie Nagetiere, Eichhörnchen und Mäuse unnatürlich hohe Populationen entwickeln. Der deshalb verstärkt benötigte Einsatz von Pestiziden, Bekämpfungsmaßnahmen sowie der Verlust an landschaftlicher Strukturvielfalt und Biodiversität zählen zu den großen, globalen Problemen unserer Zeit.

Die Haselnuss hat auch fast weltweit im geeigneten Klima großen Anklang in sogenannten Waldgärten, Agroforsten und »essbaren Ökosystemen« gefunden. In diesen Konzepten wird auf unterschiedlichen Wegen versucht, die schädlichen Auswirkungen der Monokulturen zu mindern. Es wird sowohl auf weniger technologisierte, traditionelle Anbaumethoden gesetzt als auch durch neuartige Konzepte eine bessere Balance in maschinell bewirtschafteten Landwirtschaftsflächen erlangt.

Bei »Agroforsten« wird zum Beispiel mit reihenartigen Anlagen von Frucht- oder Nussbäumen in Ackerkulturen die Strukturvielfalt erhöht, die Bodenerosion vermindert und die Ertragssicherheit in der Landwirtschaft gesteigert. Agroforste können oft mit kommerziellen Maschinen beerntet werden. In anderen Mischkulturen werden mit Permakultur-ähnlichen Konzepten gartenartige Ökosysteme komponiert. Dort ist die Hasel nur eines von vielen nuss- und fruchttragenden Gehölzen, die nach ihren Bedürfnissen an Licht, Wärme und Exposition gepflanzt werden. Bisher ist der Ertrag solcher Agro-Ökosysteme schlecht rationalisierbar, weil die Ernte meist von Hand erfolgen muss und von jeder Pflanzenart nur ein kleiner Ertrag pro Fläche anfällt. Darum sind es meist von der Selbstversorgung faszinierte Einzelpersonen und Pioniere, die sich den Aufwand machen, diese Konzepte umzusetzen. Waldgärten verbinden den Nutzen eines Ökosystems mit den Vorteilen der Produktion, was in vielerlei Hinsicht einen Ausweg aus der derzeitigen Biodiversitätskrise in der Landwirtschaft skizziert.

Krankheiten und Schädlinge

Die Schädlinge einer Haselkultur sind oft gleichzeitig auch jene Arten, die unter natürlichen Umständen als biodiverse Lebensgemeinschaft auf den Haselsträuchern leben. In den Monokulturen können sie aber zu wirtschaftlichen Einbußen führen, da sie dem Menschen einen Teil der Ernte streitig machen und sich unter den Kulturbedingungen weit größere Populationen von ihnen bilden können.

Der Haselnussbohrer (*Curculio nucum*) gilt in Deutschland als problematischster Schädling auf Haselplantagen. Die Käfer legen ihre Eier in die jungen Nüsse, in denen sich über das Frühjahr Larven entwickeln. Die Larven schlüpfen im Herbst durch ein selbst genagtes, kreisrundes Loch aus den Haselnüssen und lassen sich auf den Boden fallen. Über den Winter verpuppen sich diese im Substrat, und die Käfer klettern im Mai an den Stämmen nach oben.

In der Schweiz und in Deutschland war bis 2020 das umstrittene Insektengift Thiacloprid (ein Neonicotinoid) gegen den Haselnussbohrer zugelassen. Dabei soll insbesondere in veredelten, einstämmigen Anlagen die Bekämpfung des Käfers relativ einfach sein: mithilfe eines Klebestreifens um den Stamm können die kletternden Imagos davon abgehalten werden, auf die Hasel zu klettern, was den Befallsdruck massiv verkleinert. Zudem scheinen dickschalige Sorten wesentlich weniger vom Haselnussbohrer angenommen zu werden. Eine Umstellung auf diese Sorten kann die Ertragseinbußen der Ernten wesentlich abmildern. Auch einige Pflanzenläuse und die Hasel-Knospengallmilbe werden in Großplantagen oft chemisch bekämpft. Die Ertragseinbußen durch diese Arten werden aber als gering eingeschätzt. Ein gewisser Druck auf die Kulturen könnte in Zukunft auch in Europa vom Hasel-Mehltau ausgehen, einem erst kürzlich (2021) regelmäßig nachgewiesenen Pilz. Er stammt aus Ostasien und ist dort natürlich auf den asiatischen Schnabel-Haseln verbreitet. Zudem soll der eingeführte ostasiatische Japankäfer (*Popillia japonica*) an wärmebegünstigten Stellen die Blätter und Fruchthüllen fressen.

Auch Eichhörnchen, Bilche und andere Nager gelten in Haselkulturen als Schädlinge, weil sie die Früchte fressen, und manche Wühlmäuse auch die Wurzeln schädigen können. Sie und weitere auf Haseln angewiesene Tier- und Pflanzenarten werden detailliert im Kapitel »Die Arten, ihre Unterscheidung und Biologie«, Seite 113, vorgestellt.

Knospengalle der Haselnuss-Knospengallmilbe (*Phytoptus avellanae*), wie sie besonders groß auf der Türkischen Baumhasel zu finden ist. Die Milbe lebt auf verschiedenen Haselarten und gilt in manchen Erwerbskulturen als Schädling.

Haselnussqualitäten

Generell werden für den Verkauf von Haselnüssen in der Schale rundfrüchtige Sorten empfohlen; schmale und längliche Sorten werden fast ausschließlich geschält oder verarbeitet verwertet. In der industriellen Verarbeitung sind Nüsse mit mehr als 22 Millimeter Nussquerschnitt beliebt, im Handel gibt es aber auch durchaus Sorten mit bis zu 35 Millimetern; bei den üblichen Messungen des dicksten Querschnitts schneiden längliche Nüsse mit dieser Methode stets schlechter ab. Auch für Röstungsverfahren und der Nusskalibrierung sind kugelige Kerne am besten geeignet, weshalb viele Haselnuss-Bauern auf rundfrüchtige Kultivare setzen. Die mechanische Schälung erfolgt industriell oft nach einer Erhitzung im Ofen, wobei ein optimaler Kernanteil etwa bei 50 bis 60 Prozent liegt. Die verschiedenen Qualitäten der Hasel-Sorten werden oft auch nach ihrer Blanchierbarkeit unterschieden: Je besser sich das braune Kernhäutchen nach der Erhitzung löst, desto höher der Marktwert der Sorte.

Der gewünschte Verwendungszweck gibt oft die Sortenwahl vor; so variiert etwa der Ölgehalt von Sorte zu Sorte. Während hoher Ölgehalt aufgrund seiner Eigenschaft als Geschmacksträger in der Ölproduktion und in vielen Verarbeitungen zu Süßspeisen erwünscht ist, kann zu viel Fett beim Verarbeiten der Nüsse zu Schrot die Reiben verkleben.

Haselnussspezialitäten

Die Haselnuss wird oft geschält, aber sonst unverarbeitet angeboten. So können die Nüsse direkt verwendet werden – etwa in Nuss-Rosinen-Mischungen oder im »Studentenfutter« oder »Tuttifrutti«, wie man es in der Schweiz auch nennt. Für bestimmte Verarbeitungen werden die ganzen Nüsse geröstet und blanchiert, also die braune Nusshaut abgeschält. Daneben werden geschrotete und gemahlene Haselnüsse angeboten. In der Adventszeit sind die Haselnüsse auch in der Schale erhältlich, zusammen mit Erd- und Walnüssen. Haselnüsse werden außerhalb der Adventszeit als Snack geröstet und gesalzen, gewürzt oder gesüßt verspeist. Als Spezialität gelten auch alkoholische Spezialitäten mit Haselnuss, darunter der »Niocciola« Hasel-Likör, Haselnuss-Geist mit gerösteten Haselnüssen oder verschiedene Cremeliköre mit Haselnussaroma. Für Kaffee sowie die Drink-Zubereitung findet sich zudem Haselnusssirup im Angebot. Sehr verbreitet sind Süßgebäcke mit Haselnussfüllung und solche auf Ei-Haselnuss-Basis wie die bekannten Haselnuss-Makronen. Haselnussgipfel, Haselnussstangen oder Kuchen mit Haselnuss als Teil der Teigmasse sind beliebt. So werden etwa dem Hefekranz häufig Haselnüsse zugefügt. Es sind zudem Rezepte für einen Haselnusstee oder -Sirup mit der Verwendung der im Vorfrühling geernteten männlichen Haselkätzchen bekannt. Gelegentlich werden diese auch in Gebäcken verwendet. Aus den Schalen der Haselnuss soll sich ebenfalls ein kaffeeartiges Heißgetränk zubereiten lassen.

Haselnussschokoladen

Die Kombination aus Schokolade und Haselnüssen hat lange Tradition. Während die Bohnen des Kakaobaumes in Europa lange Zeit sehr teure Importware aus den Tropen, vornehmlich aus Mittel- und Südamerika war, wurden Haselnüsse aus Europa erst mal primär zum Strecken verschiedener Kakaoprodukte verwendet. Aus dieser Not wurde eine Tugend, die sich bis heute in verschiedenen Spezialitäten gehalten hat.

Eine der bekanntesten und beliebtesten Verarbeitungen der Haselnuss ist ihre Nutzung in Nougat, einer Konfektmasse, die dann teils mit Schokolade und hohem Haselnussanteil angereichert wurde. Die Erfindung des Schokoladen-Nougat geschah in Italien in einer Zeit der rapiden Verteuerung der Schokoladenimporte um das Jahr 1800. Die daraufhin praktizierte Streckung der teuren Schokolade im Piemont mit regionalen Haselnüssen entwickelte sich schnell zu einer neuen, beliebten Delikatesse.

1 Haselnüsse geschält mit Kernhaut, 2 Haselnüsse geröstet und blanchiert (ohne Kernhaut), 3 Kultivare mit rundlicher Nuss werden mit Schale angeboten, 4 Haselnüsse, gemahlen (Backbedarf), 5 Haselnussöl, 6 Haselnuss-Nougatcreme, 7 Haselnuss-Milchschokolade, 8 Haselnuss-Pralinen mit schwarzer Schokolade.

9 Trüffel aus Symbiose mit Hasel, 10 Haselnuss-Gebäck (Makronen), 11 Haselnüsse geröstet, gesalzen und gewürzt als Snack, 12 Nussgipfel – Gebäck mit Haselnuss-Schrapsfüllung, 13 Haselnussgebäck »Totenbeinli« 14 »Bränntí« – Haselnüsse in Zucker caramellisiert, 15 Haselholz (*C. avellana*), wie es für Drechslerarbeiten genutzt werden kann.

Besonders beliebt ist das braune Schokoladen-Nougat heute in der Nougat-Creme, die unter dem Produktnamen »Nutella« der Firma Ferrero vertrieben wird.

Fast 70 Prozent der Haselernte der größten Haselnussproduzentin, der Türkei, werden von Ferrero gekauft und großteils zur Schokoladen-Nougatcreme Nutella verarbeitet. Ferrero ist auch in vielen anderen Ländern, besonders auf der Südhalbkugel, um den Ausbau der Haselplantagen bemüht.

Die Bezeichnung »Nougat« wird regional auch für andere Produkte verwendet, in der Schweiz für Krokant aus mit Karamellzucker gesüßten Nüssen. Weißer Nougat, wie der Nougat de Montélimar, wird auf Basis von Eischnee und Honig hergestellt und enthält meist Mandeln anstelle von Haselnüssen.

Haselnüsse sind ähnlich wie Mandeln auch gerne Teil von Tafelschokoladen, Trüffel-Pralinen und weiteren Schokoladenspezialitäten.

Vom Nüsseknacken

Seit der Mensch Nüsse konsumiert, sind auch Nussknacker und Reiben zur Verarbeitung bekannt. Von den »Nutting Stones« über vielerlei steinerne Nussknacker zu den Reibschalen aus archäologischen Fundstätten wie Göbekli Tepe oder Duvensee in Norddeutschland.

Rund ums Knacken der Nüsse hat sich eine richtige Tradition gebildet, die heutzutage besonders in der Adventszeit noch einige Bedeutung hat. Nussknacker gibt es mit unzähligen Schlag-, Quetsch- oder Spreizvorrichtungen, in schlichtem Design oder üppiger Farbigkeit wie die Nussknackerfiguren aus dem Erzgebirge. Es haben sich aber auch gewichtige Designer und Gestalter mit dem Thema befasst und optisch besonders ansprechende oder praktische Geräte entwickelt, welche die Nuss knacken können, ohne den Kern zu quetschen. Traditionell finden sich auch Knacker, die optimal auf die Größe und Schalendicke der Nüsse aus der Region abgestimmt sind.

Haselnusstrüffel

Zwei der beliebtesten und wohl teuersten Pilzarten Mitteleuropas, der mediterrane Périgord-Trüffel (*Tuber melanosporum*) sowie der auch nördlich der Alpen heimische Bugunder-Trüffel (*T. aestivum*) können mit der Hasel symbiotische Mykorrhiza-Verbindungen eingehen. In dieser Verbindung von Pflanze und Pilz entstehen Vorteile für beide; der Trüffel kann von der Photosynthese der Haseln profitieren und wird mit Zucker versorgt, während der Trüffel bei der Bereitstellung von Nährsalzen behilflich ist. In dieser Symbiose unterstützen sich Pflanze und Pilz gegenseitig. Neben der Gemeinen Hasel fühlen sich die Trüffelarten auch in Symbiose mit der Türkischen Baumhasel (*C. colurna*) wohl.

Nussknacker verschiedener Herkunft und Funktionsart.

Burgundertrüffel, gewachsen in Symbiose mit den Wurzeln der Türkischen Baumhasel *C. colurna*.

Trüffel gehen mit unterschiedlichen Gehölzen Symbiosen ein, darunter Hainbuchen, Eichen oder Föhren. Diese Verbindung kann man sich in Trüffelplantagen oder im Hausgarten zunutze machen. Haselsträucher und Bäume sind eine der am besten für Gartenanlagen geeigneten »Trüffelwirte«. Dafür werden Trüffel-geimpfte Haselnusspflänzchen zum Kauf angeboten. Besonders der Burgunder-, aber auch der Frühlings- und Wintertrüffel sind für das mitteleuropäische Klima geeignet. Dafür werden Pilzhyphen (Pilzfäden) schon im Töpfchen oder Container zu den Wurzeln der Haselpflanze gezogen, oftmals schon zu keimenden Nüssen, damit die beiden Arten sich früh verbinden. In Gartenanlagen und im Nussanbau kann man sich diese Verbindung zunutze machen und im frühen Herbst gleich doppelt ernten: mit Trüffeln oder Haselnüssen als Hauptkultur. Da jedoch in der Haselnusskultur mit großkernigen Kultursorten und in der Trüffelkultur mit Natursämlingen gearbeitet wird, ist eine nachträgliche Veredelung der Trüffel-Haseln bei Interesse an großkernigem Nussertrag erforderlich. In den Hasel-Kulturen Italiens wird diese Symbiose schon länger gezielt genutzt. Generell sind Trüffel auf kalkreiche, relativ warme Standorte angewiesen. Für größere Anlagen wird daher der Boden mit Kalk vorbehandelt und gebrochen, auch, um andere, konkurrierende Pilze zurückzudrängen. Auf einer Haselstaude kann man 150 bis 300 Gramm Trüffel ernten, an guten Standorten kann es auch mehr sein. Der Ertrag setzt bei Haseln als Symbiose-Partner besonders früh ein – hier kann schon nach wenigen Jahren nach der Pflanzung mit einer ersten Ernte gerechnet werden.

Die Ernte der Trüffel braucht aber eine gute Nase; die Fruchtkörper dieser aromatischen Schlauchpilze liegen unterirdisch im Bereich der Feinwurzeln ihrer Mykorrhiza-Pflanze. Einer der wichtigen natürlichen Verbreitungswege der Trüffel sind Wildschweine, die nach den Trüffeln suchen und mit ihrem Kot die Sporen der Pilze vertragen. Weil die Schweine mit ihrer feinen Nase Trüffel äußerst einfach und zielsicher finden, hat man die Schlauchpilze früher meist mit Trüffelschweinen gesucht. Nur wanderten die Pilze dann auch oft direkt in deren Magen, weshalb die Trüffelsuche heute mit besonders ausgebildeten Hunden geschieht.

Haselnussholz und Circular Economy

Die flexiblen jungen Ruten der Haselnuss waren seit der Mittel-Steinzeit als Nutzholz beliebt. Ihre Elastizität bietet der Hasel im kalten Klima einen herausragenden Vorteil: nämlich den, gut mit Schneemassen umzugehen. Die jungen Triebe können eine Zeit lang flach am Boden unter dem Schnee überdauern und richten sich nach der Schneeschmelze einfach wieder auf.

Schon »Ötzi« trug ein Gestell aus flexiblen Haselstäben mit sich, und im indigenen Nordamerika wurden Flechtwerk und Fisch-Fallen aus feinen Hasel-Zweigen gebaut. Im Mittelalter Europas wurde in Fachwerkbauten oft Flechtwerk zwischen den Balken aus den flexiblen Haselruten gefertigt. Für feinere, von Hand geflochtene Werke wurden die dünnen Ruten der Länge nach geteilt. Gerade wegen der Tatsache, dass Haselbüsche nach komplettem Rück-

Linke Seite: Trüffel-Anlage: Mischplantage mit Gemeiner Hasel, Baumhasel sowie Hainbuche und weiteren Gehölzen. Die Ernte erfolgt mit ausgebildeten Hunden. Hier Burgunder-Trüffel auf den Wurzeln der Türkischen Baumhasel.

Keimling einer Halselnuss
der rotlaubigen Sorte 'Fuscorubra'.

schnitt wieder mit geraden, dünnen Ruten nachwachsen, waren die Zweige für diese Handwerksarbeiten beliebt. Für besonders feine (Korb-)Flechtereien wurde allerdings vielerorts auf die noch flexibleren Jungtriebe der (Korb-)Weiden gesetzt. Traditionelle Stroh- und Reet-Dächer wurden früher mit geviertelten Haselruten befestigt, den »thatching spars«.

Auch für anderes, grobes Flechtwerk war die Hasel stets beliebt. Holzzäune, sowohl aus abgeschnittenen Ruten, als auch als Flechtwerk als Lebendzäune gepflanzt, werden bis heute aus Haseln hergestellt. Zeitweise war Haselnussholz als Kohle für das Zeichnen von Bedeutung. Auch zur Herstellung von Schießpulver war Haselholz im Einsatz; und aus dickeren Stämmchen werden Wanderstöcke gefertigt.

In Gärten wurden und werden Bohnen gern auf Haselstangen gezogen; als Stützen für andere Pflanzen haben sie auch zum Beispiel in der englischen Ziergartentradition Bedeutung. In neuerer Zeit wird für die großen Hasel-Kulturflächen auch eine andere Verwendung des Holzes gesucht, das anfällt. Eine gute Eignung wurde für die Holz-Kohleproduktion eruiert, die Blätter und Hüllen können zu Biogas verarbeitet werden. In neuen Arbeiten wird die Haselkultur deshalb in Studien zur »circular economy« als Kultur mit besonders nachhaltigen Aspekten in der Nutzung erwähnt, für fast jeden Teil der Pflanze gibt es auch in unserer Zeit noch Verwendung. Die Konzepte warten aber in den vielen größeren Haselkulturen noch auf Umsetzung.

Die Türkische Baumhasel erfreut sich zudem einiger forstlicher Beliebtheit als Möbelholz und wird als »Klimabaum« auch in Forsten angepflanzt. Obgleich der Handel mit Baumhaselholz relativ begrenzt ist, hatte es im Wiener Möbelbau eine gewisse Bedeutung. Regional werden auch die ostasiatischen Baumhaseln forstlich genutzt.

Brett aus der Türkischen Baumhasel, rechts geölt und links unterschiedlich gewachst.

Die Arten, ihre Unterscheidung und Biologie

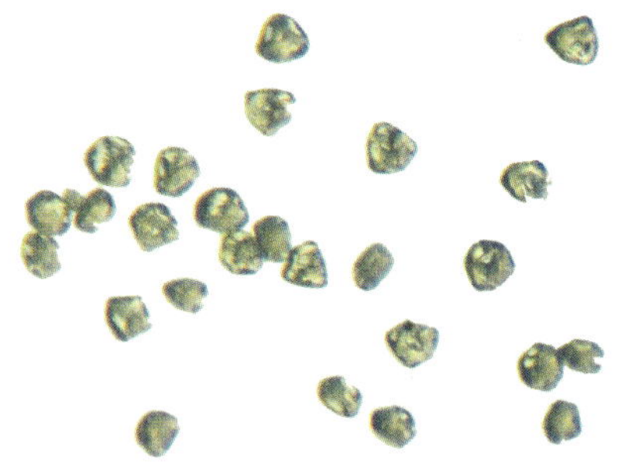

Links: Hasel-Pollenwolke und männliche Blütenkätzchen der Gemeinen Hasel im Vorfrühling.

Oben: Haselpollen (*C. colurna*) unter dem Mikroskop.

Ein erweiterter Blick auf die Birkengewächse

Die Haseln sind eine von sechs Gattungen der Birkengewächse, zu denen auch die Birken, Erlen, Hain- und Hopfenbuchen gehören. Des Weiteren gehört zur Familie die sehr selten kultivierte Gattung Ostryopsis, deren deutscher Name »Scheinhopfenbuchen« noch wenig verbreitet ist und eine Stellung zwischen den Haseln und Hopfenbuchen einnimmt. Die Verbreitung der Birkengewächse über die gesamte nördliche Hemisphäre sowie die einiger südamerikanische Arten ist in der Karte auf Seite 16 abgebildet. Die Birkengewächse sind laubabwerfende, sommergrüne Gehölze und umfassen etwa 120 bis 200 Arten. Innerhalb der Birkengewächse werden die Unterfamilien Betuloideae und die Coryloideae unterschieden; zur ersteren gehören die Birken und die Erlen, und alle anderen Arten zur zweiten. Der Unterschied zwischen den zwei Unterfamilien liegt in der Gestaltung der weiblichen Blüten bzw. der daraus entstehenden Fruchtstände: Bei den Coryloideae sind die Tragblätter (Brakteen) laubblattähnlich, bei den Betuloideae verholzt. Die Coryloideae wurden zeitweise als eigene Pflanzenfamilie mit dem Namen Corylaceae (Haselgewächse) behandelt und werden bis heute von wenigen Autorinnen und Autoren nicht zu den Birkengewächsen gezählt. Obgleich gerade die Nutzung der Samen als Nahrungsmittel für den Menschen nur bei den Haseln von Bedeutung ist, wird anhand der morphologischen Merkmale schnell klar, warum die Arten nah verwandt sind. Wenn wir im Frühjahr vor Laubaustrieb die verschiedenen Gattungen aus der Familie der Birkengewächse betrachten, so fallen die monozöischen (einhäusig getrenntgeschlechtlichen) Blütenstände auf. Während die unauffälligen weiblichen Blüten gattungstypisch jeweils gewisse Unterschiede aufweisen, sehen sich die männlichen Blütenkätzchen bei allen Arten ähnlich. Sie verlängern sich beim Aufblühen erheblich und sind von gelber, rötlicher oder brauner Farbe und mit gelben Pollen gefüllt. Wie bei den nah verwandten Buchengewächsen und Walnussgewächsen sind sie als frühblühende Windbestäuber nicht auf Insekten zur Bestäubung angewiesen. Zu ihrer Blütezeit sind wegen der Kälte noch wenige Gliederfüßler unterwegs, wenngleich die wenigen dann schon aktiven Insekten (etwa Honigbienen) durchaus an den Pollen interessiert sind. In den noch blattlosen Baum- und Strauchkronen werden die Blütenkätzchen ungehindert durch die Frühjahrswinde geschüttelt, welche die Pollen dann verteilen. Die meisten Haseln sind selbstinfertil, das heißt, die eigenen Pollen können nicht die eigenen weiblichen Blüten bestäuben. Deshalb kommt es (auch in der Haselkultur) nur zum Fruchterfolg, wenn gleichzeitig mehrere, nicht sortengleiche Haseln blühen. Die Zeit der Haselblüte ist vielerorts die erste Gehölzblüte im Jahr. Sie erfolgt temperaturabhängig verglichen mit den Erhebungen von vor 70 Jahren infolge wärmerer Winter mit gemittelten 10-Jahres-Werten in der Schweiz 15 bis 20 Tage früher. Derzeit beginnt die Blüte im Mittelland oft in den ersten Januarwochen, in den 50er-Jahren des letzten Jahrhunderts geschah das regelmäßig erst im März; dies ist auch für Pollenallergikerinnen eine merkliche Verschiebung der Allergiezeit. Die phänologische Entwicklung wurde durch den Pollenflug in meteorologischen Stationen gemessen.

Die unauffälligen weiblichen Blüten strecken jeweils zwei Narbenäste in die Luft, die Pollen gelangen mit dem Wind dahin. Aus dem befruchteten weiblichen Blütenstand, der von jeweils zwei bis vielen Einzelblüten gebildet wird, wächst sortenabhängig bis in den Hochsommer oder Herbst der Fruchtstand heran. Während bei der Haselnuss die vielen Narbenäste eines Blütenstands zusammengepfercht von Knospenschuppen umgeben sind, ist bei den Blüten der Erlen oder Birken dann schon die charakteristische Form der jeweiligen Fruchtstände erkennbar. Bei den Erlen bilden sich verholzende Erlenzapfen aus den weiblichen Blüten. Erlenzapfen sind botanisch gesehen tatsächlich Zapfen, ein Merkmal, das sonst den Nadelgehölzen, Koniferen, vorbehalten ist. Die Hopfenbuchen entwickeln um die Samen dicht behaarte Hüllen aus Vorblättern. Die Vorblätter bilden bei den Hainbuchen einen Flügel, auf dem der Samen sitzt und so durch den Wind verbreitet werden kann.

Oben: *Ostryopsis davidiana*: Frucht; Herbarbeleg.

Unten: Nüsse der Gattungen und Unterfamilien der Birkengewächse im Vergleich; vergrößerte Darstellung.

Rechts auf den nächsten beiden Seiten: Die Gattungen der Birkengewächse, dargestellt durch beispielhafte Arten.

Gattung *Ostrya*, Hopfenbuchen; hier *O. europaea*, Blatt *O. virginiana*.

Gattung *Carpinus*, Hainbuchen; hier Baum und Blätter: *Carpinus tschonoskii*, Frucht: *C. japonica*.

Gattung *Ostryopsis,* Scheinhopfenbuchen; hier Jungpflanze von *O. davidiana*; der Fruchtstand wird hier mit nur einer Frucht, häufiger aber von mehreren Früchten gebildet.

Gattung *Corylus*, Haseln; hier Wuchs und Nuss: Gemeine Hasel *C. avellana*; Blatt: *C. heterophylla* var. *sutchuenensis* (Bild: Richard Moore).

Gattung *Betula*, Birken; hier Wuchs: *B. pendula*, Blätter: *B. nigra,* Frucht: *B. utilis.*

Gattung *Alnus*, Erlen; hier repräsentiert durch *Alnus cordata.*

Spannend ist der Vergleich zu den Walnussgewächsen, denn dort finden wir die gleichen Fruchttypen. Analog zur Haselnuss gibt es die durch Tiere verbreiteten Walnüsse und Hickorys (*Juglans*, *Carya*). Und es gibt ein Walnussgewächs mit zapfenartigen Fruchtständen und geflügelten Samen (Zapfennuss, *Platycarya*) wie bei den Erlen; analog zu den Birken gibt es Arten mit langen Fruchtständen und kleinen geflügelten Nussfrüchten, zum Beispiel die Flügelnüsse (*Pterocarya*). Entsprechend der Hainbuche finden sich einige Arten mit flügelartig beblätterten Früchten (*Engelhardia*).

Die Anpassung der Frucht- und Samenform für eine erfolgreiche Form der Verbreitung ist in vielen Pflanzenfamilien sehr ähnlich verlaufen, zumal die Verbreitungswege über Wind, Wasser und Tiere oft auch identisch ist und sich ein ähnlicher Selektionsdruck ergeben haben dürfte.

In fast allen der sechs Gattungen der Birkengewächse gibt es einige Arten mit strauch- und andere mit baumförmigem Wuchs, bei manchen ist auch der Standort ausschlaggebend für den Habitus. Auf guten Böden in Kultur wachsen in der Natur kleinbleibende Arten aus trockenen oder besonders feuchten Gebieten oft größer und unter Umständen sogar mit baumförmigem Wuchs, auch wenn sie im natürlichen Habitat kleiner bleiben. Auch die Pflege und der Baumschnitt beeinflussen den Wuchs. Umgekehrt erreichen aber auch viele Parkpflanzen nicht die in der Literatur erwähnten Wuchshöhen; die Kalifornische Schnabel-Hasel *C. californica* beispielsweise wächst in europäischen Parks auch im Alter selten über circa 2 Meter Höhe anstelle als bis zu 15 Meter hoher Strauch, von dem die Literatur des Ursprungsgebiets berichtet.

Trotzdem nehmen Haselsträucher mit ihren großen, zum Verzehr geeigneten Früchten eine Sonderstellung innerhalb der Birkengewächse ein. Als einzige Gattung der Familie sind sie zwingend auf tierische Verbreiter ihrer Samen angewiesen. Alle anderen Arten sind durch geflügelte Samen oder zum Flug geeignete Kelche primär auf den Wind sowie das Wasser als Verbreiter ihrer Samen spezialisiert. Trotzdem kann man die Früchte aller Arten als Nüsse bezeichnen; jene der Birken und Erlen sind botanisch sogar »Flügelnüsse« – eine botanische Bezeichnung, die auch *Pterocarya*, einer Gattung der Walnussgewächse, ihren Namen verliehen hat.

Systematik, Taxa und Terminologie

Ich bin bereits hier und da auf die wissenschaftliche Systematik und deren Entwicklung, Veränderung und Unklarheiten eingegangen. Doch ich möchte noch einmal als kurzen Überblick für die botanisch weniger versierte Leserschaft einen kleinen Abstecher in diese verwirrend vielfältige Struktur bieten.

In der botanischen Systematik werden Pflanzen in »Familien« unterteilt (in diesem Fall die Birkengewächse), die dann jeweils aus einer bis vielen »Gattungen« zusammengesetzt ist. Jede dieser Gattungen, wie hier jene der Haseln, umfasst wieder eine bis viele »Arten«. Diese Arten können unter sich in Gruppen zu »Sektionen« und »Subsektionen« zusammengefasst werden; im Fall der Haseln sind das etwa die Baumhaseln oder Schnabel-Haseln.

Einzelne Arten wiederum können in »Unterarten« oder »Varietäten« unterteilt werden, wenn Populationen mit eigenen Merkmalen sich zu wenig voneinander unterscheiden, um jeder den Status einer Art zu geben. Gerade bei den Haseln ist die Stellung als Varietät, Unterart oder Art umstritten; so wird etwa die Mandschurische Schnabel-Hasel als Art *Corylus mandshurica* genannt, oder dann als Varietät der Japanischen Schnabel-Hasel *Corylus sieboldiana* var. *mandshurica*. Hinzu kommen noch die Begriffe »Sorte« oder »Kultivar«, die aus dem gärtnerischen und züchterischen Jargon stammen und eine bestimmte, meist klonal vermehrte Zier- oder Ertragsform bezeichnen. Innerhalb der Gattung der Haseln können fast alle Arten auch unter sich gekreuzt werden; so entstehen Hybridformen. Manche dieser »Hybriden« besitzen ein botanisches Taxon, es wurden aber längst nicht alle wissenschaftlich publiziert und sind deshalb namenlos. Sie werden mit einem »x« erklärt, etwa *Corylus avellana* x *C. americana* für eine Hybride aus Gemeiner und Amerikanischer Haselnuss.

Haselähnliche Zaubernussgewächse. Oben: Scheinhasel (*Corylopsis pauciflora*) und Eisenholzbaum *Parrotia persica* (Herbstfarbe, Früchte). Unten: Aufgehende Blüte einer Scheinhasel (*Corylopsis spicata*) im Vorfrühling und die Herbstblühende Zaubernuss (*Hamamelis virginiana*, engl. »Witchhazel«). Alle Arten sind nicht näher mit den Haseln verwandt, bilden aber ähnliche Blätter.

Abgrenzung: Ähnliche Arten in Blatt- und Fruchtform

Auch außerhalb der Gattung der Haseln gibt es einige Gehölze, die optisch Haseln ähneln. Eine Beschreibung und Abbildung dieser Pflanzen soll helfen, sie von den Haseln zu unterscheiden. Nah verwandt mit den Birkengewächsen und ebenfalls zu den Fagales, den Buchenartigen gehörend, sind die Fagaceae, die Buchengewächse. Sie sind anders als die Betulaceae in Bezug auf ihre Früchte weniger polymorph und haben vornehmlich große, durch Tiere verbreitete Früchte.

Zu ihnen gehören neben den Buchen (*Fagus*) auch Eichen (*Quercus*), Edelkastanien (*Castanea*) und einige bei uns eher unbekannte Gattungen wie *Chrysolepsis* und *Castanopsis* und *Lithocarpus*. Sie alle haben neben ihrer Windblütigkeit auch ähnliche Früchte wie die Gattung der Haseln. Die Nüsse der Buchengewächse besitzen wie die Haseln einen Nabel, der auf der Nuss als klar

Unten: Auch einige Buchengewächse bilden den Haselnüssen ähnliche Früchte. Von links: Früchte der Chinapquin-Kastanie (*Castanea pumila*), Sumpf-Eiche (*Quercus palustris*), *Chrysolepsis sempervirens* sowie *Castanopsis* sp. im Vergleich zu einer Haselnuss der Türkischen Baumhasel (*C. colurna*) ganz rechts.

abgegrenzte Naht und Narbe, *Hilum* genannt, sichtbar bleibt. Hier war die Nuss mit der Pflanze verwachsen und wurde über durchgehende Gefäße mit Nährstoffen versorgt. Viele Früchte der Buchengewächse sind etwa haselnussgross und erinnern durch dieses Merkmal optisch stark an Haselnüsse. Sie werden in der Natur auch von ähnlichen Tierarten verbreitet. Anders als bei den Haseln verbindet das Hilum bei den Buchengewächsen die Nuss mit dem Kelchbecher, der sogenannten »Cupula«, und nicht die Hüllblätter und die Nuss wie bei der Hasel. Im Grunde ist die Cupula zwar auch aus ähnlichen, blattartigen Strukturen entstanden, aber stärker verholzt und bei vielen der Gattungen sehr spezifisch entwickelt, wie etwa die Hütchen der Eichen (*Quercus*) oder die stachelspitzigen Fruchtbecher der Esskastanien (*Castanea*). Ohne die Cupula sind die Nüsse etwas schwerer von den Haselnüssen zu unterscheiden, was insbesondere bei der Bestimmung von Fruchtfossilien dieser Arten manchmal zu Verwechslungen geführt hat.

Von der Blüte zur Haselnuss. Jeweils von links nach rechts von oben nach unten: Sämling aus dem Komplex der Gemeinen Hasel *Corylus avellana*, Januar bis Juni. Weibliche Blüte – aus dieser Knospe entwickelt sich nach der Bestäubung der Fruchtstand. Jede Einzelblüte besitzt eine rote, zweiästige Narbe. Die ausgewachsenen, noch unreifen Nüsse zeigen verlängerte Hüllblätter, was ein Hinweis auf einen Einfluss von *C. maxima* ist.

Neben diesen Gehölzen, die den Haselnüssen ähnliche Früchte bilden, gibt es auch einige Arten, die sehr ähnliche Blätter wie die Haseln tragen, aber nicht näher mit der Gattung verwandt sind. Am häufigsten finden wir haselartige Gehölze bei den Hamamelisgewächsen (Hamamelidaceae), die in Parkanlagen gepflanzt werden. Gleich zwei Gattungen wurden hier nach den Haseln benannt. Am bekanntesten sind die Scheinhaseln (*Corylopsis*) sowie die im englischen »Witchhazel« und im Französischen »noisetier de sorcière« genannten Zaubernüsse (*Hamamelis*). Beide Gattungen stammen aus dem östlichen Asien, Hamamelis ist auch in Nordamerika vertreten. Ihr haselähnliches Laub ist am Blattrand meist unscharf gesägt und unterscheidet sich in diesem Merkmal von den bei fast allen Haseln stark doppelt gesägten Blättern. Die Gehölze dieser Gattung werden regelmäßig als Ziergehölze angepflanzt. Sie bilden Kapselfrüchte und fallen durch auffällige gelbe oder rote Blüten im Vorfrühling vor Blattaustrieb oder im späteren Herbst auf. Haselartige Blätter sind ein recht universelles Merkmal vieler Hamamelisgewächse. Auch der häufig gepflanzte, aus der gleichen Pflanzenfamilie stammende Eisenholzbaum (*Parrotia persica*) und die ähnliche, selten kultivierte *Parrotopsis* (Scheinparrotie) erinnern in der Blattmorphologie an die Haseln. Viele Hamamelisgewächse bilden aber eine auffällige Herbstfärbung, was für die meisten Haselarten untypisch ist. Dem Hasellaub ähnlich sind zudem die Blätter einiger Ulmenarten, die aber oft einen sehr klar asymmetrischen Blattgrund und je nach Art drei Blattspitzen aufweisen.

Von der Blüte zur Frucht

Die weiblichen Blütenstände der Haselnuss werden, wie erwähnt, durch mehrere, dicht aneinander gedrängte Blüten gebildet. Auch während der Blüte bleiben diese von den Knospenschuppen umschlossen, weshalb sie den Blattknospen nicht unähnlich sehen. Aus jeder Blüte kann nach erfolgreicher Befruchtung eine Haselnuss entstehen; jede dieser Blüten-Knospen ist die Anlage für einen vielfrüchtigen Samenstand. Wie viele Nüsse sich aus einer Knospe entwickeln können, erkennt man an der Anzahl roter (oder selten weißer)

Die Haselfrucht, hier das Beispiel Gemeine Hasel *C. avellana*.

1 Hüllblätter bilden je nach Art eine ein- oder mehrteilige, blattartige, verholzende oder schnabelförmige Form aus.
2 Hüllblätter sind arttypisch klebrig, stechend behaart oder kahl.
3 Am Grund der Nuss findet sich die Nahtstelle/Narbe des Hüllblatts (Hilum), die eine charakteristische, arttypische Größe und Struktur hat; hier wird die Nuss beim Wachstum versorgt.
4 Nussschale; sie verholzt beim Reifen.
5 Nusskern; Nährgewebe und Embryo.
6 Männliche Blüte (Teil des Kätzchens mit Staubblättern).
7 Isolierte weibliche Blüte mit 2 Narbenästen.

(Darstellung von einem alten österreichischen Schulbild)

Narbenäste, die an der Spitze der Knospe entstehen; jede Blüte trägt eine Narbe mit zwei Ästen. Die Blüten aller Haselarten sehen sich ähnlich. Die Färbung und die Länge der männlichen Blütenkätzchen und die Behaarung und Farbe der weiblichen Blütenknospen sind aber dienliche Hinweise bei der Bestimmung der Arten im Vorfrühling.

Schon im Sommer bilden sich gut sichtbar die Anlagen der nächstjährigen Blütenkätzchen und die Anlagen der Blüten- und Blattknospen.

Den Frühling und Sommer über wächst aus dem weiblichen Blütenstand ein Fruchtstand heran, die Narbenäste bleiben oft an der Spitze jeder Nuss eine Zeit lang ersichtlich. Bei allen Arten ist der Fruchtstand gleich aufgebaut. Die Hüllblätter umschließen oder umfassen die Nuss offen; sie hinterlassen eine spezifische Narbe auf der Nussoberfläche. Die Nussschale wiederum umschließt den Kern, den Embryo sowie das Nährgewebe, das der Pflanze einen guten Start ins Leben gewährt und jene Öle und Nährstoffe enthält, für die auch wir die Haselnuss kultivieren.

Trotz gleichem Aufbau bei allen Arten ist sowohl die Nussform als auch die Ausgestaltung der Hüllblätter bei der Reife ein relativ zugängliches Art-Erkennungsmerkmal.

Bei vielen Haselarten finden sich auch seltene Abweichungen vom Standard-Aufbau. So gibt es beispielsweise Haselnüsse mit zwei Kernen in einer Schale. Aus diesen Nüssen können zwei Pflanzen wachsen, da jeder Kern einen eigenen Embryo enthält. Im Ertragsanbau ist diese Laune der Natur aufgrund der zwei kleineren Kernhälften nicht erwünscht, sie kommt aber bei fast allen Arten und auch bei einigen Ertragssorten vor. Bei Arten mit sehr dichtem Fruchtstand finden sich zudem manchmal verwachsene Nüsse, die zu zweit oder dritt im Fruchtstand sitzen und sich nicht trennen lassen. Bei der Türkischen Baumhasel sind solche Nüsse häufiger als bei anderen Arten zu finden, was aber primär mit dem Aufbau des Fruchtstandes zusammenhängt.

Links: Verwachsene Haselnüsse einer Türkischen Baumhasel (*C. colurna*). Rechts: Zweiteiliger Haselkern von *C. heterophylla*. Aus einer Nuss könnten zwei Pflanzen wachsen.

Die Systematik der Gattung der Haseln

Die Gattung der Haseln kann, wie im Kapitel zur Paläontologie erläutert wurde, mindestens etwa 50 Millionen Jahre bis zu den Fossilien von *Corylus johnsonii* zurückverfolgt werden. Seit dieser Zeit haben sich alle der etwa 15 bekannten Arten aus ursprünglicheren Hasel-Formen entwickelt. Aufgrund genetischer Studien wird heute ein Ursprung im Mannigfaltigkeitszentrum Ostasien vermutet. Alle Haseln zeichnen sich durch für die Birkengewächse große Nussfrüchte in einer blattartigen oder verholzten Hülle, durch einteilige, doppelt gezähnte Blätter von lanzettlichem bis rundlichem Umriss sowie durch wechselständiger Blattanordnung aus. Die jungen Zweige sind bei fast allen Arten von auffälligen Lentizellen (Poren für den Gasaustausch) geprägt.

Um die Verwandtschaften der Haseln und deren Geschichte aufzuzeigen, wird die Gattung der Haseln in verschiedene Sektionen unterteilt. Nach neuen Erkenntnissen hat sich die Art *Corylus ferox* mit ihren stacheligen Hüllblättern vor viel längerer Zeit von den anderen Arten abgespaltet. Nach neuesten Untersuchungen wird deshalb oft *C. ferox* als einzige Art in eine eigene Sektion namens *Acanthochlamys* gestellt; manchmal trägt sie zudem zwei weitere Taxa. Alle anderen Arten werden in drei Subsektionen der Sektion *Corylus* zugeteilt. In den folgenden Artenporträts werden diese Sektionen und Untersektionen

Sektionen und Subsektionen der Gattung *Corylus*. Detaillierter ausgeführt in den Artenportraits.

Sektion Corylus

Subsektion *Corylus*:
blattartig/glockenförmige Hüllblätter (C. *avellana* u. A.) 5–9 Sp.

Subsektion *Colurnaea*:
Baumhaseln (*C. colurna* u. A.) 4 Sp.

Subsektion *Symphonochlamis*:
Mit geschnäbelten Hüllen *(C. cornuta* u. A.) 2–4 Sp.

Sektion *Acanthochlamys*

Stachelige Hüllen (*C. ferox*) 1–3 Sp.

Variabilität der Haselarten im Blatt, Herbarbelege.
Oben von links nach rechts: Gemeine Hasel *C. avellana*, Yunnan-Hasel *C. yunnanensis*, Tibetische Hasel *C. ferox* var. *thibetica*, Mongolische Hasel *C. heterophylla*.
Unten von links nach rechts: Amerikanische Schnabel-Hasel *C. cornuta*, Japanische Schnabel-Hasel *C. sieboldiana*, Farges' Baumhasel *C. fargesii*, Türkische Baumhasel *C. colurna* (nicht maßstabsgetreu).

detaillierter vorgestellt. Im Grunde handelt es sich um eine Einteilung in Gruppen besonders nah verwandter Haseln. Jede der Subsektionen zeichnet sich durch bestimmte optisch ablesbare Ähnlichkeiten aus, denen eine nahe genetische Verwandtschaft zugrunde liegt.

Grundsätzlich lassen sich die Arten hinsichtlich ihres Wuchses, ihrer Blattform und ihrer Früchte unterscheiden. Während die vier Baumhaseln hohe ein- bis mehrstämmige Bäume werden können, hat die Mehrzahl der Arten einen strauchförmigen Wuchs mit vielen Stämmchen, die sich von der Basis her erneuern oder sich unterirdisch durch Ausläufer ausbreiten. So kann auch eine Strauchhasel sehr alt werden, auch wenn das an den Jahrringen nicht ablesbar ist. Tote Äste werden einfach durch neue Triebe aus dem Wurzelraum ersetzt.

Die Blätter aller Haseln weisen einen doppelt gesägten Blattrand auf, sind in ihrem Umriss rundlich bis spatelförmig, können je nach Art aber auch läng-

Querschnitt durch die Nuss. Von links: *C. avellana, C. fargesii* und *C. sieboldiana*. Schalenaufbau und Versorgungsgefäße in der Nussschale geben Hinweise zur Zuteilung zur jeweiligen Sektion/Subsektion, etwa wenn bei prähistorischen Ausgrabungen nur Fragmente und Schalenreste gefunden werden.

lich sein. Für einige Arten ist die Zahl der Blattnerven ein charakteristisches Unterscheidungsmerkmal. Wichtige Bestimmungshinweise liefern stets die Hüllblätter, welche die Nuss umschließen. Während sie bei der Gemeinen Hasel und nah verwandten Arten blattförmig wächst, kommen bei den Baumhaseln auch verholzende und bei den Schnabel-Haseln schnabelartig verlängerte, komplett geschlossene Hüllblätter vor. Auch die Nussmorphologie und die Größe der gut sichtbaren Ansatzstelle der Hüllblätter (Hilum) lässt wichtige Rückschlüsse zu. So sind etwa die Schnabel-Haselnüsse stets kegelförmig, die Amerikanischen Haseln rundlich und oft stark behaart und die Türkischen Baumhaseln häufig etwas abgeplattet. Als charakteristisch gelten auch die ernährenden Gefäße, die sich vom Ansatz der Hülle durch die Nussschale ziehen; besonders bei nur fragmentarisch erhaltenen Schalen kann so eine Identifizierung der Art vorgenommen werden. Dieser Ansatz wurde zum Beispiel zur Rekonstruktion prähistorischer Schalenfunde in China angewandt, um genaue Rückschlüsse über die damals verwendeten Haselarten zu erlangen. Ein Querschnitt durch die Nuss gibt dann genaueren Aufschluss.

Innerartliche Variabilität

Bei allen Haselarten gibt es auch eine gewisse Variabilität innerhalb der Art. Das heißt, die Nuss- oder Blattform ist selten von Individuum zu Individuum gleich; gewisse Merkmale gelten deshalb als Artmerkmale, andere nicht. Bei der Gemeinen Haselnuss ist die Nussform sehr unterschiedlich – von kugelig über länglich oder etwas zugespitzt – und das sowohl bei Sorten wie auch in Wildbeständen. Einst, besonders bei frühen Nussfunden aus paläontologischen Grabungen, wurden diese Unterschiede noch als Grenzen zwischen Unterarten gesehen, das ist heute verworfen. In manchen Quellen hat sich diese Unterscheidung aber bei der Pontischen Hasel mit kugeliger Nuss und der Lamberts-Nuss mit länglicher Form gehalten. Über den Artstatus dieser Formen wird aber – letztlich auch wegen unzulänglicher Definition – stets diskutiert. Auch andere Arten mit großem Verbreitungsgebiet weisen eine große Vielfalt in manchen Merkmalen auf, etwa die abgebildete Amerikanische Hasel.

Neben den Unterschieden zwischen den Arten und Varietäten ist also zu beachten, dass auch eine Art als Gruppe von Individuen zu verstehen ist, die eine gewisse Variabilität und Heterogenität besitzen kann. Bei der Gemeinen Hasel ist die Vielfalt besonders bei den Sorten bekannt, die auch den selektiven Einfluss des Menschen in ihr Erbgut widerspiegeln. Aber auch die Form der Nüsse – rundlich, länglich oder zugespitzt –, die zur Beschreibung vieler Varietäten geführt hat, ist Teil dieser innerartlichen Vielfalt. Diese Varietäten sind heute nicht mehr anerkannt. Abbildungen verschiedener Sorten finden sich im Kapitel »Haselkultur und Erwerbsanbau«.

Eindrücklich zeigt sich die natürliche Variabilität an den Früchten der Türkischen Baumhasel *C. colurna*. Weil sich diese Art durch Samen vermehrt und sie regelmäßig als Park- und Straßenbaum gepflanzt wird, finden wir hier eine gut zugängliche, große Vielfalt vor. Weil gleichzeitig nur wenige Auslesen und Zuchtformen der Art bekannt sind, ist nur eine kleine züchterische Auslese anzunehmen.

Während bei Merkmalen wie der Blattform, Rindentextur oder der Wuchsform große Einheitlichkeiten ersichtlich sind, ist gerade bei der Form der verholzten Hüllblätter die Vielfalt beachtlich; das ist besonders spannend, weil dieses Merkmal in der Gattung als wesentliches Unterscheidungsmerkmal zwischen den Arten gilt. Gleichzeitig bleibt aber die Abgrenzung zu anderen Arten der Subsektion *Colurnaea* eindeutig: Die Hüllen sind stets in feine Teilabschnitte zerteilt, drüsig behaart und nie die Nuss umschließend. Die Größe des Gesamtfruchtstands, die genaue Ausgestaltung der Hüllblätter und das Maß der Behaarung ist aber sehr variabel. In Grunde ist diese Vielfalt im Phänotyp ein Hinweis auf einen biodiversen Genotyp; aus der optischen Vielfalt lässt sich also auf die genetische Vielfalt in den angepflanzten Beständen schließen. Und weil die Vielfalt so groß ist, hat Franz Göschke, Botaniker der bedeutenden Haselmonografie im späten 19. Jahrhundert, die Baumhasel auch gleich in zwei Arten aufgeteilt, die er Türkische und Levantische Baumhasel nennt und deren Fruchtstände sich etwa so unterscheiden wie die hier gezeigten. Er berichtet über den vermeintlich fälschlichen Zusammenzug zu einer Art: »Jedenfalls haben den betreffenden Berichterstattern keine frischen Früchte von beiden zugleich vorgelegen, sonst würde die Verschiedenheit derselben wohl leicht bemerkt worden sein. Ein Blick auf die beigefügten Abbildungen wird das hinlänglich beweisen.«

Bei einigen seltener gepflanzten Arten geben darum die botanischen Sammlungen nur einen marginalen Einblick in die tatsächliche Vielfalt im Verbreitungsgebiet, und es ist zu vermuten, dass dort manche Arten nur durch relativ einheitliche Formen vertreten sind. Von einigen Arten wurde nur wenige Male Saatgut aus den Ursprungsregionen exportiert und die Vermehrung ist in den botanischen Institutionen danach oft vegetativ erfolgt. Durch die vegetative Vermehrung durch Stecklinge, Aufpfropfung oder In-Vitro-Techniken entstehen Klone, die mit der Mutterpflanze identisch sind; so wird heute auch die Großzahl der Kultursorten der Hasel vermehrt.

Innerartliche Variabilität, dargestellt an drei Nüssen von Wildformen der Amerikanischen Hasel mit unterschiedlicher Herkunft. Die Amerikanische Hasel *C. americana* wurde aufgrund solcher Unterschiede einst in mehrere Arten unterteilt.

Variabilität einer Art: Fruchtstände verschiedener Individuen der Türkischen Baumhasel *C. colurna.*

Die Hybridisierung der Haseln

Die Hybridisierung innerhalb der Gattung der Haseln ist zwischen fast allen Arten möglich, nicht aber mit Arten außerhalb der Gattung. Die starke Tendenz zum Bilden von Zwischenformen macht die Bestimmung in botanischen Sammlungen teilweise schwierig, Hybriden sind oft unter dem Namen der Mutterpflanze geführt, aus deren Samen die Pflanze gezogen wurde. Optisch ist aber in vielen Fällen der hybride Ursprung gut erkennbar, da die Merkmale der Pflanzen zwischen den Ursprungsarten liegen. Besonders oft kommt dies in Europa bei der Tibetischen Hasel *C. ferox* var. *thibetica* vor, bei der in der Mehrheit der aufgesuchten Pflanzen die Hybriden mit *C. avellana* die sogenannte Spinescens-Hybride *C.* x *spinescens* gepflanzt ist. Von den vielen durch gemeinsame Pflanzung und gegenseitige Befruchtung möglichen sowie künstlich gezüchteten Hybriden ist nur eine (*C.* x *colurnoides*) wild im Kaukasus verbreitet. *C.* x *spinescens* und ein weiteres Taxon wurden als solche von Alfred Rehder im Arnold Arboretum als Zufallssämlinge erkannt und benannt. Wie bereits erwähnt, handelt es sich auch bei einigen Ertragssorten in der Haselnusskultur um Hybriden, zudem ist die extrem seltene chinesische Wang's Hasel *C. wangii* vermutlich eine alte natürliche Hybridform.

Eine detaillierte Aufstellung der Hybriden, deren Erscheinungsbild sowie der Taxa findet sich im entsprechenden Kapitel bei den Artenporträts (ab Seite 157).

Die Botanik der in Europa kultivierten Ertragssorten

Die mittel- und westeuropäischen Sorten werden der Art der Gemeinen Hasel *C. avellana* zugeordnet. Nach neuester Systematik werden heute meist auch die Sorten des östlichen Europa und Kleinasiens in diese Art gestellt, obschon sie sich entwicklungsgeschichtlich und morphologisch unterscheiden. Kurzhüllige Sorten wie 'Butler' oder 'Emoa' sowie 'Barcelona' entsprechen weitestgehend der großfruchtigen, kultivierten Form der wilden »Waldhasel«, die nacheiszeitlich Mittel-, Nord- und Westeuropa besiedelt hat. Es gibt neben den Ziersorten aber auch Sorten, die nach morphologischen Merkmalen der Lamberts-Hasel *C. maxima* zugerechnet werden können, etwa 'Webb's Preisnuss'. Der Ursprung der langhülligen Sorten mit feiner Aderung wird in Südosteuropa vermutet, wilde Bestände der Lamberts-Hasel werden in der Literatur kaum erwähnt. Intermediär zwischen diesen Formen treffen wir einige Sorten wie die 'Kaiserhasel von Trapezunt', die wohl aus Hybridisierungen der letztgenannten Formen hervorgegangen sind. Zudem sind einige Sorten im europäischen Handel erhältlich, die in der Ausgestaltung der Hüllblätter den pontischen Sorten entsprechen, wie sie im Schwarzmeer-Raum angebaut werden. Sie haben lange, zum Ende hin oft geöffnete Hüllen, die stark geadert sind, dazu meist rundliche Nüsse. Diesem Typ kann die 'Warschauer Rote' zugeordnet werden, zudem die türkischen Sorten wie zum Beispiel 'Tombul'.

Demnach wurden die kultivierten Haseln in Europa durch Züchtung und Kreuzung über die Jahrhunderte in verschiedenen Stammeslinien ausgelesen, von denen manche genetisch und geschichtlich eruiert wurden, manche auch optisch noch abgelesen werden können. Bis heute bilden die Sorten aus verschiedenen geografischen Regionen genetische Gruppen, sogenannte Cluster, die historisch mehreren Zentren der Haselnusskultur zugeordnet werden können.

Zudem sind aus der Vermischung dieser Linien und importierten Nüssen einige der heutigen Ertragssorten gezüchtet worden. Auch deshalb lassen sich heute die einstigen Taxa der Gemeinen, Pontischen und Lamberts-Hasel botanisch kaum mehr trennen. Ur- und Wild-Formen sind von der Gemeinen und der Pontischen Hasel kaum mehr (oder je) gefunden worden. Stammesgeschichtlich und geografisch bleiben die Unterschiede aber interessant.

'Butler' – *C. avellana*-Typ.

Von Haselmaus und Haselhuhn

Haselbüsche nehmen auch in ökologischer Hinsicht eine wichtige Funktion ein. Sie bieten vielen, zum Teil stark spezialisierten Tierarten einen Lebensraum und Nahrung. Zu den direkt von der Hasel abhängigen Säugetierarten gehören insbesondere viele Nagetiere, darunter einige Mausarten, wie etwa die Rötel-, Wald- und Gelbhalsmaus in Mitteleuropa. Auch unter den Hörnchen gibt es auf Hasel spezialisierte Individuen, sodass diese in Kulturen auch mal als Schädlinge gelten können. In Europa frisst das Eichhörnchen oft Haselnüsse, in Nordamerika ist das Grauhörnchen im Osten und das Rothörnchen auch in den westlichen Hasel-Arealen verbreitet. Die Haselmaus (*Muscardinus avellanarius*) – eine Bilch-Art, ein nicht näher mit den Mäusen, sondern mit dem Sieben- und Gartenschläfer verwandtes Nagetier – zeigt eine besonders große Abhängigkeit von Haselbeständen. Nicht nur, dass Haselmäuse meist in Haselgebüschen leben und dort ihre kugeligen Nester bauen, sie ernähren sich auch zu einem großen Teil von Haselnüssen. Haselmäuse stehen in den mitteleuropäischen Gebieten auf der Roten Liste der gefährdeten Arten, auch wenn der weltweite Bestand, der bis weit nach Asien reicht, noch als ungefährdet gilt. Aufgrund ihrer Tendenz, nur im Notfall am Boden zu gehen, sind Haselmäuse auf zusammenhängende Hecken und Baumkronen angewiesen, um sich fortzubewegen. Verschiedene Programme von Naturschutzorganisationen in der Schweiz und Deutschland haben eine »Nussjagd« vorgenommen, um die Bestände und die Verbreitung der hier im starken Rückgang befindlichen Haselmaus besser zu erforschen. Anhand der Nagespuren lässt sich eruieren, welche Arten von Nagern sich an Nüssen zu schaffen gemacht haben. Im Fall der Haselmaus sind die kreisrunden Öffnungen mit strahlenförmig angeordneten Spuren besonders einfach zu erkennen. Aber auch unter den anderen Nagern lässt sich anhand der liegen gelassenen Haselnussschalen eruieren, wer am Werk war, und damit erkennen, wie in etwa eine Art verbreitet ist. Auch rückwirkend kann man Aussagen zum einstigen Vorkommen der Nager machen; bei Ausgrabungen von Nüssen in Pfahlbausiedlungen konnte beispielsweise festgestellt werden, dass Nagerspuren an den Nüssen zu finden waren. So lässt sich rekonstruieren wann wo welche Mausart vorgekommen ist, auch an Orten, an denen man nur selten Reste der Nagetiere selbst gefunden hat.

'Webb's Preisnuss' – *C. maxima*-Typ.

'Kaiserhasel von Trapezunt' – *C. avellana* x *C. maxima*-Typ.

'Warschauer Rote' – mit *C. pontica*-Einfluss.

Nager, darunter verschiedene Mäuse und das Eichhörnchen, legen auch Winterverstecke aus Haselnüssen an. Die oft unter der Erde oder in Hohlräumen versteckten Nüsse werden in Zeiten mit schlechtem Futterangebot wieder gesucht und erstaunlich oft wiedergefunden. Aus verbleibenden, nicht gefundenen Nüssen wachsen neue Pflanzen – das ist der wichtigste Verbreitungsweg des Haselbusches.

Sehr effektive Verbreiter der Haselnuss sind auch Tannen- und Eichelhäher, die ebenfalls Verstecke mit Nüssen anlegen. Andere Rabenvögel, wie die Rabenkrähe und die Turmdohle, ernähren sich ebenfalls manchmal von Haselnüssen; sie versuchen oft, sie durch das Fallenlassen auf harte Beläge zu knacken. Manchmal nutzen sie fahrende Autos auf Straßen als Nussknacker, was man besonders mit Walnüssen schon oft beobachtet hat. Auch Kleibern und Spechten bieten die Nüsse willkommene Nahrung. Das Haselhuhn (*Bonasa bonasia*), ein im Alpenraum, dem Mittelgebirge und im hohen Norden bis ins östliche Sibirien verbreitetes Raufußhuhn, soll seinen Namen erhalten haben, weil es sich im Vorfrühling oft von den männlichen Blütenkätzchen der Haseln ernährt.

Als Strukturpflanze in Hecken der Agrargebiete bildet die Hasel zudem wichtige Dickichte und ist durch ihre relativ dicht verzweigten Äste ein beliebtes Gehölz für den Nestbau verschiedener, sonst nicht direkt von der Hasel abhängigen Vögel.

Insekten

Neben den Wirbeltieren leben auf den Haselbüschen auch eine Vielzahl wirbelloser Tiere, insbesondere Insekten, von denen einige spezialisiert nur auf der Hasel vorkommen. Am bekanntesten ist der Haselnussbohrer, eine Rüsselkäfer-Art, von dem man meist nur kleine, kreisrunde Löcher in Haselnüssen vorfindet. Der Käfer selbst, ein skurriler, rundlicher Käfer mit extrem langem Rüssel, kann etwa ab Mai an den Haselnusssträuchern beobachtet werden. Die Art, die in der Natur eine einzigartige Bereicherung ist, gilt im Erwerbsanbau als Schädling. Der Haselnussbohrer ernährt sich unauffällig von Haselblättern, aber auch von Früchten anderer Bäume. Die Weibchen legen ihre Eier an die noch jungen Nüsse. In deren Inneren ernähren sich die Larven, welche die Nuss noch während des Wachstums aushöhlen. Etwa bei Fruchtreife verlassen die Larven die Nüsse durch ein genagtes, kreisrundes Loch und vergraben sich im Boden, wo sie als Puppe überwintern. Sehr ähnlich, aber oft etwas heller gefärbt, ist der Eichenrüssler, der aber seinem Namen getreu Eichen als Futterpflanzen benötigt.

Zwei weitere einzigartige Rüsselkäferarten haben sich auf den Haselnussstrauch und nahe verwandte Birkengewächse spezialisiert: der Haselblattroller und der Schwarze Birkenblattroller. Beide Arten stellen aus Haselblättern kunstvoll geformte, zigarrenähnliche Blattrollen her, in die sie ihre Eier für die nächste Generation legen. Die kleinen Käfer leisten dabei Beachtliches: Sie schneiden die Blätter am Busch beidseitig ein und falzen sie durch Zusammen-

1
2
3
4
5
6

drücken mit den Beinen und mithilfe des Kopfes, um sie dann zu etwa fünf Zentimeter langen Rollen zusammenzuheften. Während der Haselblattroller dafür meist die mittlere Blattachse zerschneidet, tendiert der Birkenblattroller dazu, diese bis zum Schluss stehen zu lassen. So lässt sich die Anwesenheit der Blattroller auch ohne Vorhandensein des Käfers erkennen, die man ohnehin relativ selten zu Gesicht bekommt. Gegen Herbst oder auch schon kurz nach der Fertigstellung fällt die Blattrolle zu Boden, wo sich die Larven entwickeln.

Der Haselblattroller ist im Gegensatz zum unauffälligen Schwarzen Birkenblattroller mit seinen roten Flügeldecken und der halsartigen Einschnürung hinter dem Kopf ein unverwechselbarer, sehr einfach zu erkennender Käfer. Ähnlich sieht ihm der nah verwandte, auf Madagaskar endemische Giraffenhalskäfer, der wegen seines skurrilen Aussehens weltweite Berühmtheit über die Entomologenkreise hinaus erlangt hat.

Auch einige Raupen und an Blättern fressende Larven findet man auf Haseln, darunter die Larven der Breitfüßigen Erlenblattwespe, die bei Bedrohung in einer Reihe um den Blattrand sitzend mit zuckenden Bewegungen potenzielle Feinde irritieren.

Häufig findet man an Haseln besonders im Winter vergrößerte Knospengallen, die von der Haselnuss-Knospengallmilbe stammen. In den vergrößerten Knospen wachsen die Larven der Milbe heran. Finden kann man die Gallen an der Gemeinen Hasel häufig, aber auch an der Türkischen Baumhasel und an einigen weiteren in Parkanlagen angepflanzten Haselarten. Bei der Baumhasel treten zum Teil vergleichsweise riesige Knospengallen von über drei Zentimeter Durchmesser auf.

Fraßspuren auf der Gemeinen Hasel (*C. avellana*):

1 Haselnussbohrer (*Curculio nucum*), kleines, rundes Loch.
2 Eichhörnchen (*Sciurus vulgaris*), Nuss gespalten, gebrochen, nur wenige Nagespuren.
3 Haselmaus (*Muscardinus avellanarius*), rundes Loch mit schrägen »sonnenartigen« Spuren auf der Oberfläche.
4 Rötelmaus (*Myodes glareolus*), Nagespuren meist fast senkrecht zur Schale, auf der Nussoberfläche wenige bis keine Spuren.
5 Gelbhalsmaus (*Apodemus flavicollis*) oder Waldmaus (*A. sylvaticus*), auf der Nussoberfläche auffällige Spuren, unregelmäßig.
6 Fraßspuren des nordamerikanischen Grauhörnchens auf Nüssen einer Parkpflanze der Indischen Baumhasel *C. jacquemontii*.

Parasitäre Pflanzen

Die Hasel ist eine der liebsten »Nahrungspflanzen« der Gemeinen Schuppenwurz *Lathraea vulgaris*. Die Schuppenwurz, die selbst kein Chlorophyll bildet und deshalb keinen lebensnotwendigen Zucker aufbauen kann, wächst gerne an frischen Standorten in Wäldern und Gebüschen. Für die Nährstoffzufuhr ist sie auf Wurzeln von Gehölzen angewiesen, auf denen sie schmarotzen. Neben der Hasel nutzt die Schuppenwurz auch Wurzeln von anderen Gehölzen, darunter Erlen und Buchen. Auch die westeuropäische, manchmal als Zierpflanze kultivierte Violette Schuppenwurz *L. clandestina* gedeiht hin und wieder auf Haseln. Auch die parasitische Laubholz-Mispel (*Viscum album* ssp. *album*) ist – allerdings sehr selten – auf Haseln anzutreffen.

Naturstandorte

In den folgenden Kapiteln werden primär Pflanzen aus botanischen Sammlungen in Europa und Nordamerika vorgestellt, die nicht in ihrem ursprünglichen Habitat wachsen. Wie im Kapitel um die Erforschung der Haseln er-

Links: Gallen-Knospe der Haselnuss-Knospengallmilbe (*Phytoptus avellanae*) auf *C. avellana* und darunter auf *C. americana;* ganz unten links: Hasel-Blattlaus (*Myzocallis coryli*). Rechts: Laubholzmistel (*Viscum album* subsp. *album*) auf der Gemeinen Hasel (*C. avellana*). Darunter ein gerolltes Blatt mit Gelege des Schwarzen Birkenblattrollers (*Deporaus betulae*), beide auf *C. avellana*.

Links: Haselnussbohrer (*Curculio nucum*); Larve, die sich frisch aus der Nuss durch das Hüllblatt gebohrt hat; darunter der Käfer.
Rechts: Haselnuss-Blattroller; darunter eine Blattrolle aus einem Haselblatt mit Gelege; alle auf *C. avellana*.

wähnt, wurden die Haseln auf Expeditionen in der ganzen Welt entdeckt und beschrieben und sind als Samen und Stecklinge nach Europa und in die USA gelangt. Auch heute noch werden Expeditionen zur Erforschung seltener Gehölze in abgelegenen Regionen der Welt betrieben. So stammen etwa einige der im Arnold-Arboretum der Harvard University gepflanzten seltenen Farges' Baumhasel aus China vom abgebildeten Mutterbaum in der Provinz Shaanxi. In verschiedenen Expeditionen wurde so Saatgut von seltenen Baumarten von verschiedenen Standorten importiert.

Gerade bei selten gepflanzten Arten aus Asien stammen oft fast alle Individuen von einem oder wenigen importierten Pflanzen ab. So bilden manchmal die Vertreter einer Haselart in Baumsammlungen nur einen kleinen Einblick in die Variabilität der Art in ihrem ganzen Verbreitungsgebiet.

Während in Europa die Gemeine Hasel am Wildstandort Waldränder, Hecken, Bachufer besiedelt und bis in die hohen Regionen der Alpen aufsteigt, sind einige Arten in trockenen Regionen verbreitet, wie etwa die Türkische Baumhasel *C. colurna* auf kalkhaltigen und skelettreichen Böden im Balkan, in Griechenland und in der Türkei.

Die Naturstandorte vieler Haselarten in Asien sind unzugängliche Regionen in Gebirgen oder Flusstälern, auch hier ist die Amplitude der Standorte relativ groß – von den extrem frostverträglichen nördlichen Beständen der Mongolischen Hasel (*C. heterophylla*) bis zu denen der südlichen, wärmeliebenden Yunnan-Hasel (*C. yunnanensis*), die im Süden Chinas bis in subtropisches Klima vordringt. Die Amerikanische Hasel und die Amerikanische Schnabel-Hasel sind in Wäldern und Gehölzrändern verbreitet und bilden teilweise dichte Bestände. Beide Arten sind in ihrem Verbreitungsgebiet relativ häufig und regelmäßig anzutreffen. Sowohl in Europa, als auch in Asien und Nordamerika wurden die Haselbestände seit ihrer Ausbreitung nach den Eiszeiten durch die menschliche Kultur beeinflusst – sie wurden sowohl gefördert als auch durch Kahlschläge immer wieder vernichtet.

Oben links: Leere Haselfrucht-Hüllen von *C. avellana* werden von spezialisierten Insekten als Nistort gewählt und zugemörtelt. Oben rechts: Haseln sind beliebte Nistpflanzen für verschiedene Vogelarten. Unten links: Die Larven der Breitfüßigen Erlenblattwespe (*Craesus septentrionalis*) findet man in Europa regelmäßig an Haselblättern. Rechts Mitte: An geeigneten Stellen sind Haselstämmchen gerne von Flechten, hier Schriftflechten (*Graphis scripta*), besiedelt. Rechts unten: Die Schuppenwurz (*Lathraea squamaria*) schmarotzt oft auf Haseln, aber auch auf anderen Gehölzarten.

Links oben: Natürlicher Standort der Farges-Baumhasel (*C. fargesii*) in China, bei einer Expedition des Arnold Arboretum (Bild: Michael Dosmann). Links unten: Wildstandort der Europäischen Hasel in den Glarner Alpen, Schweiz. Rechts oben und Mitte: Habitus und Frucht der Schnabel-Hasel *Corylus cornuta* in den Laubwäldern Neuenglands (Middlesex Fells Reservation bei Boston, Massachusetts, USA). Rechts unten: Amerikanische Hasel *C. americana*, ebenda.

Winterliche Schneelast: Der Flexibilität ihrer Haselruten hat die Gemeine Hasel *C. avellana* ihr gutes Bestehen in schneereichen nördlichen und subalpinen Wäldern zu verdanken. Dies macht das Holz auch für besondere Einsätze beliebt.

Landschaft und Landschaftsarchitektur

Haselkultur außerhalb der wirtschaftlichen Nussproduktion

Neben der Nusskultur für den Verzehr hat die Gattung *Corylus* auch im Garten und in der Landschaftsarchitektur eine große Bedeutung. Die Haselnuss ist eines der am häufigsten vorkommenden heimischen Gehölze in Gartenanlagen und wird wegen ihres vergleichsweise kompakten Wuchses auch in kleinen Gärten weit verbreitet gepflanzt. Auf der ganzen Welt widmen sich in der Gartenkultur auch ganze Parkteile diesem einzigartigen Gehölz. So werden zum Beispiel die im englischen traditionellen Gartenbau üblichen »Nutteries« auch als größerflächige Gestaltungselemente in Parkanlagen eingesetzt und gelegentlich in neueren Projekten inszeniert und zitiert. Bekannt ist etwa »The Nuttery« in den Parkanlagen von Sissinghurst, wo eine Kombination von im Raster gepflanzten Haselbüschen mit Geophyten, früh blühenden Stauden und Farnen, für atemberaubende Frühlingsaspekte sorgt. Haseln sind auch auf Kinderspielplätzen beliebt, da sie komplett ungiftig sind, essbare Nüsse produzieren und sich die Stängel gut zum Schnitzen und Basteln eignen.

Als eine der wichtigsten Kulturgehölze außerhalb der wirtschaftlichen Nutzung hat sich die Türkische Baumhasel *C. colurna* durchgesetzt. Die Art zeichnet sich als eine der wenigen durch einen baumförmigen Wuchs ohne Stockausschläge aus und lässt sich leicht aufasten, was ihre Eignung als Straßenbaum erhöht. Die außerordentliche Robustheit in Bezug auf Trockenheit und Sommerhitze macht den Baum zum beliebten Stadtgehölz auch in exponierten Lagen, vorteilhaft sind auch seine kleinen Baumscheiben (unversiegelter Pflanzbereich im Wurzelraum des Baumes) auf versiegelten Flächen. Diese Eigenschaften haben dazu geführt, dass die Baumart auch auf vielen Listen sogenannter »Klimabäume«, also besonders resistenter Gehölze in Bezug auf die kommenden klimatischen Veränderungen, erscheint. Auch wird für diese Baumhasel die sogenannte »Assisted migration« vorgeschlagen; die Art soll also durch gezielte Pflanzung und Verwilderung an Naturstandorten in klimatisch geeigneten Gebieten die Wälder ergänzen oder ersetzen, falls durch den Klimawandel dort heimische Arten weniger Potenzial aufweisen. Tatsächlich findet man heute Baumhaseln in Schweizer Privatwäldern hin und wieder angepflanzt. Obwohl die Migration von Pflanzen ein natürlicher Prozess in Zeiten klimatischer Änderungen ist, wird Idee, diese Arealverschiebung zu

Alte Türkische Baumhasel *C. colurna* im Alten Botanischen Garten Zürich.

unterstützen, von anderen Bereichen des Naturschutzes abgelehnt. Das Hauptargument ist dabei die unumstrittene Tatsache, dass nicht-heimische Gehölze der heimischen Fauna oft weniger Nahrung zu bieten haben. In Bezug auf die Baumhasel ist dieses Argument allerdings wenig valid, da viele auf die heimische Gemeine Hasel spezialisierten Arten, Säuger wie Insekten, auch von der Türkischen Baumhasel profitieren. Die Diskussion bleibt trotzdem kritisch, da in vielen Bereichen des Naturschutzes das Ausbringen nicht-heimischer Pflanzen als eine ungewollte Florenveränderung und Ansalbung gesehen wird.

Die anderen Baumhaseln sind bisher absolute Raritäten in Europa geblieben und werden nur von Sammlern und in botanischen Gärten kultiviert.

Ziersorten

Insbesondere von der Gemeinen Hasel gibt es auch einige Auslesen mit besonderem gestalterischem Wert. Beliebt ist etwa die Korkenzieher-Hasel (*Corylus avellana* 'Contorta'), eine Form mit stark korkenzieherartig verdrehten Zweigen und Stämmen. Die Form wurde in England um 1860 gefunden. Sie blieb lange eine Rarität und hat sich erst nach dem Zweiten Weltkrieg als Zierpflanze in vielen Gärten durchgesetzt. Beliebt ist 'Contorta' auch für floristische Zwecke; Schnittzweige davon werden im Winter zu Sträußen gebunden. Ob der Grund dieser Veränderung eine spontane Mutation oder die Ausprägung einer Krankheit war, wird unterschiedlich diskutiert. Die Sorte ist kleinwüchsiger und bildet weniger Nüsse als die Art, kann aber durchaus auch etwas Ertrag liefern. Weil die Sorte mit ihrem etwas überhängenden Wuchs oft fast bodennah hängende Äste bildet, gibt es auch auf Baumhaseln veredelte Pflanzen im Handel, die einen Stamm bilden.

Die Korkenzieher-Hasel 'Contorta' ist auch über die Pflanzengattung hinaus die bekannteste Pflanzensorte mit eigenartig verdrehtem Wuchsbild. Es gibt auch andere Gehölzarten, von denen Sorten mit ähnlichem Drehwuchs ausgelesen wurden, etwa von der Silberweide oder der Robinie.

Der Korkenzieher-Hasel ähnlich ist auch die Trauerhasel 'Pendula', eine Sorte der Gemeinen Hasel, deren Äste sich von der Veredelungsstelle auf einem Stämmchen wieder direkt dem Boden zukehren und dabei einen eigenartig schirmförmigen Wuchs bilden.

Seltener sind rotlaubige Korkenzieher-Haseln erhältlich, sie tragen Sortennamen wie 'Red Majestatic' oder 'Red Baron'.

Rotlaubige Sorten sind von der Gemeinen Hasel 'Fuscorubra' sowie der Lamberts-Hasel 'Purpurea' beziehungsweise 'Atropurpurea' bekannt (siehe Artenporträts zur Unterscheidung und Systematik dieser zwei Arten). Das rote Laub von 'Fuscorubra' wird nach eigener Beobachtung nur etwa der Hälfte der Keimlinge vererbt, der andere Teil wird grünblättrig. Die rotlaubige Lamberts-Hasel ist unter dem Namen »Bluthasel« wohl die älteste dieser Ziersorten in Kultur. Auch von der Türkischen Baumhasel, *C. colurna*, sind mit Sorten wie 'Granat' und 'De Terra Red' rotlaubige Formen erhältlich. Optisch weisen

Links: Frucht und tiefrotes Blattwerk von *Corylus maxima* 'Atropurpurea' bzw. 'Purpurea', Bluthasel. Im Frühling ist das Laub purpurn, später vergrünend und gegen Herbst in Ockertönen.

Rechts: *Corylus avellana* 'Pendula' Habitus im Arboretum du Vallon de l'Aubonne. Die Sorte mit kriechendem Wuchs wird meist auf ein Stämmchen der Baumhasel *C. colurna* veredelt. Darunter *C.* x *colurnoides* 'De Terra Red' in den Sir Harold Hillier Gardens, England, sowie 'Granat'. Die rotlaubigen Baumhaseln vergrünen über den Sommer, weisen aber rote Knospen und Früchte auf.

Links: *Corylus avellana* 'Contorta' Zweige im Frühjahr sowie der Habitus im Sommer (Zürich, Belvoirpark).

Rechts: Die rotlaubige *C. avellana*-Sorte 'Fuscorubra' im Frühjahr und Hochsommer vor der Nussreife. Bei reifen Nüssen überragen die Hüllblätter die Nuss nicht mehr. Gegen Sommer vergrünen die Blätter fast aller rotlaubigen Haseln, während die Hüllblätter der Nüsse ihre Farbe behalten. Darunter die 'Warschauer Rote', eine Sorte, die der 'Rotblättrigen Zellernuss' ähnlich sieht.

diese Sorten jedoch meist einen intermediären Charakter zur Gemeinen Hasel auf und sind botanisch der Kreuzung *C.* x *colurnoides* anzurechnen. Wahrscheinlich sind sie durch die Kreuzung einer rotlaubigen Gemeinen Hasel mit der Türkischen Baumhasel entstanden. Schon die männlichen Blütenkätzchen im Vorfrühling weisen eine rötliche anstelle der typischen gelbbraunen Farbe auf. Auch die Fruchthüllen sowie unreife Nüsse sind rötlich gefärbt. Mit der 'Rotblättrigen Zellernuss' und der 'Warschauer Roten' sind durchaus relativ ertragreiche rotlaubige Sorten im Handel. Während bei vielen Arten rotlaubige Sorten oft schwächer wachsen als die Art, kann die rotlaubige Lamberts-Hasel auf die Höhe eines typischen, großen Haselstrauchs von etwa 7 bis 9 Metern heranwachsen, woher wohl auch der seltenere Name »Riesenhasel« oder die botanische Bezeichnung *C. maxima* stammt.

Während diese Haselsorten im Austrieb oft hellrosa Blätter tragen, die dann im Frühling dunkelrot werden, vergrünen sie gegen Sommer oder Herbst bei manchen Sorten derart stark, dass ihre Rotlaubigkeit nur noch an den Fruchthüllen zu erkennen ist. Im Handel findet man auch von der Amerikanischen Hasel eine rote Sorte mit dem Namen 'Purpleleaf Bailey Select'.

Die Sorte 'Aurea' der Gemeinen Hasel zeichnet sich durch gelblich-grüne Blätter aus, die über den Sommer vergrünen. Einige weitere gelblaubige Sorten sind im Angebot spezialisierter Gärtnereien erhältlich. Sehr selten, und nur noch in wenigen Exemplaren bekannt, ist die Sorte 'Variegata', eine gelbpanaschiert-laubige Form, die in einem Projekt zum Erhalt alter Ziersorten kurz vor ihrem Verschwinden gerettet wurde. Unter dem Sortennamen 'Agnieszka' ist eine weiß panaschierte Sorte im Handel.

Eine Besonderheit ist auch die Sorte 'Heterophylla' der Gemeinen Hasel (nicht mit der Mongolischen Hasel *Corylus heterophylla* zu verwechseln), eine Auslese der Gemeinen Haselnuss mit relativ schmalen, stark doppelt gesägten, geschlitzten Blättern und kleinem Nussertrag. Aus der Ferne erinnert diese Hasel durch ihr lichtes Blattwerk eher an eine mehrstämmige Birke. Wegen ihres für Haseln recht untypischen Erscheinungsbildes gilt die regelmäßig im Angebot von Baumschulen zu findende Sorte als wertvolle Bereicherung in Garten und Parkanlagen. Ursprünglich wurden Sorten mit geschlitztem Laub gerne unter der Bezeichnung 'Urticifolia' (= »Brennnesselblättrig«) geführt. Dieser Form wird von manchen Autoren auch die sehr seltene »Eichenblättrige« Hasel mit dem Sortennamen 'Quercifolia' mit etwas weniger stark gelappten Blatträndern zugerechnet. Sie ist als botanische Rarität zum Beispiel in der Sortensammlung des Arboretum in Kruchten zu finden. Eine Kombination von Rotlaubigkeit und zerschlitzter Blätter findet man in der Sorte 'Burgundy Lace'.

Bei Haseln verschiedener Arten, auch bei Wildformen, tritt manchmal basal ein roter Fleck in der Blattmitte auf. Diese Eigenart ist auch bei der Gemeinen, der Mongolischen sowie der Japanischen Hasel bekannt, wobei bei Letzterer auch Sorten mit diesem Merkmal gezogen wurden. Wie bei der Rotlaubigkeit verlieren sich die roten Punkte im Verlauf der Saison.

Blätter der Sorten 'Quercifolia' (oben) sowie 'Heterophylla'. (Bilder: E. Jablonski).

Jugend und Alter

Während sich die strauchförmigen Haseln durch neue Schösslinge vom Grund her erneuern und man zum Erhalt der Vitalität ältere Stämme entfernen kann, bilden die einstämmig wachsenden Arten eine einheitliche Krone. Diese ist in der Jugend wie bei vielen Gehölzen schmal aufrecht und besonders bei der häufig gepflanzten *C. colurna* geradezu geometrisch kegelförmig. Im Alter bilden Baumhaseln eine breite, weit ausladende Krone. Unter den Strauch-Haseln gibt es Arten, die durch unterirdische Ausläufer einen flächigen Wuchs bilden (wie die Mongolische Hasel *C. heterophylla* s. str.), und solche, die stets aus einer Stamm-Basis austreiben wie die Gemeine Hasel (*C. avellana*). Der Habitus der Strauchhaseln variiert von stark vasenförmig (*C. avellana*) über rundlich (*C. americana*) zu flächig (*C. heterophylla*) bis weit ausladend (*C. sieboldiana*).

Saisonale Aspekte

Die Haseln läuten mit ihrer Blüte gewissermaßen den Frühling ein; die gelben oder im Fall der Türkischen Baumhasel bräunlichen Blütenkätzchen zählen zu den ersten auffälligen Zeichen einer neuen Vegetationsperiode. Die weiblichen Blüten sind bei allen Arten eher unauffällig an Knospen gelegen. Später beim Blattaustrieb kommt auch die Blattfarbe der rot- und gelblaubigen Sorten besonders stark zur Geltung. Ein besonderer Zierwert für die Pflanzung von Gehölzen ist auch stets die Herbstfarbe. Bei der Gemeinen Hasel ist diese oft nur schwach bräunlich-gelb ausgeprägt, erreicht aber an gut besonnten Stellen auch ein eindrückliches Goldgelb, das auf der Süd- oder Sonnenseite meist stärker ausgeprägt ist. Die Baumhasel *C. colurna* weist ein oft etwas zurückhaltendes Gold- bis Zitronengelb als Herbstfarbe auf. Besonders die Amerikanische Hasel *C. americana* ist für ihre zierende rote Herbstfarbe bekannt. Auch einige Hybriden mit der Amerikanischen Hasel behalten die rote Herbstfärbung.

Natürlich erfreuen sich Haselnüsse in Parkanlagen und Gärten auch der Nüsse wegen, die im Herbst gesammelt werden können, großer Beliebtheit. Obschon der Ertrag der meisten Ziersorten viel kleiner ist als jener der Ertragssorten, ist für den Hausgebrauch auch diese Ernte von Interesse. Die schmackhaften, mithilfe eines Steins knackbaren Nüsse sind auch für Kinder in der Umgebung von Spiel- und Parkanlagen ein jahreszeitliches Erlebnis.

Links: *Corylus avellana* 'Aurea' und 'Heterophylla' im Botanischen Garten der Universität Zürich.
Rechts die Sorte 'Quercifolia' sowie darunter die seltene 'Variegata' im Arboretum Ettelbruck, Luxembourg. (Bilder: E. Jablonski)
Unten: *C. heterophylla* im Arnold Arboretum of Harvard sowie *C. avellana* in einem Waldstück in den Glarner Alpen mit roten Flecken im Laub. Beides Wildlinge ohne Sortenbezeichnung.

Oben: Japanische Schnabel-Haseln (*C. sieboldiana*) bilden im Alter einen malerischen, breit ausladenden Wuchs, hier im Arboretum du Vallon de l'Aubonne. Unten: Jugend- und Altersaspekt der Türkischen Baumhasel *C. colurna* ebenda sowie im Alten Botanischen Garten »Zur Katz« in Zürich.

Arten mit speziellem Zierwert

Unter den Haselarten mit speziellem Zierwert ist insbesondere Farges' Baumhasel (*Corylus fargesii*) zu nennen, die mit ihrer zimtartig abfallenden Rinde eine auffällige Ausnahme unter den Haselsträuchern bildet. Sie erinnert mit diesem Merkmal eher an eine Birke, etwa an gewisse Sorten und Unterarten der Himalaja-Birke *Betula utilis* oder an den Zimt-Ahorn *Acer griseum*. Auch die sehr langen, zierenden Blütenkätzchen im Frühling sind eine einzigartige Erscheinung, die sich von den anderen Arten optisch positiv abhebt. Weitere Baumhaselarten sind gestalterisch wegen ihrer Rindentextur interessant. Und die Japanische Schnabel-Hasel (*C. sieboldiana*) ist mit ihrem meist breit aufrechten Wuchs und den fast lanzettlich schmalen Blättern eine einzigartige Erscheinung. Sie wird zwar regelmäßig in botanischen Gärten gepflanzt, hat aber mehr aus botanischem denn gestalterischem Interesse den Weg nach Europa gefunden. Ihre wohlschmeckenden Nüsse sind zudem klein und in mit stechenden Haaren bestückten Hüllen versteckt, sodass es sich nicht wirklich lohnt, die Gehölze wegen ihrer Früchte anzubauen.

Blattzierde

Gleich mehrere der exotischen Haselarten weisen durch ihr schmuckes Blattwerk eine zusätzliche Qualität auf. So ist etwa die Chinesische Baumhasel eine Art mit besonderem Laub. Ihre herzförmig oft lang ausgezogenen Blätter können weit größer als ein Handteller werden und erinnern, je nach Herkunft, ein wenig an Lindenblätter.

Von besonders filigranem Bau sind auch die Blätter der Tibetischen Hasel, die mit ihrer feinen Sägung und Blattaderung an Hainbuchenlaub erinnern. Einzigartig ist auch die Geometrie der Blätter der Yunnan-Haseln, die zusätzlich mit einem oft intensiv roten Austrieb sowie auffällig filziger Behaarung auffallen.

Landschaftselemente

In der mitteleuropäischen Landschaft ist die Gemeine Hasel insbesondere als Teil von Heckenstrukturen sowie an kleinen Bachläufen optisch präsent. Sichtbar wird sie besonders im Vorfrühling während der Haselblüte. Als Begrenzung von Viehweiden oder auch auf Rainen der Ackerbaugebiete bildet die Hasel zusammen mit Weißdornen, Wildrosen, Schwarzdorn oder Brombeerranken wichtige optische Anhaltspunkte, Elemente der Landschaftsgliederung und Wildhabitate.

Besonders in Schottland und Irland sind unter dem Namen »Atlantic hazelwood« noch ganze niedrige Haselwälder vertreten, die durch die Gemeine Hasel gebildet werden. Sie dürften der Vegetation im Boreal Europas ähnlich sehen, sind aber mehrheitlich eine durch die Begrasung und den Kahlschlag geförderte Sekundärvegetation. Auch in einigen Regionen der Südalpen sind

Links: Vorfrühlingsaspekt (Blüte): Gemeine Hasel *Corylus avellana* und darunter Türkische Baumhasel *C. colurna*.
Rechts: Herbstaspekt der beiden Arten.

Links: Gemeine Hasel *Corylus avellana,* Herbstaspekt; Türkische Baumhasel *C. colurna,* Herbstblatt.
Rechts: Herbstliche Blätter der Yunnan-Hasel *C. yunnanensis* und der Mandschurischen Schnabel-Hasel *C. sieboldiana* var. *mandshurica.*

die Haseln noch als ausgedehnte und bestandsbildende niedrige Wälder vertreten.

Haselstauden

Oft trifft man in der Forstliteratur oder umgangssprachlich auf den Begriff der »Haselstaude«. Stauden sind in der gärtnerischen Theorie und Praxis jedes Jahr aus dem Boden schießende Pflanzen, die mehrheitlich unterirdisch als Wurzelstock, Zwiebeln oder Rhizome überwintern. Zu dieser Pflanzengruppe gehören sogenannte Hemikryptophyten oder Geophyten wie viele Gartenblumen, beispielsweise Astern, Tulpen oder Lilien. Die Pflanzengruppe trennt sich ganz spezifisch von den verholzenden Pflanzen ab, den Phanaerophyten, deren Stämme die Winterzeit überdauern und höchstens die Blätter abwerfen. Trotzdem spricht man umgangssprachlich in vielen Regionen von »Haselstauden«, was der gärtnerischen und auch der botanischen Theorie im Grunde widerspricht. Die strauchförmigen Haseln verdanken einen Teil ihrer Attraktivität im Gartenbau ihrer Remontierfähigkeit; ein niedergeschnittener Haselstrauch kann binnen weniger Jahre wieder aus der Basis austreiben. Die groß gewordenen Stämme lassen sich regelmäßig entfernen, um den Busch kleiner zu halten. Diese enorme Widerstandskraft ähnelt der Verwendung einer Staude im Gartenbau.

Haselsammlungen

Für ihre Haselsammlungen sind einige Arboreten und Botanische Gärten bekannt. Eine »National Collection« der Gattung *Corylus* findet sich zum Beispiel in England in den Sir Harold Hillier Gardens. Ebenfalls in England gibt es die alten Sammlungen der Royal Botanic Gardens Kew. Eine interessante Sammlung steht auch im Arboretum du Vallon de l'Aubonne im Schweizer Kanton Waadt. International bedeutend ist die Haselsammlung der Oregon State University in Corvallis, USA, eines der bedeutenden Forschungszentren zur Haselnuss. In den USA ist auch das Arnold Arboretum in Boston von einiger Bedeutung, insbesondere, was die Bestände der sehr selten kultivierten Farges' Baumhasel *C. fargesii* betrifft. Ebenso hat das belgische Arboretum Wespelaar eine beachtliche, artenreiche Sammlung; viele Individuen davon stammen direkt aus den ursprünglichen Verbreitungsgebieten. In den Arboreten Kruchten und Ettelbruck steht zudem eine Sammlung seltener Ziersorten der Gattung. Auch viele andere europäische botanische Gärten haben interessante und vielfältige Haselsammlungen angelegt, generell sind aber Unklarheiten bei den bestimmten Arten zu beachten, wenn es sich nicht nachgewiesen um Pflanzen aus den entsprechenden Urspungsgebieten handelt. Insbesondere *C. ferox* var. *thibetica* ist oft fehlbestimmt, weil hybrides Saatgut unter den botanischen Gärten ausgetauscht wurde. Anhand der im folgenden Porträt-Teil gezeigten Fotografien und Illustrationen lassen sich die kultivierten Formen nachbestimmen.

Rechte Seite: Rindentexturen der Baumhaseln.
Links oben: *C. jacquemontii;* links unten: ein auffälliges Exemplar von *C. chinensis*; rechts oben: *C. fargesii;* rechts unten: *C. colurna.*

Haselsammlung im Arnold-Arboretum, Boston. Links ein Bestand Farges' Baumhaseln, Rechts ein Mischbestand mit Indischer Baumhasel, Guizhou-Hasel und Mongolischer Hasel im Hintergrund.

Nächste Seite: Haselarten mit zierenden Blättern: Links v.o.: Chinesische Baumhasel, Yunnan-Hasel. Rechts v.o.: Tibetische Hasel sowie Mandschurische Schnabel-Hasel.

Artenporträts

Darstellung der Hasel-Arten

Als Basis der Darstellung aller kultivierten Haselnüsse stand das Aufsuchen der Arten, Unterarten, Varietäten und Hybriden in Parkanlagen, botanischen Gärten und Arboreten. Mithilfe von herbarisierten Blättern, Nüssen und Hüllen sowie detaillierten Fotografien erfolgte eine Nachbestimmung, die regelmäßig auch Fehlbestimmungen und Hybridisierung von Parkgehölzen belegte. Zur Bestimmung wurde Literatur aus den Ursprungsgebieten der Arten zugezogen.

Die Systematik der Haselnüsse ist, wie schon mehrfach erwähnt, trotz intensiver morphologischer und auch genetischer Untersuchungen noch immer unzureichend geklärt. Allein für die Gemeine Hasel *C. avellana* werden 85 synonym verwendete botanische Artnamen, für alle Arten werden gar 144 synonym gehandelte Namen angegeben. Demgegenüber stehen 9 bis 17 regelmäßig anerkannte Arten. Selbst immerzu aktualisierte Datenbanken mit Artenlisten stützen sich auf unterschiedliche Quellen und führen andere Arten als anerkannt bzw. Synonym auf.

Manchen Autorinnen und Autoren reichen kleine Unterschiede, um eine eigene Art zu akzeptieren, in anderen Quellen kommt auch größeren morphologischen Unterschieden nur die Stellung einer Unterart oder Varietät zu. Manche Art wurde in Unkenntnis eines früheren Fundes mehrfach von verschiedenen Autoren erstbeschrieben. Einige wenige Arten oder Formen sind zudem derart selten, dass sie nie mit neueren Methoden untersucht werden konnten. Regelmäßig werden Artnamen und Beschreibungen auch einfach aus anerkannten Quellen übernommen, ohne die morphologischen oder genetischen Unterschiede selbst untersucht zu haben.

An dieser Stelle bleibt darum auch angemerkt, dass sich der Artbegriff mit der wissenschaftlichen Entwicklung in den letzten Jahrhunderten und Jahrzehnten maßgeblich verändert hat. Während viele Arten anhand von Herbarbelegen fernab ihres Ursprungsgebiets erstbeschrieben wurden, ist in anderen Schriften die erfolgreiche Kreuzbarkeit zweier Individuen ausschlaggebend dafür, ob sie einer oder mehreren Arten angehören. Eine Definition, die bei den meisten Lebewesen nie experimentell geprüft wurde, und gerade bei den Haseln nicht ausschlaggebend ist. So wurden in der Praxis mehrheitlich morphologische und schließlich genetische »Grenzen« zwischen den Arten de-

Teil der für das Buchprojekt angelegten Nusssammlung.

finiert. Hier aufgeführt sind die morphologisch unterscheidbaren Haseln, die tatsächlich kultiviert werden und damit zugänglich für eine Darstellung sind.

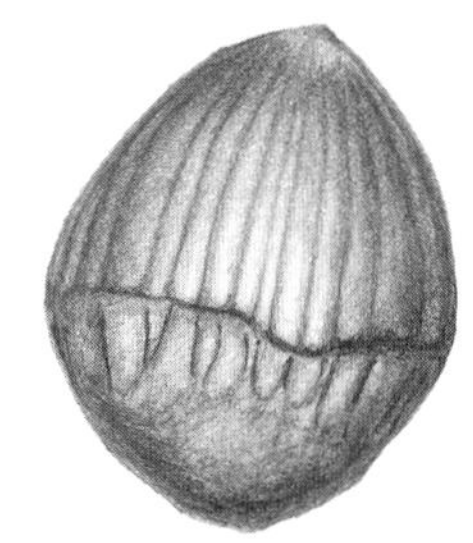

Illustration der Nuss einer Türkischen Baumhasel.

Weil die Haseln fast alle kreuzbar sind, sich in einer Mischpflanzung also gegenseitig bestäuben können, sind es hier geografische und phänologische Grenzen, die eine Diversität innerhalb der Gattung entstehen ließ, die sich erhalten hat.

Gerade beim europäisch-vorderasiatischen Formenreichtum-Komplex um die Gemeine Hasel (*C. avellana*), die Lambertsnuss (*C. maxima*) sowie die Kolchische Hasel (*C. colchica*) und die Pontische Hasel (*C. pontica*) könnte schon seit sehr langem Zeitraum auch die menschliche Zucht und Auslese bei der Bildung und Vermischung dieser Formen eine Rolle gespielt haben. Potenziell beschreiben einige dieser Taxa auch seit Anbeginn Kulturformen. Während *C. avellana* und *C. maxima* in der europäischen Geschichte eine sehr unterschiedliche Rolle einnehmen, sind sie genetisch trotz geografisch unterschiedlicher Herkunft aber sehr ähnlich. Darum werden sie wie auch die zwei weiteren Formen der Gruppe gerne alle zusammen unter einem Artnamen geführt. Die Unklarheiten in der Artdefinition wird auch diese Schrift nicht klären können, und darum sind die Gehölze hier unter den gängigen Namen vorgestellt, und wo diese umstritten sind, mit entsprechenden Synonymen ergänzt. Anmerkungen in den Artporträts oder Sektionsbeschreibungen führen die Überlegungen zum Status der Taxa genauer vor.

Die Wahl der Arten

Die Wahl der im folgenden Kapitel dargestellten Arten orientiert sich daher auch an tatsächlich vorhandenen, in Parkanlagen gepflanzten Gehölzen, und andererseits einer möglichst breit auf die neueste Literatur abgestützte Systematik. Es wird in den Porträts darauf verwiesen, dass gewisse Formen in der Literatur nicht einheitlich anerkannt sind oder auch andere Namen geläufig sind, um die Form zu beschreiben. Die folgende Einteilung in Unterkapitel stellt dabei jeweils eigene Sektionen bzw. Untersektionen zusammen vor. Einige wenige Formen mit unsicherem Artstatus aus Ost- und Westasien fehlen derzeit in Kultur oder sind nur von Herbarbelegen bekannt. Ihnen wird aufgrund fehlender Belege kein Kapitel gewidmet, sie werden nur textlich erwähnt.

Alle Arten sind mit Bildern der typischen, einfach zu erkennenden Merkmale sowie mit Texten, die sich an der Ursprungsliteratur und an Bestimmungsschlüsseln orientieren, dargestellt. Die Abbildungen von Nüssen, Blättern und Früchten mit Hüllblättern sollen dabei ermöglichen, einfach abzugleichen, welche Art man vor sich hat. Dabei wurden jeweils getrocknete und gepresste Blätter sowie trockene Fruchtstände verwendet. Obwohl die jeweils abgebildeten Individuen eine »typische« Morphologie für die porträtierte Art darstellen, ist die Variabilität innerhalb der Arten oftmals vergleichsweise groß, es können also Abweichungen vom dargestellten Individuum vorkommen. Bei den Laubblättern ist darauf zu achten, dass fast alle Arten neben dem arttypischen abgebildeten Blattwerk auch kleine, meist dem Fruchtstand angegliederte Blättchen bilden, die in ihrem Umriss stark von der arttypischen Form abweichen können und an deren sich eine Art, Varietät oder Unterart oft nicht bestimmen lässt.

Botanische und umgangssprachliche Namen

Zur Beschreibung jedes Porträts habe ich die gültigen botanischen Namen anhand neuer Publikationen gewählt. Weil diese Namen sich über die Zeit verändert haben und bezüglich der Artabgrenzung vielfach Unsicherheiten bestehen, sind stets auch eine Reihe synonymer latinisierter Namen aufgeführt. Für alle Arten wird auch ein umgangssprachlicher Name angegeben. Diese deutschen Namen, sowie, wo vorhanden, Namen in anderen Sprachen, wurden im Gegensatz zur botanischen Nomenklatur nie vereinheitlicht. In wissenschaftlichen Publikationen werden deshalb oft keine deutschen Artnamen verwendet, um Verwechslungen zu umgehen. Um das Buch für botanisch interessierte Laien zugänglich zu halten, habe ich für jede Art die gängigen deutschen Namen angegeben. In einigen Fällen habe ich allerdings nicht die häufigsten umgangssprachlichen Namen wählen können; so wird etwa *Corylus colurna* meistens einfach »Baumhasel« genannt, weil die drei anderen Baumhaseln sehr selten gepflanzt werden und in der Literatur oft fehlen. Weil hier aber alle vier Arten unterschieden werden müssen, bin ich auf den weniger häufig verwendeten Namen »Türkische Baumhasel« ausgewichen. Einige Arten und Hybriden besitzen in der deutschen Sprache noch keinen Namen, weshalb ich in diesen Fällen auf Handelsbezeichnungen der Ursprungsregion oder eingedeutschte botanische oder englische Bezeichnungen zurückgreifen musste. So gibt es etwa für *Corylus fargesii* keine deutsche Bezeichnung; weil die Pflanze aber nach dem französischen Botaniker Paul Guillaume Farges benannt wurde, nenne ich sie hier »Farges' Baumhasel«. Generell verwende ich zudem Bezeichnungen, die auf die Sektion oder Subsektion Rückschlüsse erlauben; so Farges' Baumhasel, weil sie aus der Subsektion der Baumhaseln stammt, und Mandschurische Schnabel-Hasel, weil sie damit der entsprechenden Sektion der Schnabel-Haseln zugeordnet werden kann.

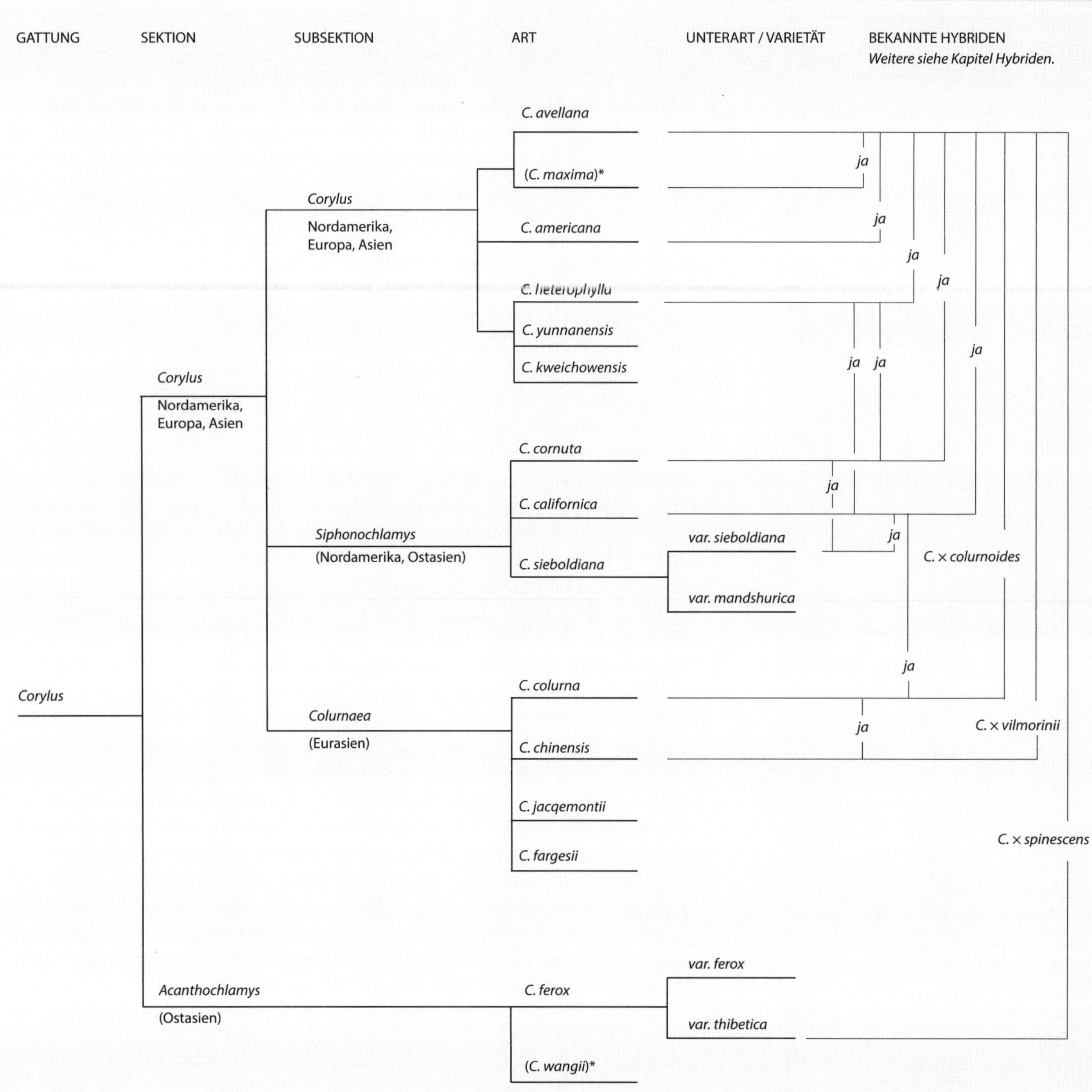

Systematische Übersicht.

Haselnüsse: Gattung *Corylus* (**fett** = Arten mit eigenem Porträt)

Sektion *Corylus*
(Nordamerika, Europa bis Ostasien, 9–18 Arten)

Untersektion *Corylus*
(Asien, Nordamerika, Europa, 3–10 Arten)
Corylus avellana L.
Corylus maxima* Mill.
Corylus avellana var. *pontica* * (K. Koch.) H.J.P. Winkl.
*Corylus colchica** Albov
Corylus americana Marshall
Corylus heterophylla Fisch. ex Trautv.
Corylus kweichowensis Hu (= *C. heterophylla* var. *sutchuenensis*)
Corylus yunnanensis (Franch.) A. Camus (= *C. heterophylla* var. *yunnanensis*)
* oft in den Artenkomplex von *C. avellana* gestellt

Untersektion *Colurnaea*
(Osteuropa bis Ostasien 4 Arten)
Corylus colurna L.
Corylus chinensis Franch.
Corylus jacquemontii Decne.
Corylus fargesii (Franch.) C. K. Schneid.

Untersektion *Siphonochlamys*
(Nordamerika, Ostasien, 2–4 Arten)
Corylus cornuta Marshall
Corylus califonica (A. DC.) A. Heller (= *C. cornuta* subsp. *californica*)
Corylus sieboldiana Blume
Corylus sieboldiana* var. *mandshurica (Maxim.) C. K. Schneid. (= *C. mandshurica*)

Sektion *Acanthochlamys*
(Nordamerika, Europa bis Ostasien, 1–3 Arten)

Corylus ferox Wall.
Corylus ferox* var. *thibetica (Batalin) Franch. (= ***C. tibetica***)
Corylus wangii Hu (Zuteilung zur Sektion umstritten)

Bekannte Hybriden

Corylus* x *colurnoides C. K. Schneid.
Corylus* x *vilmorinii Rehder
Corylus* x *spinescens Rehder
Corylus americana* x *C. avellana
Corylus maxima* x *C. avellana
Corylus sieboldiana x *C. avellana*
Corylus californica x *C. avellana*
(Diverse weitere kreuzbare Arten siehe Kapitel »Interspezifische Hasel-Hybriden«.)

Systematische Übersicht, Nüsse vergrößert:

Strauch-Haseln mit blattartigen Hüllblättern

Gemeine Hasel
(*Corylus avellana*).

Amerikanische Hasel
(*Corylus americana*).

Lamberts-Hasel
(*Corylus maxima;* heute oft zu *C. avellana* gerechnet).

Mongolische Hasel
(*Corylus heterophylla* s. str.).

Yunnan-Hasel
(*Corylus yunnanensis*).

Guizhou-Hasel
(*Corylus kweichowensis;* = *Corylus heterophylla* subsp. *sutchuenensis*).

Baumhaseln

Türkische Baumhasel
(*Corylus colurna*).

Indische Baumhasel
(*Corylus jacquemontii*).

Farges' Baumhasel
Corylus fargesii).

Chinesische Baumhasel
(*Corylus chinensis*).

Systematische Übersicht, Nüsse vergrößert:

Schnabel-Haseln und Tibetische Hasel

Amerikanische Schnabel-Hasel
(*Corylus cornuta*).

Kalifornische Schnabel-Hasel
(*Corylus californica*).

Japanische Schnabel-Hasel
(*Corylus sieboldiana* s.str).

Mandschurische Hasel
(*Corylus sieboldiana* var. *mandshurica*).

Tibetische Hasel
(*Corylus ferox* var. *thibetica*).

Hasel-Hybriden

Trazel-Hybrid-Hasel
(*Corylus* x *colurnoides;*
= *Corylus colurna* x *C. avellana*).

Ping'ou Hybrid-Hasel
(*Corylus avellana* x *C. heterophylla*).

Vilmorin Hybrid-Hasel
(*Corylus* x *vilmornii;*
= *Corylus chinensis* x *C. avellana*).

Spinescens-Hybrid-Hasel
(*Corylus* x *spinescens;*
= *Corylus ferox* var. *thibetica* x *C. avellana*).

Amerikanische Hybrid-Hasel
(*Corylus americana* x *C. avellana*).

Hybrid-Hasel
(*Corylus californica* x *C. avellana*).

Haseln mit blattartigen Hüllblättern

Sektion *Corylus* und Subsektion *Corylus*

Die Sektion *Corylus* ist auf der ganzen Nordhemisphäre in Nordamerika, Europa bis nach Ostasien verbreitet, ihr unterstehen neben der hier behandelten Untersektion *Corylus* auch die Schnabel-Haseln und Baumhaseln, deren Verbreitungsgebiete in der unten gezeigten Karte ebenfalls dargestellt sind.

Die hier detailliert behandelte Subsektion *Corylus* zeigt die weiteste Verbreitung über die gesamte Nordhemisphäre. Sie wird durch drei Hauptarten gebildet, die jeweils in Nordamerika, Europa und Ostasien angesiedelt sind. Alle haben ein weite Verbreitung und weisen eine relativ große Variabilität auf. Diese Arten tragen um die Nuss herum blattartige Hüllblätter, die offen die Nuss preisgeben oder diese komplett umschließen. Zudem wachsen sie alle strauchförmig und erneuern sich abhängig von der Art aus einer Stammbasis oder bilden durch Ausläufer einen flächigen Wuchs.

Heutiges Verbreitungsgebiet der Sektion *Corylus*.

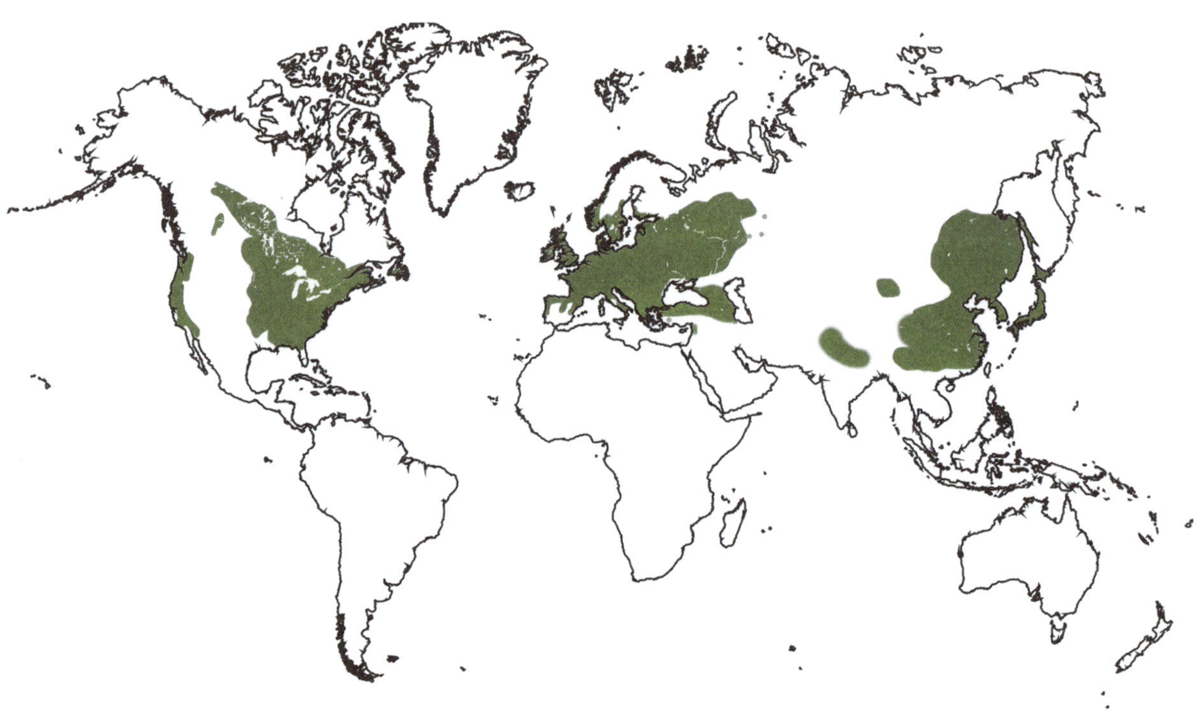

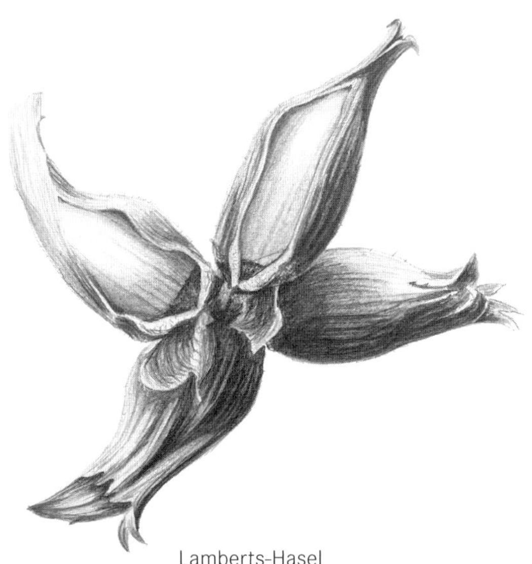

Lamberts-Hasel
(*Corylus maxima*,
heute oft als Varietät von *C. avellana*).

Gemeine Hasel
(*Corylus avellana*).

Yunnan-Hasel
(*Corylus yunnanensis*).

(*Corylus americana*).

Mongolische Hasel
(*Corylus heterophylla*).

Guizhou-Hasel
(*Corylus kweichowensis*).

Illustrationen von Fruchständen mit Nüssen der Subsektion *Corylus*, nicht maßstäblich.

Neben dem Artenkomplex um die europäische Gemeine Hasel (*C. avellana*, 1–4 Arten) gibt es den Artenkomplex um die Mongolische Hasel (*C. heterophylla*, 1–6 Arten) aus Ostasien und den um die Amerikanische Hasel (*C. americana*, meist 1 Art). Während die Amerikanische Hasel heute als eine einzige, relativ vielgestaltige Art angesehen wird, ist die Artenzahl bei den beiden anderen Artkomplexen heute noch umstritten.

Besonders die Artgrenzen der vielgestaltigen, strauchigen europäisch-westasiatischen Haseln sind, wie schon verschiedentlich erwähnt, umstritten. Darum wird heute die Gemeine Hasel oft als heterogener sorten- und formenreicher Artkomplex behandelt. Deutlich wurde die Unterteilung insbesondere kritisiert, nachdem in internationalen Sortensammlungen in den letzten Jahrzehnten festgestellt wurde, dass bisherige Artmerkmale wie die Länge der die Nuss umschließenden Hüllblätter unter den Kultursorten ein weit größeres Spektrum abbilden, als man sie jeweils aus geografisch isolierten Populationen kennt. Auch der fast durchgehende Erfolg beim Kreuzen dieser Haseln hat die These gestärkt, es handle sich bei allen europäisch-westasiatischen Strauchhaseln um eine einzige, vielgestaltige Art.

In den Porträts wird neben der Gemeinen Hasel auch die Lamberts-Hasel (*C. maxima*) aus dem südöstlichen Verbreitungsgebiet dargestellt. Diese Unterteilung des Artenkomplexes wird von einigen neueren Studien nicht mehr gestützt. Weil die Lamberts-Hasel aber in diversen Artenlisten noch anerkannt ist, sowie aufgrund der großen morphologischen und historischen Unter-

Heutiges Verbreitungsgebiet der Subsektion *Corylus*.

schiede, lohnt es sich trotzdem, auf die Form genauer einzugehen. Als grobes Merkmal gilt (ganz unabhängig davon, ob man diesem Artstatus zurechnen mag oder nicht): Wildformen aus dem westlichen, zentralen und nördlichen Europa weisen kurze Hüllblätter rund um die Nüsse auf, südosteuropäische und westasiatische meist lange, die Nuss komplett umschließende.

Nun gibt es Unterschiede zwischen den Individuen der Gemeinen Haselnuss, die in fast allen nord- und mitteleuropäischen Beständen vorkommen, wie etwa das Ausbilden von rundlichen, ovalen oder länglichen Nüssen. Diese Unterschiede wurden in der Vergangenheit (etwa in paläontologischen Untersuchungen oder alten Pomologien) auch als potenzielle Art- oder Varietäts-Grenzen gesehen. Die Nussform kann in diesem Fall keine Artgrenze sein, weil sie nicht auf isolierte Populationen beschränkt ist: In natürlichen Haselpopulationen der Alpen beispielsweise kommen Nussformen fast in beliebiger Variation vor. Die Länge und Ausgestaltung der Hüllblätter unterscheiden west- und südosteuropäische Populationen jedoch markant. Es ist wahrscheinlich, dass die Entstehung dieser Merkmale weiter zurückgeht, vermutlich sind die Formen aus unterschiedlichen Eiszeitrelikten hervorgegangen. Weil diese Merkmale geografisch isoliert vorkommen, wurde den Formen Art- oder Varietätsstatus zugerechnet. Am häufigsten werden von der Gemeinen Hasel die Lamberts-Hasel und die Pontische Nuss abgetrennt, die jeweils aus einem spezifischen Verbreitungsgebiet stammen. Und von denen individuell in verschiedenen Zentren der Kultivierung Sorten mit handelbaren Nüssen gezüchtet wurden.

Es folgte ein Zusammentreffen der Haselpopulationen, zuerst infolge der natürlichen Ausbreitung der Hasel in ihrem nacheiszeitlichen Verbreitungsgebiet, dann durch die menschliche Kultur und Anpflanzung. Als Windbestäuber dürften auch mitteleuropäische Wild-Haseln in Siedlungsnähe seit einigen hundert Jahren in unterschiedlichem Maße von Pollen der Kulturhaseln beeinflusst sein.

Neuere genetische Studien mit der Lamberts-Hasel, mit Sorten aus dem Pontischen Gebirge und mit Gemeinen Haseln aus dem Westen Europas belegen die enge Verwandtschaft der Kultursorten. Sie legen zudem nahe, dass ein Teil der genetischen Ähnlichkeit auf die Vermischung durch die jahrhundertelange Kultur zurückzuführen ist. Dies stellt die botanische Haselforschung vor ähnliche Probleme wie die Forschung bei vielen kultivierten Obstarten: Natürliche Verbreitungs- und Kulturgeschichte lassen sich schwer auseinanderhalten.

Spannend wäre es demnach, möglichst ursprüngliche, von der Kultur nicht tangierte Haselpopulationen der verschiedenen Formen genetisch untersucht zu sehen.

Hier nicht in eigenen Porträts dargestellt werden die Pontische Hasel (*C. pontica* beziehungsweise *C. avellana* var. *pontica*) von der südlichen Schwarzmeerküste sowie die Kaukasische/Kolchische Hasel (*C. colchica*) von der nördlichen Schwarzmeerküste. Sie werden in den offiziellen Artenlisten noch regelmäßig als akzeptierte Taxa geführt, in neueren wissenschaftlichen Arbeiten aber auch oft abgelehnt oder einfach nicht erwähnt.

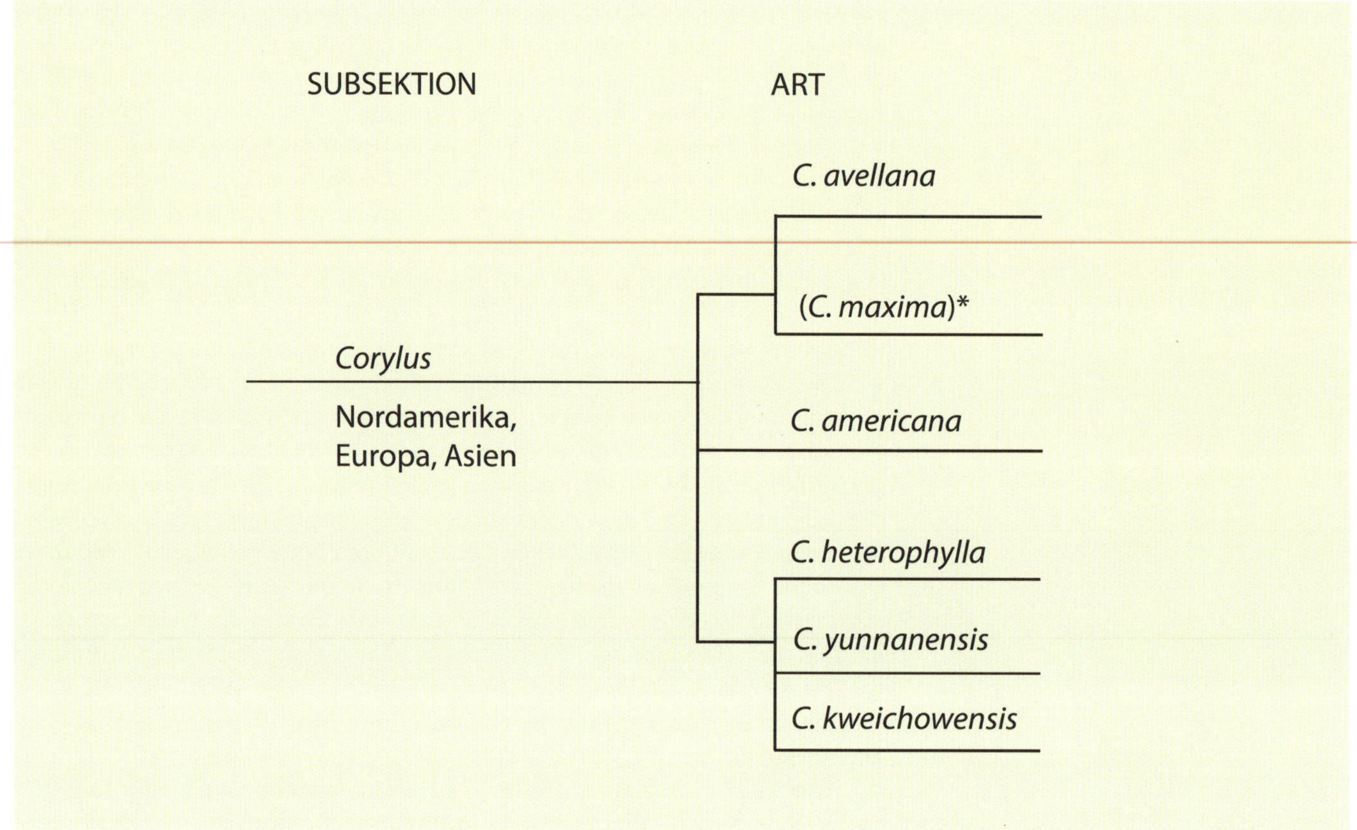

Die Subsektion und ihre porträtierten Arten.

* Artstatus umstritten

Das Taxon der Pontischen Hasel wird heute noch beharrlich für die Kulturformen des Schwarmeergebiets verwendet. Ob diese Haseln auch (noch) als Wildform vo.rkommen, ist unklar, denn schon ihre Erstbeschreibung dürfte anhand einer Kulturform stattgefunden haben, ähnlich wie bei der Lamberts-Hasel. Während bei der Gemeinen Hasel, wie erwähnt, die Nussform kein Artmerkmal ist, werden in älteren Quellen für *C. maxima* die längliche und für *C. pontica* die rundliche Nuss als wichtiges Art- und Unterscheidungsmerkmal geführt. Früchte der pontischen Haselsorten sind auch durch ihre stark geaderten Hüllblätter klar von den wesentlich flacheren, zum Ende hin mehr geschlossenen Hüllen der Lambertsnüsse zu unterscheiden.

Die Kolchische Hasel *C. colchica* ist nur von wenigen Standorten in Armenien und Georgien bekannt und wächst als Wildart auf Kalkfelsen in hohen Lagen des Kaukasus. Auch sie weist eine lange, die Nuss umschließende Hülle auf. Ob diesen Populationen wirklich ein eigener Artname zusteht, bleibt ebenfalls umstritten. Weil auch das kolchische Gebirge eine alte Haselbau-Kultur aufweist, sind zudem züchterische Einflüsse hier nicht auszuschließen. Auf der Roten Liste der Birkengewächse ist die Kolchische Hasel aber aufgrund der wenigen Sichtungen als gefährdetste Haselart geführt.

Die ostasiatischen Populationen werden heute meist in drei Arten unterteilt. Von der weitverbreiteten Verschiedenblättrigen oder Mongolischen Hasel (*C. heterophylla*) wird die Yunnan-Hasel (*C. yunnanensis*) sowie die Guizhou-Hasel (*C. kweichowensis*; auch oft unter dem Namen Sichuan-Hasel, *C. heterophylla* subsp. *sutchuenensis*) abgetrennt. Während die Mongolische Hasel die nördlichen Bestände im Verbreitungsgebiet bildet, ist die Yunnan-Hasel im Süden auf oft trockeneren Standorten bis in subtropisches Gebiet verbreitet. In Schluchten und auf feuchteren Böden im Süden des Verbreitungsgebiets kommt die Guizhou-Hasel vor. Weil die letzteren zwei Arten erst seit neuerer Zeit verbreitet als eigene Arten anerkannt sind, sind manche Mongolische Haseln in Parkanlagen vielleicht den Letzteren zuzuteilen.

Zwischen den letzteren beiden Arten liegen zudem die endemischen, wohl nicht außerhalb Chinas kultivierten *C. wulingensis* sowie *C. potaninii*. Beide Taxa werden in manchen Schriften als eigene Arten anerkannt, in anderen jedoch als Synonyme geführt oder fehlen komplett, so auch in der *Flora of China*. Aufgrund fehlender einsehbarer Pflanzungen in botanischen Gärten, Abbildungen, einsehbarer Herbarbelege oder genetischer Studien lässt sich derzeit nicht schlüssig eruieren, welchen taxonomischen Rang diesen Namen zukommen soll. Es ist bekannt, dass die Haseln dieser Subsektion in China an ihren Verbreitungsgrenzen intergradieren (sich vermischen); vielleicht können diese Formen so erklärt werden.

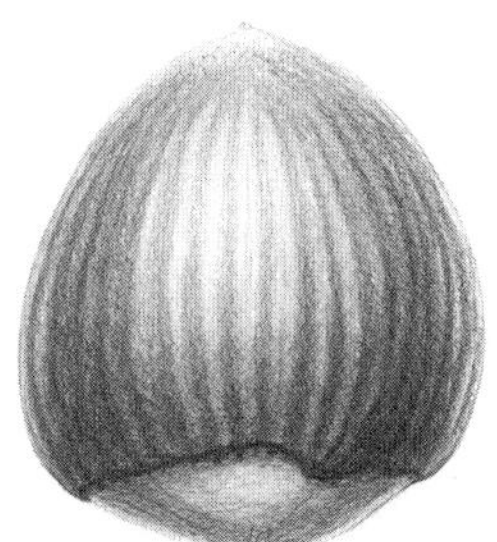

Gemeine Hasel (Kultivar), *Corylus avellana*.

Lamberts-Hasel, *Corylus maxima*.

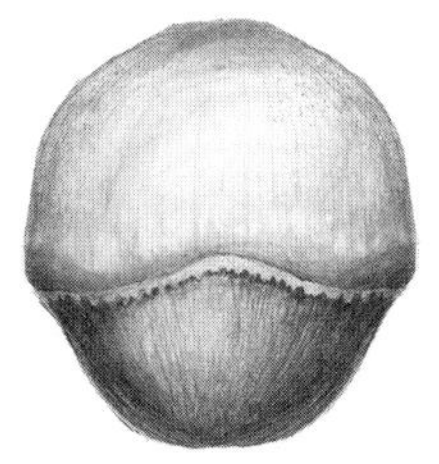

Amerikanische Hasel, *Corylus americana*.

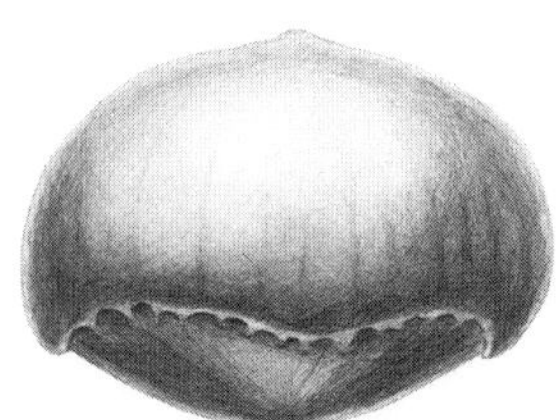

Mongolische Hasel, *Corylus heterophylla*.

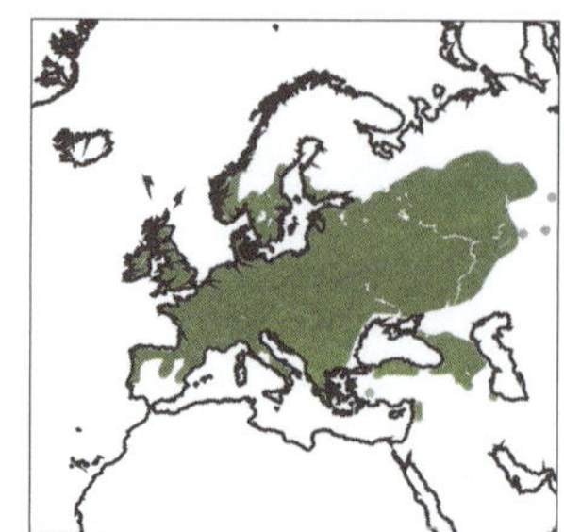

Gemeine Hasel

Corylus avellana L.

Sektion *Corylus*, Subsektion *Corylus*
Syn.: *Corylus alba* Aiton ex Steud., *Corylus grandis* Aiton u. a.
D: Gemeine Hasel, Haselstrauch, Waldhasel
E: Common hazel, Cobnut, European hazel (USA), Filbert
F: Noisetier commun

Verbreitung

Europa bis nach Vorderasien und im Westen Russlands. Inzwischen vielerorts außerhalb des Areals kultiviert und verwildert. Entlang von Gewässern, an Waldrändern, in Hecken, an Bergflanken.

Wuchs

Großstrauch, bis etwa 8 Meter, vielstämmig aus einer Basis treibend, daher solitär oft in einer ausgeprägten Vasenform. Kann in Kultur auch einstämmig gezogen werden.

Blätter

Doppelt gesägte, rundlich bis spatelförmige Blätter, bis etwa 13 cm lang. Blattstiel und junge Triebe meist stark behaart, oft rötlich. Selten als rotlaubige Sorte gezogen. Winterknospen grün oder rötlich.

Früchte

Nüsse meist in zwei bis zur Basis geteilten, am Ende zerschlitzen Hüllblättern, die kürzer bis wenig länger als die Nuss sind und bei Reife die Nuss nicht komplett umschließen. Früchte fallen meist bei Reife aus den Fruchtbechern. Nuss vielgestaltig, kugelig bis länglich, Narbe (Hilum) relativ klein.

Angepflanzt

Einzige Wildart in Mittel-, West- und Nordeuropa, fast überall häufig. An Waldrändern, in Hecken, in Gärten. Bis in hohe Lagen. Gleichzeitig wichtigste Kulturart mit einigen Ziersorten und vielen Ertragssorten.

Hinweis

Fast alle Ertrags- und viele Ziersorten stammen von der Gemeinen Hasel. Wildarten aus Mitteleuropa zeichnen sich durch kurze Hüllblätter aus; zu Formen mit langen Hüllblättern, siehe Einführungsteil zur Sektion.

Haselfrüchte der Wildform im Hochsommer.

Männliche Blütenkätzchen, rechts eine rotlaubige Sorte.

Blatt kurz nach dem Austrieb.

Rindentextur eines Stämmchens.

Nuss, Kern, Querschnitt, Schalenhälfte von verschiedenen Büschen (Originalgröße).

Habitus mehrerer Haseln.

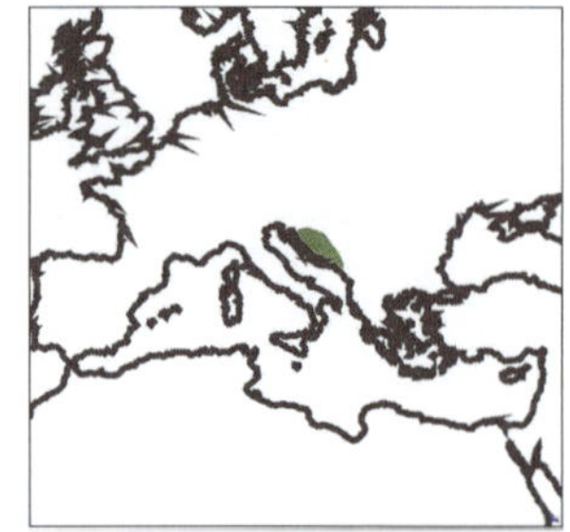

Lamberts-Hasel

Corylus maxima **Mill.**

Sektion *Corylus*, Subsektion *Corylus*
Wird heute oft zur Art *C. avellana* gezählt.
Syn.: *C. tubulosa* Willd., *Corylus sativa* Poit. & Turpin
D: Bluthasel ('Purpurea' = 'Atropurpurea'), Ruhrnuss, Riesenhasel, Lambertsnuss
E: Filbert
F: Noisetier de Lambert

Verbreitung

Ursprungsregion Südosteuropa, Balkan; historisch wurde die Lombardei vermutet (deshalb Lambert-). Verwildert aus Kultur in Teilen Europas. Das Verbreitungsgebiet der lange kultivierten Form ist stark durch den Menschen beinflusst, rezente Wildpopulationen sind wohl keine bekannt.

Wuchs

Mehrstämmiger, vasenförmiger Großstrauch, der sich aus der Basis erneuert. Bis 7 oder 9 Meter hoch.

Blätter

Wie bei *C. avellana*, breitoval bis spatelförmig meist etwas schmaler, Blattrand meist weniger stark doppelt gesägt als bei dieser.

Früchte

Hüllblätter verwachsen einteilig, lang, die Nuss weit überragend. Nicht grob geadert und zur Spitze hin geschlossen. Meist in Fruchtständen zu mehreren. Spaltet sich manchmal bei Reife, vorher aber rundum verwachsen. Nuss länglich. Nuss löst sich nur sehr selten am Baum aus der Hülle. Kulturhybriden mit *C. avellana* weisen intermediären Charakter auf.

Angepflanzt

Regelmäßig und häufig gepflanzte Art in Mitteleuropa, oft in der rotlaubigen Form, die auch »Bluthasel, *C. maxima* 'Purpurea'« genannt wird.

Anmerkung

Die Lamberts-Hasel zählt zu den umstrittensten Taxa der Gattung. Heute wird sie vermehrt als Varietät oder Kultivar der Gemeinen Hasel *C. avellana* gezählt. Optisch lässt sich die Form von den Wildhaseln und vielen Kultursorten abgrenzen, nördlich der Alpen ist sie als Zier- und Medizinalpflanze eingeführt worden.

Blatt; meist schwächer doppelt gesägt als *C. avellana*.

Rindentextur.

Habitus vielstämmiger Strauch.

Nuss: Seiten- und Unteransicht; Kern (Originalgröße).

Fruchtstand der rotlaubigen Sorte (Bluthasel) 'Purpurea'.

Männliche Blütenkätzchen der Sorte 'Purpurea'.

Frucht komplett von der Hülle umschlossen.

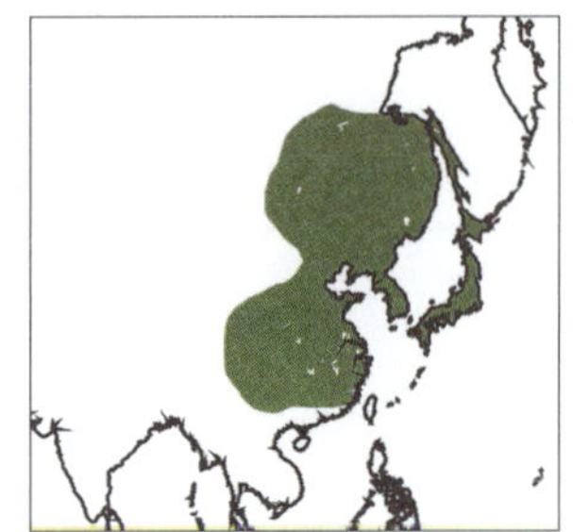

Mongolische Hasel

Corylus heterophylla s. str. Fisch. ex. Trautv.

Sektion *Corylus*, Subsektion *Corylus*
Syn.: *Corylus mongolica* K. Koch, *Corylus hasibani* Siebold
Chin.: zhen, Ping-hazel
Korean.: Gae-am-na-mu
D: Verschiedenblättrige Hasel
E: Asian hazel, Siberian hazelnut
F: Noisetier d'Asie

Verbreitung

Osten Chinas, Korea, Japan, Südosten Russlands. Die Karte zeigt den gesamten *C. heterophylla*-Komplex, diese Art bildet die nördlichsten Populationen.

Wuchs

Mehrstämmiger Strauch, klein bleibend oder bis 7 Meter hoch. Breitet sich durch Ausläufer aus; die Stämmchen schießen nur selten aus einer gemeinsamen Basis. Bildet dadurch oft flächige Bestände.

Blätter

Doppelt gesägt, 6–12 cm lang, spatelförmig bis verkehrt herzförmig, oft breiter als lang. Oft zur Spitze hin eingebuchtet und diese abgesetzt, variabel; oft finden sich am gleichen Gehölz Blätter ohne diese Einbuchtung. Nicht dicht filzig behaart wie *C. yunnanensis*.

Früchte

Nuss rundlich, oft breiter als hoch, vergleichsweise dickschalig. Narbe der Hüllblätter (Hilum) flach oder nach innen gebuchtet, von unten gesehen oft mit Verengung in der Mitte (»Sanduhr-Form«). Die meist zu einem Stück verwachsenen Hüllblätter umschließen vor der Reife die Nuss komplett und sind oft deutlich länger als diese. Sie schlagen sich meist bei Reife zurück und geben die Nuss frei.

Angepflanzt

In botanischen Gärten, zum Beispiel im Arnold-Arboretum, Boston, Royal Botanic Garden, Edinburgh. Teilweise werden Hybriden mit der Gemeinen Hasel in europäischen Parkanlagen unter diesem Taxon geführt. (Siehe Portrait zu den Hasel-Hybriden.)

Anmerkung

Nicht zu verwechseln mit der gleichnamigen, häufiger kultivierten Ziersorte der Gemeinen Hasel *C. avellana* 'Heterophylla'; Bilder dazu im Kapitel zur Landschaftsarchitektur.

Habitus vielstämmiger Busch im Arnold-Arboretum, Boston.

Detail: Rindentextur mit Lentizellen.

Blattwerk.

Dichter, flächiger Wuchs, unterirdische Ausläufer.

Nuss, Kern: Querschnitt und Schalenhälfte (Originalgröße).

Frucht. (Bild: Richard Moore)

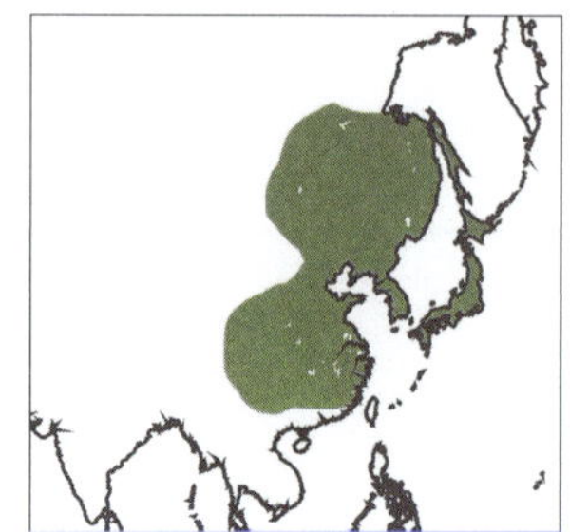

Yunnan-Hasel

Corylus yunnanensis (Franch.) A. Camus

Sektion *Corylus*, Subsektion *Corylus*
Syn.: *Corylus heterophylla* Fischer var. *yunnanensis* Franchet
Chin.: dian zhen
E: Yunnan hazel
F: Noisetier de Yunnan

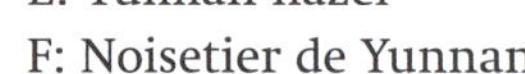

Verbreitung

China, Provinz Yunnan. Die Karte zeigt den gesamten *C. heterophylla*-Komplex. Die Yunnan-Hasel bildet die Bestände in den trockensten bis subtropischen Regionen des Gebiets.

Wuchs

Mehrstämmiger Strauch, bis etwa 5 Meter. Junge Triebe sehr dicht behaart. Dieses Merkmal unterscheidet die Art von anderen chinesischen Haseln. Bildet keine Ausläufer.

Blätter

Breitoval bis eiförmig, doppelt gesägt. Meist mit abgesetzter, ausgezogener Spitze, etwas herzförmig erscheinend. 4–12 cm lang, ledrig und besonders unterseits dicht filzig behaart, dadurch besserer Schutz vor Verdunstung.

Früchte

Zu wenigen. Nuss etwa so breit wie hoch, dicht filzig behaart. Narbe der Hüllblätter (Hilum) rundlich, flach, meist etwas nach innen versenkt. Die meist zu einem Stück verwachsenen Hüllblätter umfassen die Nuss komplett und sind etwa so lang wie diese oder etwas länger. Die Hüllblätter besonders zum Grund stark drüsig behaart.

Angepflanzt

In botanischen Gärten, zum Beispiel Sir Harold Hillier Gardens, Yorkshire Arboretum, Großbritannien; Jardin Botanique, Genf.

Anmerkung

Wurde auch als Varietät von *C. heterophylla* beschrieben und unterscheidet sich von dieser besonders in der Blattmorphologie. Im Gegensatz zu Letzterer ist die Yunnan Hasel wärmeliebend und bis ins subtropische Klima verbreitet. Morphologisch intermediär zwischen dieser und der nächstgenannten *C. kweichowensis* liegen *C. wulingensis* und *C. potaninii*, die aber nicht durchgehend anerkannt werden.

Kätzchen im Winter, vor dem Aufblühen.

Habitus in den Sir Harold Hillier Gardens, Großbritannien.

Blatt ledrig, stark behaart.

Rindentextur.

Flaumige Behaarung auf der Blattunterseite.

Nuss: Seiten- und Unteransicht (Originalgröße).

Frucht.

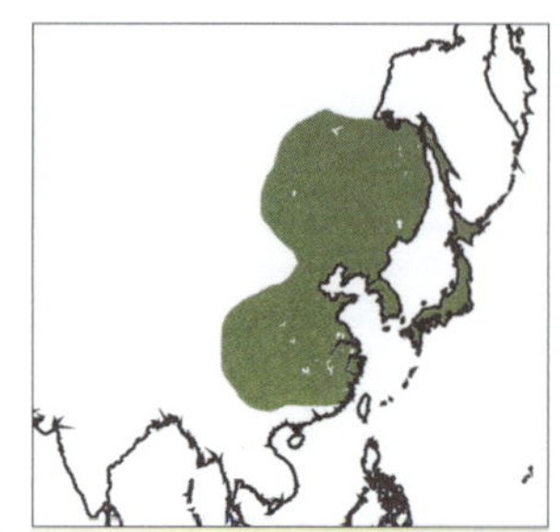

Guizhou-Hasel

***Corylus kweichowensis* Hu**

Sektion *Corylus*, Subsektion *Corylus*
Syn.: Sichuan-Hasel, *Corylus heterophylla* var. *sutchuenensis* Franch;
Corylus heterophylla var. *cristagallii* Burkill.; *Corylus sutchuensis* (Franch.) Nakai
Chin.: chuan zhen
E: Sichuan hazel, Guizhou hazel
F: Noisetier de Guizhou

Verbreitung

Bildet Dickichte an Berghängen in China: Anhui, Gansu, Guizhou, Henan, Hubei, Hunan, Jiangsu, Jiangxi, Shaanxi, Shandong, Sichuan, Zhejiang. Die Karte zeigt den gesamten *C. heterophylla*-Komplex, diese Art bildet die Populationen warm-feuchter Habitate im Gebiet.

Wuchs

Mehrstämmiger Strauch, bis 7 Meter hoch, meist niedriger bleibend. Bildet im Gegensatz zur Mongolischen Hasel *C. heterophylla* keine Ausläufer und treibt vasenförmig aus einer Stammbasis.

Blätter

Oval bis spatelförmig, doppelt gesägt. Blätter stets länger als breit, 6–12 cm lang; keine komplett abgesetzte Spitze und keine filzig dichte Behaarung.

Früchte

Früchte zu wenigen, mit blattartigen, kammartig die kugelige Nuss überdeckenden Hüllblättern, diese kürzer bis wenig länger als die Nuss. Daher stammt das heute meist synonym geführte Taxon »var. *cristagalli*«; frei übersetzt »Hühnerkamm-Hasel«.

Angepflanzt

In Arboreten: u. A. Arboretum Wespelaar, Belgien; Arnold Arboretum, USA; Yorkshire Arboretum, Royal Botanic Gardens Kew, Großbritannien.

Anmerkung

Die Art wird als *Corylus heterophylla* var. *sutchuenensis* in der Literatur meist als Unterart der Mongolischen Hasel geführt. Neuere genetische Studien legen aber nahe, sie als eigene Art unter dem aufgeführten Namen anzuerkennen.

Sommerknospe.

Letztjährige männliche Blütenkätzchen.

Blatt.

Vielstämmiger Wuchs ohne Ausläufer.

Nuss: Seiten und Unteransicht, Originalgröße.

Fruchtbildung im Sommer.

Habitus im Mai, Arnold Arboretum, Boston.

Amerikanische Hasel

Corylus americana **Marshall**

Sektion *Corylus*, Subsektion *Corylus*
Syn.: *Corylus humilis* Willd., *Corylus serotina* Dippel, *C. americana* Walter u. a.
E: American hazel, American filbert
F: Noisetier d'Amérique

Verbreitung

Nordamerika: USA und Kanada. Ostküste, westlich bis etwa zur Kontinentmitte.

Wuchs

Mehrstämmiger Strauch, 3(–5) m, im Umriss rundlicher und weniger vasenförmig als *C. avellana*.

Blätter

Blätter 5–16 cm, doppelt gesägt, oft schmaler als bei *C. avellana*, wirken etwas ledrig und mit länger ausgezogener Spitze. Oft mit roter Herbstfärbung. In Nordamerika von der in ähnlichen Habitaten verbreiteten Schnabel-Hasel vor der Fruchtbildung an den stark behaarten Jungtrieben zu unterscheiden.

Früchte

Nüsse zu 2–5, Hüllblätter zu 2, blattartig, nur am Ende gesägt, länger als die Nuss, diese vor der Reife umschließend. Nüsse haften auch nach der Reife in den Hüllen. Nüsse meistens relativ stark behaart, rundlich, seltener auch breiter als hoch. Meist mit braunroter Schale.

Angepflanzt

In botanischen Gärten, z.B. Royal Botanic Gardens (Kew Gardens) in London, Arnold Arboretum in Boston. In Nordamerika in Sorten für die Nüsse kultiviert, nicht selten in Kulturen zur Ertragssteigerung mit der europäischen Gemeinen Hasel hybridisiert, die in Nordamerika als reine Art zu krankheitsanfällig ist.

Anmerkung

In botanischen Gärten Europas manchmal mit *C. avellana* hybridisiert. Sehr oft wird dieses Taxon dem Botaniker Thomas Walter zugerechnet, der den gleichen Namen aber 3 Jahre nach Humphry Marshall publiziert hat.

Habitus im Frühling, Arnold Arboretum, Boston.

Blattwerk im Hochsommer, Kew Gardens.

Blütenkätzchen im Winter.

Rindentextur, vielstämmiger Wuchs.

Nuss: Seiten- und Unteransicht, Schalenhälfte, Kern (Originalgröße).

Fruchtstand im Hochsommer.

Baumhaseln

Subsektion *Colurnaea*

Die Baumhaseln sind eine optisch relativ einheitliche Gruppe innerhalb der Haseln, da sie als Einzige stets einen ein- bis wenigstämmigen, baumartigen Habitus bilden. Ihre Verbreitung erstreckt sich vom Balkan bis nach Ostasien in stark fragmentierten Habitaten.

Am bekanntesten ist die in Europa häufig gepflanzte Türkische Baumhasel *C. colurna*, die vom Balkan bis in die Türkei verbreitet ist. Sie wird meist einfach Baumhasel genannt, weil alle anderen Arten hier bisher nur selten in Kultur sind. Mit ihren großen, fast kugeligen Gesamtfruchtständen fällt sie in Parkanlagen auf und ist als klimatisch relativ anspruchsloses Straßengehölz

Heutiges Verbreitungsgebiet der Baumhaseln.

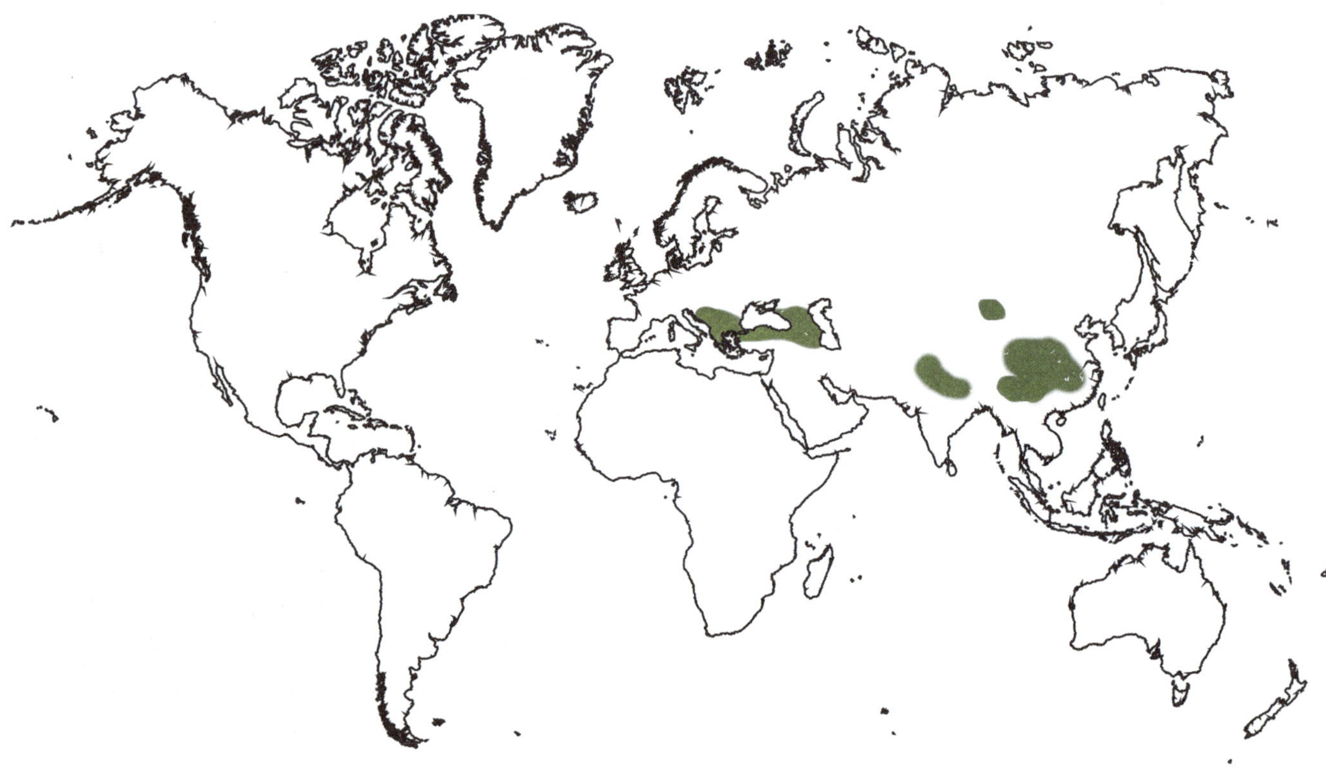

Chinesische Baumhasel
(*Corylus chinensis*).

Türkische Baumhasel
(*Corylus colurna*).

Indische Baumhasel
(*Corylus jacquemontii*).

Farges' Baumhasel
(*Corylus fargesii*).

Früchte der Baumhaseln (Subsektion *Colurnaea*).

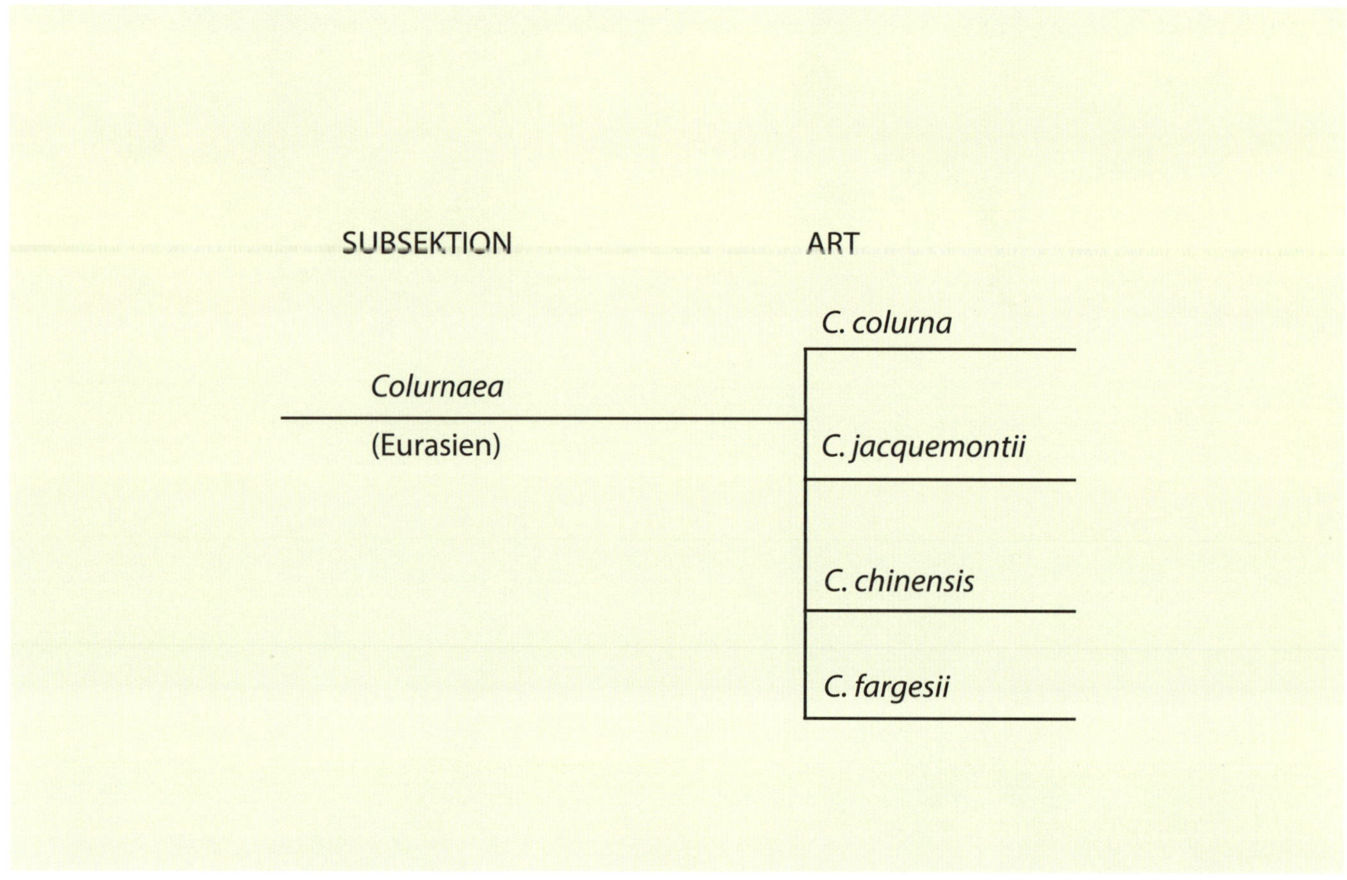

Die Subsektion und ihre Arten.

beliebt. Die drei weiteren Arten sind selten in botanischen Gärten kultivierte Gehölze, von denen manche bis heute als botanische Raritäten in Fachzeitschriften immer mal wieder für Aufsehen sorgen. Wie die meisten Haseln lassen sich auch die Baumhaseln insbesondere durch arttypisch ausgestaltete Hüllblätter unterscheiden, die auf eine für die Art charakteristische Weise die Nüsse umgeben. Auch die Blattgeometrie und die Rindentextur sind gute Hinweise bei der Bestimmung.

Von Westen her gesehen ist die zweite Art die Indische Baumhasel *C. jacquemontii*, die südlich des Himalaja im nördlichen Indien und in Pakistan wächst. Mit der Türkischen Baumhasel hat die Art gemein, dass sie ebenfalls offene Hüllblätter im Fruchtstand bildet, sodass die gut verwachsenen Nüsse sichtbar sind. Anders als bei der Türkischen Baumhasel sind diese Hüllen aber nur wenig oder gar nicht drüsig behaart und meist weniger tief zerschlitzt. Die Blätter sind weniger stark gesägt als bei der Türkischen Baumhasel, was eine gewisse Ähnlichkeit mit *C.* x *coluronides* ergibt, der Hybride zwischen der Gemeinen Hasel und der Türkischen Baumhasel. Die Hybrid-Formen sind in einem separaten Kapitel vorgestellt.

In China sind zwei weitere Arten beheimatet, die unter sich wiederum näher verwandt sind. Bei beiden sind die Nüsse von den Hüllblättern komplett umschlossen. Die Chinesische Baumhasel *C. chinensis* sowie die ähnliche, sehr selten gepflanzte Farges' Baumhasel *C. fargesii*. Die Chinesische Baumhasel bildet Früchte, die komplett zu einem Gesamtfruchtstand verwachsen sind, während sich bei Farges' Baumhasel die einzelnen Hüllblätter nur wenig berühren und nicht flächig verwachsen. Farges' Baumhasel ist für ihre dem Zimtahorn oder manchen Birken ähnelnde, sich schälende Rinde bekannt.

Zeitweise wurden die drei selten gepflanzten Arten als Unterarten verschiedener anderer Haseln angesehen. Heute ist ihre Unterteilung aber relativ unbestritten, schon wegen der gut isolierten und weit voneinander entfernten natürlichen Vorkommen. Die noch regelmäßig in der Literatur verbreitete Angabe, die Türkische Baumhasel sei bis in den Himalaja verbreitet, ist wohl auf diese frühere Taxonomie zurückzuführen.

Alle Baumhaseln bestechen im Vorfrühling, in warmen Jahren sogar schon im Januar mit eindrücklicher Blüte, die durch besonders auffällige männliche Blütenkätzchen gebildet wird. Die weiblichen Blüten sind wie bei den anderen Haseln auch unauffällig in Blütenknospen versteckt.

Für die Nüsse der Baumhasel-Arten ist das große, von der Seite sichtbare Hilum typisch; ebenso eine oft stark ausgeprägte, durch die Versorgungsgefäße gebildete Längsstreifung auf der Nuss.

Zwei weitere baumförmig wachsende Haseln, die beide Hybriden mit der Gemeinen Hasel sind, werden im Kapitel der Hybrid-Haseln vorgestellt.

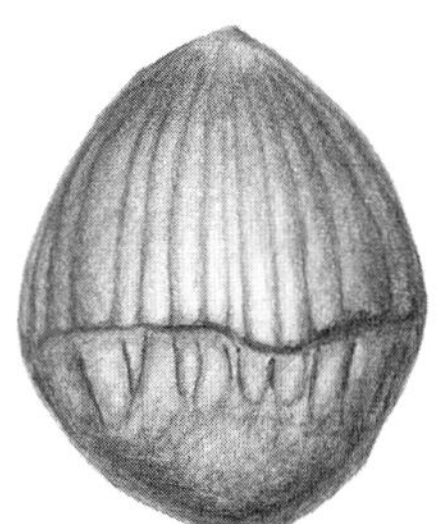

Türkische Baumhasel (*Corylus colurna*).

Indische Baumhasel (*Corylus jacquemontii*).

Chinesische Baumhasel (*Corylus chinensis*).

Farges' Baumhasel (*Corylus fargesii*).

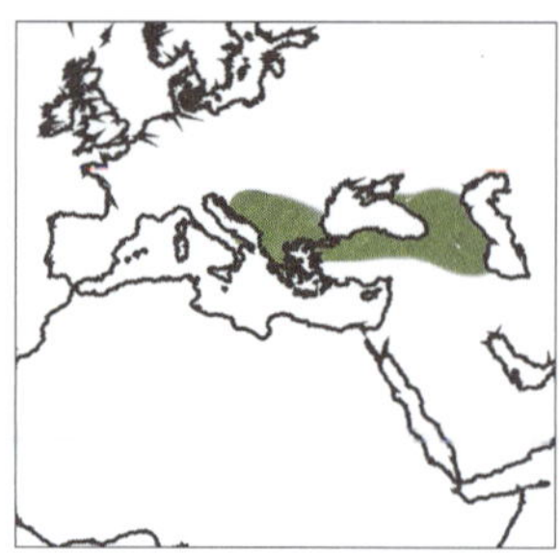

Türkische Baumhasel

***Corylus colurna* L.**

Sektion *Corylus*, Subsektion *Columaea*
Syn.: *C. arborescens* Münchh., *C. byzantina* Desf. u. a.
D: Baumhasel, Türkische Hasel
E: Turkish hazel
F: Noisettier de Byzance

Verbreitung

Balkanhalbinsel und Griechenland, Türkei und Kaukasus, tatsächlich in viele Teilpopulationen zersplittertes Areal. Verbreitet außerhalb des Gebiets kultivert und zum Teil verwildert.

Wuchs

Meist einstämmiger Baum, in Kultur selten höher als 20 m. Mit oft kegelförmiger Krone. Borke im Alter grob und sich brüchig vom Stamm lösend.

Blätter und Blüten

Breitoval, auffällig stark doppelt gesägt, 7–18 cm lang. Winterknospen braun. Männliche Blütenkätzchen mit bräunlicher Grundfärbung im Vorfrühling.

Blüten und Früchte

Hülle um Nüsse feingliedrig zerteilt, drüsig behaart, bildet einen oft fast kugeligen, vielsamigen Gesamtfruchtstand, dieser vor der Reife aufgedunsen, glänzend. Nüsse meist im Querschnitt abgeplattet, glänzend und reif nur wenig behaart. Narbe der Hüllblätter (Hilum) groß, bis etwa 50 Prozent der Nussoberfläche.

Angepflanzt

Häufig, als Straßenbaum, in Parkanlagen und Gärten, zunehmend auch forstlich genutzt. Manchmal werden Hybriden mit der Gemeinen Hasel *C.* x *colurnoides* als diese Art beschriftet. (Siehe Hybrid-Haseln.) Die rotlaubigen Türkischen Baumhaseln stammen meist von dieser Kreuzung.

Anmerkung

Die stark klebrig behaarten Fruchtstände stellen eine Falle für kleine Insekten dar und können den Fruchtstand vor Blattläusen schützen.

Frucht im Sommer, stark klebrig behaart.

Stark doppelt gesägte Blätter.

Habitus, relativ junger Baum.

Rindentextur.

Winterknospe braun.

Nuss: Seiten- und Unteransicht, Kern (Originalgröße).

Männliche Blütenkätzchen.

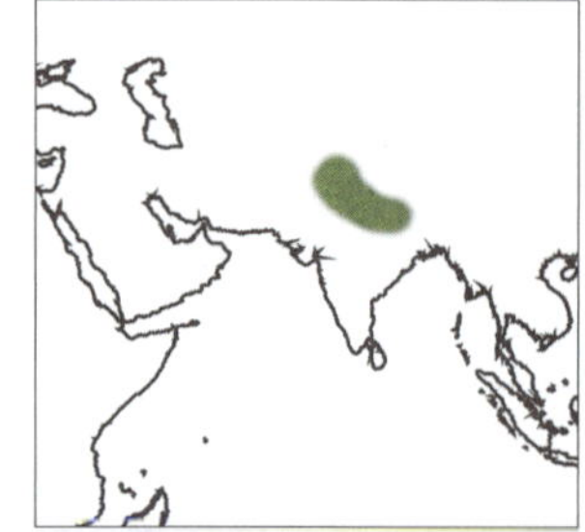

Indische Baumhasel

Corylus jacquemontii Decne.

Sektion *Corylus*, Subsektion *Columaea*
Syn.: *C. colurna* var. *jacquemontii* (Decne.) A. DC., *Corylus tiliacea* Decne., *C. lacera* Wall.
E: Indian tree hazel, Jacquemont's hazel
F: Noisetier d'Inde

Verbreitung

Nordöstliches Afghanistan, Norden Indiens, nördliches Pakistan und Nepal in Gebirgswäldern zwischen 1900–3000 m ü. M.

Wuchs

Ein- bis mehrstämmiger Baum, bis 15 m hoch; Borke schuppig braungrau, aber nicht so dick borkig wie bei *C. colurna*. Diese Art sieht einigen Formen der häufiger gepflanzten, variablen Baumhasel-Hybriden ähnlich (siehe *C.* x *colurnoides*).

Blätter

Blätter 8–15 cm lang, breitoval, ähnlich *C. colurna*, aber weniger stark doppelt gesägt.

Früchte

Nüsse in zerschlitzten Hüllen, meist zu zwei bis vier in stark verwachsenem Gesamtfruchtstand. Hüllblätter geöffnet, nicht drüsig behaart. Hüllspitzen meist weniger lang als bei *C. colurna*. Bei dieser und bei *C.* x *colurnoides* sind die Hüllblätter fast immer auffällig drüsig. Nüsse oft, aber nicht immer, seitlich etwas abgeplattet, nur unauffällig längs gestreift. Oft dünnschalig.

Angepflanzt

In botanischen Gärten und Sammlungen, zum Beispiel im Arboretum du Vallon de l'Aubonne und Arnold Arboretum (USA), Botanischer Garten München-Nymphenburg (Deutschland).

Anmerkung

Wird in Indien regional an Wildstandorten geerntet und die Nüsse werden auf Märkten angeboten. Wurde zeitweise als Varietät der Türkischen Baumhasel angesehen, ist von dieser aber sowohl optisch als auch geografisch gut abtrennbar. Die Wildbestände sind regional in Abnahme begriffen und zeigen schlechte Regeneration.

Sommerknospe.

Rinde.

Habitus im Arnold Arboretum.

Blätter.

Nuss: Seiten- und Unteransicht (Originalgröße).

Männliche Blütenkätzchen vor dem Aufblühen.

Fruchtstand.

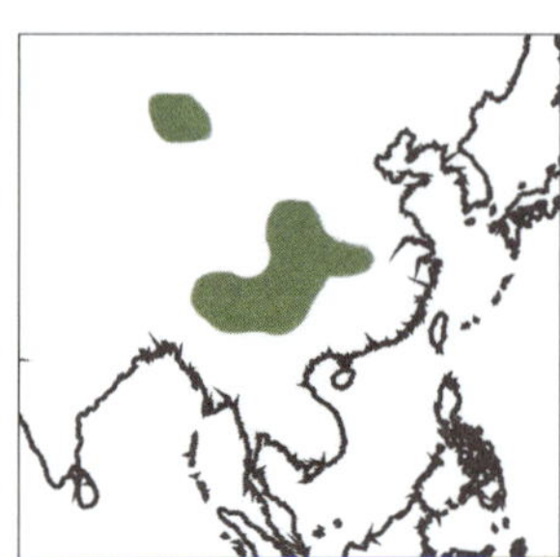

Chinesische Baumhasel

Corylus chinensis **Franchet**

Sektion *Corylus*, Subsektion *Colurnaea*
Syn.: *Corylus chinensis* var. *macrocarpa* Hu, *C. colurna* L. var. *chinensis* (Franchet) Burkill, *C. papyracea* Hickel
Chin.: hua zhen
E: Chinese hazel
F: Noisetier de Chine

Verbreitung

China: Gansu, Guizhou, Hubei, Shaanxi, SW Sichuan, Xizang, NW Yunnan. Wächst in feuchten Bergwäldern.

Wuchs

Bis 40 m hoher Baum mit in der Jugend kegelförmiger Krone. In Kultur meist niedriger. Borke grau, seltener rötlichbraun, sich schuppig vom Stamm lösend.

Blätter

Schmal-oval bis herzförmig, doppelt gesägt, mit ungleichem Grund und meist etwas asymmetrischer Blattspreite, bis etwa 18 cm lang.

Früchte

Hüllblätter einteilig die Nuss umschließend, mit kurzem Schnabel, bilden einen vielfruchtigen, oft fast kugeligen Gesamtfruchtstand. Die Hüllen um die einzelnen Nüsse sind an der Basis miteinander verwachsen und manchmal drüsig behaart. Nüsse fast kugelig. Narbe der Hüllblätter (Hilum) oft über 50 Prozent der Nussoberfläche. Schale oft dick, Kern oft relativ klein. Dieser etwas abgeflacht.

Angepflanzt

Fast ausschließlich in botanischen Sammlungen. Zum Beispiel im Arboretum du Vallon de l'Aubonne (Schweiz), Arboretum Wespelaar (Belgien), Arnold Arboretum (USA), Kew Gardens (England). Rarität. Erwähnt wird oft ihr Potenzial für die Nutzung als Wildobst, allerdings nur in großkernigen Varietäten.

Anmerkung

Die Art ist in ihren natürlichen Habitaten selten und gilt als verletzlich.

Knospe im Spätsommer.

Habitus im Arboretum du Vallon de l'Aubonne.

Fruchtstand im Sommer.

Rindentextur.

Nuss: Seiten- und Unteransicht, Schalenhälfte, Kern (Originalgröße).

Blätter mit stark ungleichem Grund.

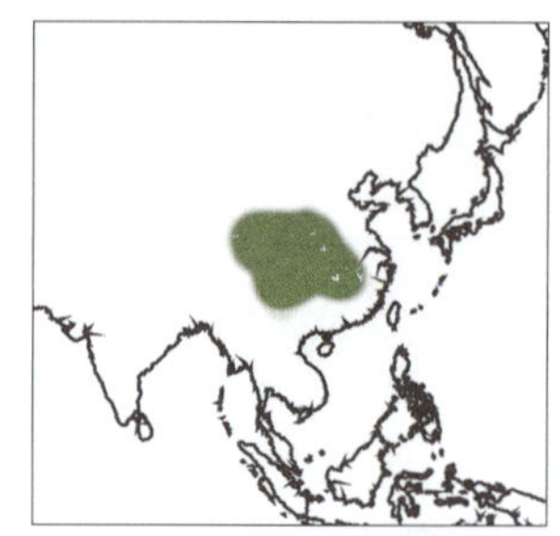

Farges' Baumhasel

Corylus fargesii (Franch.) C. K. Schneid.

Sektion *Corylus*, Subsektion *Colurnaea*
Syn.: *Corylus mandshurica* Maximowicz var. *fargesii* (Franchet) Burkill, *C. rostrata* Aiton var. *fargesii* Franchet
Chin: pi zhen ye zhen
E: Farges hazel, Paperbark hazel

Verbreitung

Endemisch in China: Gansu, Guizhou, Henan, Hubei, Jiangxi, Ningxia, Shaanxi, Sichuan, Chong-qing. In Wäldern und Bergtälern in Höhen von 800–3000 m ü. M.

Wuchs

Meistens einstämmiger Baum mit kegelförmigem Wuchs, bis 25 m; mit auffälliger, meist orangeroter, sich abschälender Rinde. Dieses Merkmal ist für die Art einzigartig.

Blätter

Blätter schmal eiförmig, relativ stumpf doppelt gesägt, mit 6–9 cm Länge kleiner als bei verwandten Arten.

Früchte

Nüsse kugelig, komplett von einer geschlossenen Hülle umgeben, diese eingeschnürt, sich abrupt in einen Schnabel verjüngend. Früchte zu mehreren, aber Hüllblätter zwischen den Nüssen nicht verwachsen und bei Reife öfter aufplatzend als bei der ähnlichen *C. chinensis*. Narbe der Hüllblätter (Hilum) meist über 50 Prozent der Nussoberfläche, Nuss meist sehr dickschalig.

Angepflanzt

Botanische Rarität, die bisher nur in wenigen Gärten gepflanzt wurde. Zum Beispiel im The Sir Harold Hillier Gardens in Hampshire, Großbritannien; Arnold Arboretum, USA; Les Jardins Suspendus, Le Havre, Frankreich; Arboretum Wespelaar, Belgien, sowie weitere botanische Gärten.

Anmerkung

Fast jeder Standort der seltenen Art außerhalb Chinas wurde 2016 im Rahmen des IDS-Baum des Jahres erfasst. (IDS steht für International Dendrology Society.) Aufgrund der einzigartig zierenden Rinde gilt die Art als Zierpflanze mit großem Potenzial. Historisch wurde die Art als Schnabel-Hasel erstbeschrieben, dann aber später zu den Baumhaseln gestellt.

Blätter.

Knospen im Winter.

Früchte im Sommer. (Bild: M. Dosmann)

Rindentextur.

Rindentextur eines Baumes in Waldpflanzung, Arnold Arboretum.

Nuss: Seiten- und Unteransicht, Querschnitt (Originalgröße).

Habitus solitär, Arnold Arboretum.

Schnabel-Haseln

Subsektion *Siphonochlamys*

Die Schnabel-Haseln sind in Nordamerika und Ostasien verbreitet. Charakteristisch sind die schnabelartig verlängerten, meist stark beborsteten Hüllblätter, die komplett verwachsen die Nuss umschließen. Die Härchen sind spitz und brüchig, sodass sie beim Auspacken der Nuss in die Haut eindringen können und abbrechen, was unangenehm schmerzhaft sein kann. Die Nüsse sind auffällig kegelförmig, ein Alleinstellungsmerkmal dieser Subsektion.

Alle Arten wachsen mehrstämmig strauchförmig und verjüngen sich durch Triebe aus der Basis oder durch Ausläufer. Nur selten wird von Bäumen über 10 Metern Höhe berichtet, allerdings wies keine für dieses Buch aufgesuchte Pflanze Stämmchen mit mehr als 15 Zentimetern Querschnitt auf.

Heutiges Verbreitungsgebiet der Subsektion *Siphonochlamys*.

Amerikanische Schnabel-Hasel
(*Corylus cornuta*).

Japanische Schnabel-Hasel
(*Corylus sieboldiana* var. *sieboldiana*).

Kalifornische Schnabel-Hasel
(*Corylus californica*).

Mandschurische Schnabel-Hasel
(*Corylus sieboldiana* var. *mandshurica*).

Ilustrationen der Früchte der Subsektion *Siphonochlamys*.

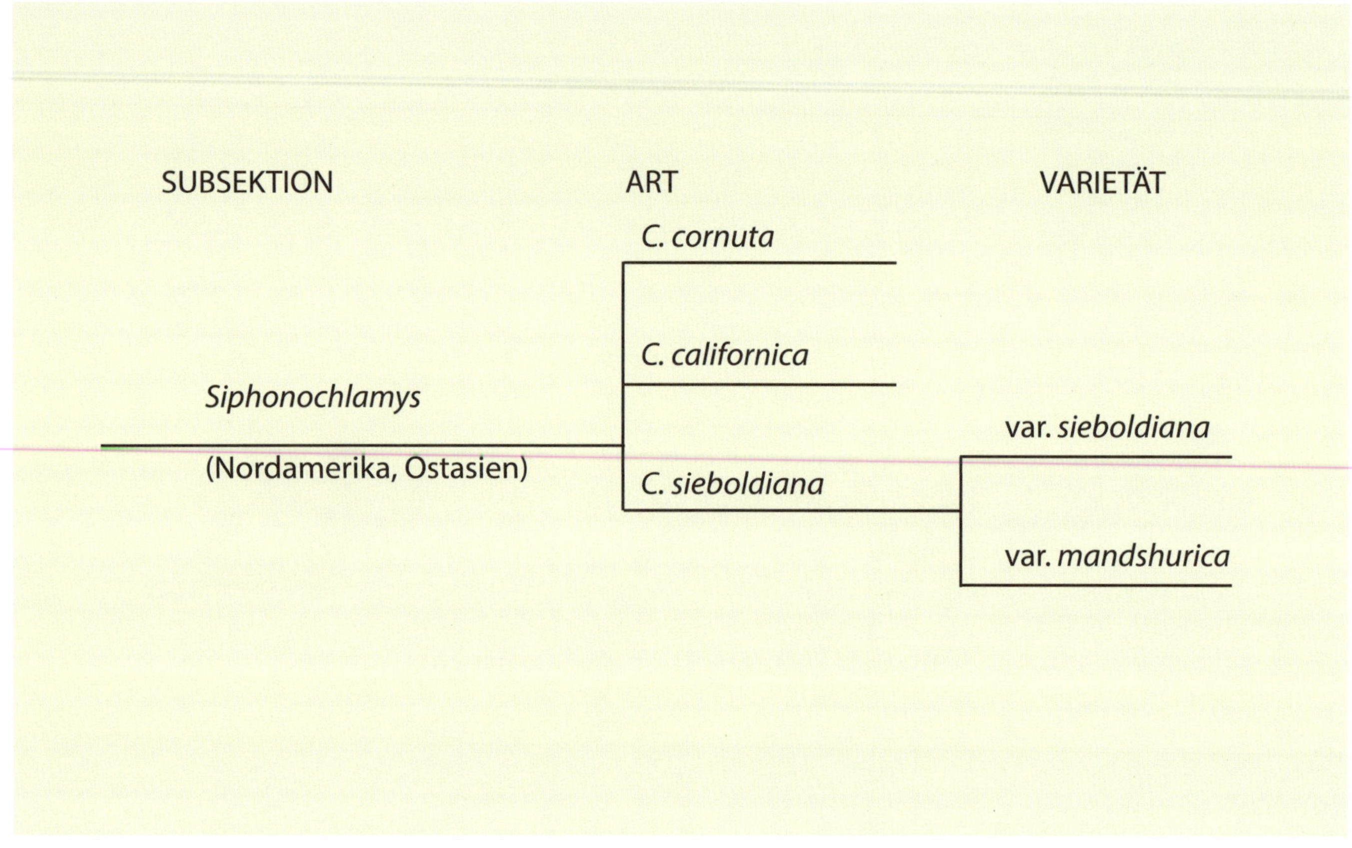

Die Subsektion und ihre Arten.

Die Subsektion wird sowohl in Nordamerika als auch in Ostasien durch jeweils zwei Formen gebildet, die je nach Autorin oder Autor als eigene Arten, Unterarten oder Varietäten eingestuft werden. Gesamt werden darum 2–4 Arten der Schnabel-Haseln anerkannt. In Nordamerika finden wir im Osten und in einem bandartigen Ausläufer bis in den Westen die Amerikanische Schnabel-Hasel. Sie ist bis weit in die kalten Regionen Kanadas verbreitet. Dieser nördlichsten Bestände wegen gilt sie als frostresistenteste Haselart. Sie wird auch gerne einfach »Schnabel-Hasel« genannt; um sie von den anderen, seltener gepflanzten Schnabel-Haseln abzugrenzen, wird hier jeweils eine spezifische umgangssprachliche Bezeichnung für jede Art gewählt. Im Westen in küstennahen Abschnitten wächst die Kalifornische Schnabel-Hasel, die sich durch ihren Wuchs, ihre breitovalen Blätter und besonders durch die wesentlich kürzeren »Schnäbel«, also Hüllblätter, unterscheidet. Von diesen Haseln soll es auch Mischbestände mit intermediären Merkmalen geben; in den Harvard-Herbarien liegen Belege, die eine Vermischung an der Grenze der beiden amerikanischen Schnabel-Haseln nahelegen. Neuere genetische Studien lassen vermuten, dass die amerikanischen Schnabel-Haseln von den älteren asiatischen Arten abstammen und von Westen nach Osten Nordamerika besiedelt haben. Während traditionell die Kalifornische Schnabel-Hasel als Unterart der Amerikanischen Schnabel-Hasel angesehen wird, ist in dieser genetisch-abstammungsgeschichtlichen Sicht *C. californica* die ältere Art und *C. cornuta* eine Unterart, die sich aus Ersterer gebildet hat. In vielen neueren Schriften wird auf Artebene zwischen den zwei unterschieden, dem schließe ich mich hier an.

Japanische Schnabel-Hasel *Corylus sieboldiana* var. *sieboldiana*.

Aus Asien sind mit der Mandschurischen Schnabel-Hasel und der Japanischen Schnabel-Hasel zwei Formen eines womöglich intergradierenden Artkomplexes bekannt.

Vielfach findet man in der Literatur deutsche Artnamen ohne den »Schnabel«-Zusatz; ich verwende ihn hier, um eine einfachere Orientierung innerhalb der Vielfalt der ostasiatischen Haseln zu ermöglichen. Von den amerikanischen Arten unterscheiden sie sich neben der Blattform auch wesentlich durch kleinere Früchte und Nüsse, bei denen die Narbe zu den Hüllblättern weniger stark abgesetzt ist. Der Hüllblatt-Schnabel weitet sich viel seltener zum Ende hin auf. Die Individuen vom Festland Chinas und Koreas weisen zumeist breitere Blätter und kürzer geschnäbelte Früchte auf als jene, die in Japan verbreitet sind. In manchen botanischen Gärten findet man aber auch Japanische Schnabel-Haseln aus Korea gepflanzt, die morphologisch den Individuen aus Japan sehr ähnlich sehen; auch werden manche Haseln aus Japan der Mandschurischen Schnabel-Hasel zugerechnet. An der Artabgrenzung wird wegen des Vorkommens von Zwischenformen und der schweren geografischen Abgrenzung gerne gezweifelt; dann werden beide wie hier als Unterarten oder Varietäten angesehen oder gar nicht unterschieden.

Abgebildet sind typische Individuen für beide in der Literatur beschriebenen Formen. Europäische Parkpflanzen bilden dabei häufiger den typischen Habitus für aus Japan stammende Individuen ab, zudem wird hier relativ selten zwischen den Unterarten unterschieden; auch die Herkunft ist bei vielen Parkpflanzen ungewiss. Zudem legen bei den asiatischen Schnabel-Haseln genetische Studien nahe, dass die Mandschurische Schnabel-Hasel die ursprünglichere der beiden Formen ist. Daraus wird abgeleitet, dass die Japanische Schnabel-Hasel – umgekehrt zur heute gültigen Systematik – eine Unterart oder Varietät der Mandschurischen Schnabel-Hasel sei.

Bei allen Arten sind im Gesamtfruchtstand meist einige unbefruchtete Blüten vorhanden, die zwar keine Nüsse bilden, aber deren schnabelartige, nicht fertig entwickelte Hüllblätter im Fruchtstand erkennbar bleiben.

Kalifornische Schnabel-Hasel (*Corylus californica*).

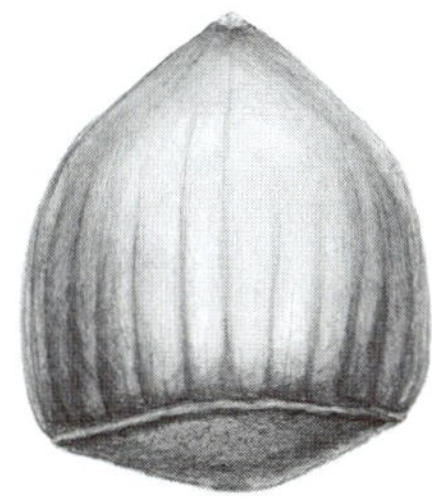

Amerikanische Schnabel-Hasel (*Corylus cornuta*).

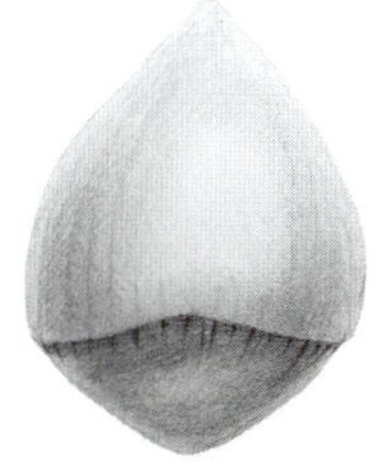

Japanische Schnabel-Hasel (*Corylus sieboldiana* var. *sieboldiana*).

Mandschurische Schnabel-Hasel (*Corylus sieboldiana* var. *mandshurica*).

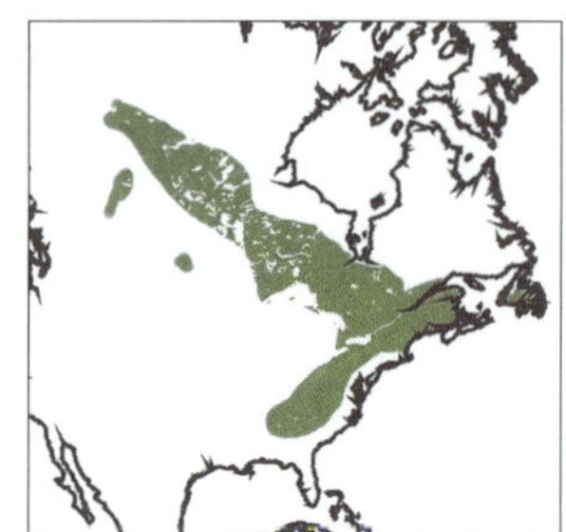

Amerikanische Schnabel-Hasel

***Corylus cornuta* Marshall**

Sektion *Corylus*, Subsektion *Siphonochlamys*
Syn.: *Corylus rostrata* Aiton
D: Geschnäbelte Hasel, Schnabel-Hasel
E: Beaked hazel
F: Noisetier à long bec

Verbreitung

Nordamerika. USA und Kanada, in Wäldern und an Waldrändern besonders entlang der Ostküste und in einem Band nördlich der Great Lakes zur Kontinentmitte, in Kanada bis fast zur Westküste.

Wuchs

Mehrstämmiger Strauch mit vielen dünnen Stämmchen, oft niedrig bleibend, bis 4 m, selten bis 8 m hoch.

Blätter

Spatelförmig, 5–12 cm lang, Spreite oft relativ schmal, stark doppelt gesägt mit lang ausgezogener Spitze. Blattstiel und junge Ästchen nur anliegend behaart.

Früchte

Nüsse in stechend behaarten, lang geschnäbelten Hüllen; komplett umschlossen, Hüllen am Ende etwas aufgeweitet (im Gegensatz zu den asiatischen Arten). Nüsse kegelförmig, stark zugespitzt, Narbe der Hülle (Hilum) etwas abgesetzt von der Nussoberfläche, meist konkav hervortretend; Nuss reift oft schon im Hochsommer.

Angepflanzt

In botanischen Sammlungen, zum Beispiel im Botanischen Garten Bern, im Arnold Arboretum in Boston, in den Royal Botanic Gardens (Kew Gardens) in London. In Nordamerika werden die Nüsse der eher ertragsschwachen Art lokal gesammelt.

Anmerkung

Früh reifende Art mit extremer Frosttoleranz. Die nachfolgend beschriebene Kalifornische Hasel *C. californica* wird oft als Unterart dieser Schnabel-Hasel beschrieben.

Fruchtstand im Winter.

Unreifer Fruchtstand im Frühsommer.

Stämmchen.

Winterliche Blütenanlage der männlichen Kätzchen.

Habitus im Arnold Arboretum, Boston.

Nüsse verschiedener Herkunft: Seiten- und Unteransicht (Originalgröße).

Blatt, relativ schmal, mit ausgezogener Spitze.

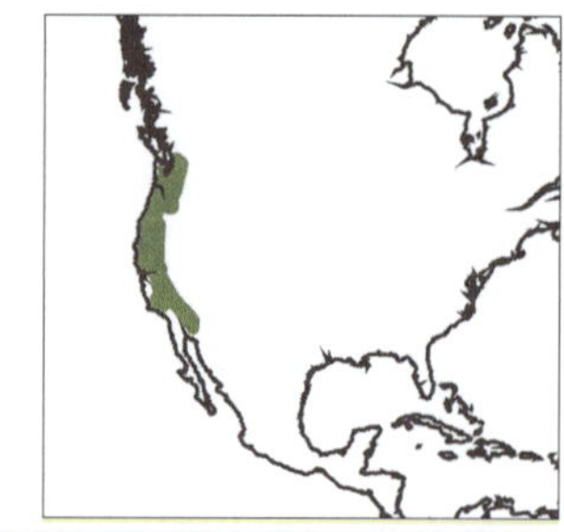

Kalifornische Schnabel-Hasel

Corylus californica (A. DC) A. Heller

Sektion *Corylus*, Subsektion *Siphonochlamys*
Syn.: *C. cornuta* var. *californica* (A. DC) A. E. Murray, *C. rostrata* var. *californica* A. DC.
E: Californian beaked hazel

Verbreitung

Westküste Nordamerikas, British Columbia, Kalifornien, Oregon, Washington. Im ozeanisch geprägten Küstengebiet mit vergleichsweise milden Wintern.

Wuchs

Mehrstämmiger Strauch, der weniger Ausläufer treibt als *C. cornuta*. Mit bis 8 oder am optimalen Standort 15 Metern ein Großstrauch; bleibt angepflanzt aber meist deutlich niedriger.

Blätter

Blätter 4–7 cm lang, doppelt gesägt, breitoval bis lanzettlich, im Umriss rundlicher und weniger stark in eine Spitze gezogen als *C. cornuta* s. str., im Gegensatz zu dieser sind Blätter und junge Äste drüsig und zum Teil dicht behaart.

Früchte

Nüsse kegelförmig mit abgesetztem Hilum, in stachelig behaarten, geschnäbelten Hüllen. Diese sind kürzer geschnäbelt als bei *C. cornuta*, weniger dicht behaart, oft rötlich, öfter einzeln oder zu wenigen. Nüsse sind größer als bei *C. cornuta*; Narbe der Hüllblätter (Hilum) abgeplattet bis konkav eingebuchtet und von der Seite nicht ersichtlich. Reife im Hochsommer, Hüllblätter dann öfter der Länge nach aufspringend.

Angepflanzt

Sehr selten in botanischen Gärten; in Royal Botanic Gardens (Kew Gardens) in London, im Jardin Botanique in Genf.

Anmerkung

Die Kalifornische Schnabel-Hasel wird oft auch als Unterart der Amerikanischen Schnabel-Hasel betrachtet. In ihrem Ursprungsgebiet hatte die Art einst große Bedeutung in der Ernährung der indigenen Bevölkerung.

Fruchtstand reift im Hochsommer.

Blatt und männliche Kätzchen im Hochsommer.

Winterknospen.

Mehrstämmiger Strauch mit neuen Trieben aus der Wurzelbasis.

Männliche Kätzchenblüte im Vorfrühling; hier noch geschlossen.

Nuss: Seiten- und Unteransicht (Originalgröße).

Habitus in Royal Botanic Gardens (Kew Gardens), Großbritannien.

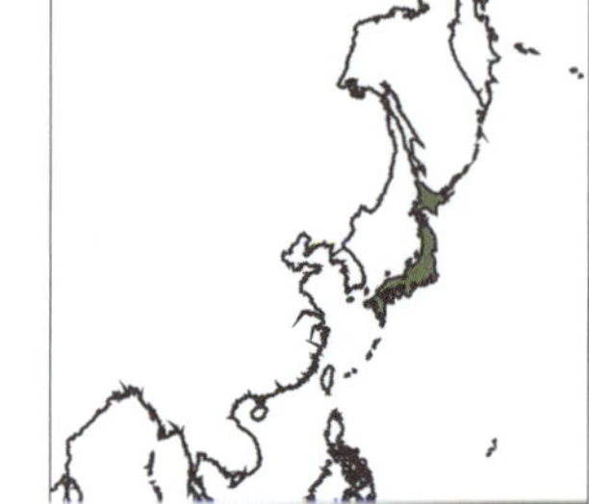

Japanische Schnabel-Hasel

Corylus sieboldiana var. *sieboldiana* Blume

Sektion *Corylus*, Subsektion *Siphonochlamys*
Syn.: *C. rostrata* var. *mitis* Maxim., *C. brevirostris* (C. K. Schneid.)
Jap.: Si-ki-hasi-bami
D: Japanische Hasel
E: Japanese beaked hazel
F: Noisetier du Japon

Verbreitung

Japan, manchmal wird auch Korea in der Literatur erwähnt.

Wuchs

Mehrstämmiger Strauch, 3(–5) m, im Alter mit breit ausladendem, vergleichsweise zierlichem Wuchs.

Blätter

Blätter doppelt gesägt, zum Blattansatz hin spatelförmig verschmälert, oft fast lanzettlich, etwa doppelt so lang (5 bis 10 cm) wie breit. Die Blattspreite ist oft nicht symmetrisch mit 6–10 sekundären Blattadern pro Blattseite. Die ähnliche Mandschurische Schnabel-Hasel vom Festland weist breitere, weniger dicht geaderte Blätter auf. Bei beiden Formen gibt es aber eine relativ große Variabilität dieser Merkmale.

Früchte

Früchte zu 2–5, die lang geschnäbelten, stechend behaarten Hüllen schließen die Nüsse vollständig ein. Die Nüsse sind kleiner als bei den amerikanischen Schnabel-Haseln, kegelartig zugespitzt, für den Ertragsanbau wenig geeignet, wenngleich essbar und geschmacklich von interessantem, einzigartigem Aroma.

Angepflanzt

Botanische Gärten in der Schweiz in Genf, Bern, im Arboretum du Vallon de l'Aubonne, im Arnold Arboretum, Boston.

Anmerkung

Ähnlich der nordamerikanischen *C. cornuta*. Diese hat aber größere, früher reifende Früchte und breitere Blattspreiten. Die Abspaltung zur Mandschurischen Hasel ist umstritten, die zwei (Unter-)Arten werden heute oft als eine variable Art beschrieben.

Fruchtstand im Sommer, Botanischer Garten Bern.

Blattkleid und Knospen.

Habitus im Arnold Arboretum, Boston.

Blatt.

Nuss: Seiten- und Unteransicht, Querschnitt (Originalgröße).

Rindentextur mit Flechten.

Anlagen der nächstjährigen Blüten-Kätzchen im Herbst.

Mandschurische Schnabel-Hasel

***Corylus sieboldiana* Blume var. *mandshurica* (Maxim.) C. K. Schneider**

Sektion *Corylus*, Subsektion *Siphonochlamys*
Syn.: *Corylus rostrata* Aiton var. *mandshurica* (Maxim.) Regel, *C. mandshurica* Maxim., *C. brevituba* Kom.
Chin.: mao zhen
Korean.: Mul-gae-am-na-mu
D: Mandschurische Hasel
E: Mandchurian hazel, Asian beaked hazel
F: Noisetier de Mandchourie

Verbreitung

Ostasien. Östliches China, Korea, Sibirien, nach einigen Quellen auch Japan. (Abgrenzung zur Japanischen Schnabel-Hasel ist nicht überall gleich akzeptiert.)

Wuchs

Mehrstämmiger Strauch, 3(–5) m, im Alter mit breit ausladendem Wuchs.

Blätter

Blätter doppelt gesägt, breitovaler bis spatelförmiger Umriss. Die Blattspreite ist oft asymmetrisch mit nur 6–7 sekundären Blattadern pro Blattseite, weniger als bei der japanischen Varietät. Die Blätter sind weniger als doppelt so lang wie breit und meistens zwischen 6–12 cm lang.

Früchte

Früchte zu 2–5, die lang geschnäbelten, stechend behaarten Hüllblätter schließen die Nüsse vollständig ein. Die Nüsse sind klein, kegelartig zugespitzt, für den Ertragsanbau wenig geeignet, aber essbar. Hüllen meist etwas kürzer geschnäbelt als die japanische Varietät. Die untere abgebildete Frucht weist durch starke Abnützung keine Behaarung mehr auf.

Angepflanzt

In botanischen Gärten; zum Beispiel Botanischer Garten Genf, Arnold Arboretum, Boston, Royal Botanic Gardens Kew, London u. a.

Anmerkung

In manchen botanischen Institutionen und oft auch in der Literatur wird nicht zwischen der Mandschurischen und der Japanischen Schnabel-Hasel unterschieden; hinter der Beschriftung können sich beide Varietäten verstecken.

Blatt.

Weibliche Blüten nach dem Abblühen im Mai.

Frucht im Hochsommer, Royal Botanic Gardens, Kew Gardens, London.

Rindentextur.

Nuss: Seiten- und Unteransicht, Schalenhälfte, Kern (Originalgröße).

Habitus im Arnold Arboretum, Boston.

Haseln mit stacheligen Hüllblättern

Sektion *Acanthochlamys*

Die zweite Sektion, *Acanthochlamys*, wird aufgrund fossiler Funde gerne als die ursprünglichste Form der Haseln angesehen; auch die bereits erwähnten Hasel-Fossilien des Taxons *Corylus johnsonii* aus Nordamerika weisen Ähnlichkeiten mit der rezenten Morphologie dieser Sektion auf. Typische Merkmale sind die stachelig verzweigten Hüllblätter der Früchte sowie ein strauchförmiger, mehrstämmiger Wuchs. Die Sektion wird je nach Quelle als ein- bis dreiartig geführt. Alle drei Taxa weisen dabei klare Unterscheidungsmerkmale auf, ihr Artstatus und selbst die Zuteilung zur Sektion ist aber noch teilweise umstritten. Die Himalaja-Hasel *C. ferox* stammt aus Bergwäldern im Himalaja in Nepal, Sikkim (Indien) und Bhutan und ist mit stacheligen Hüllen eine seltsame

Verbreitungsgebiet der Subsektion *Acanthochlamys*.

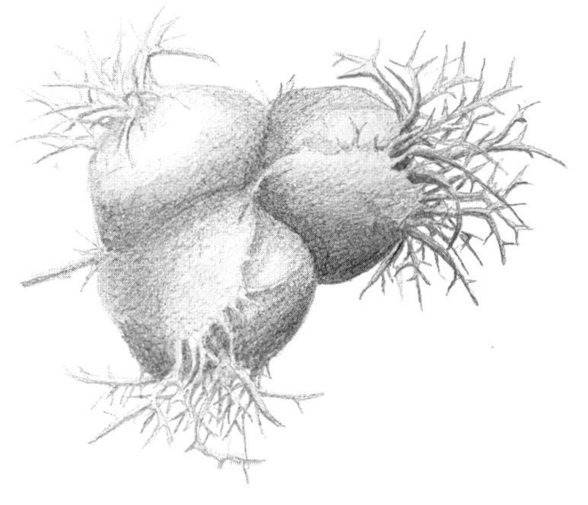

Himalaja-Hasel
(*Corylus ferox* s. str.).

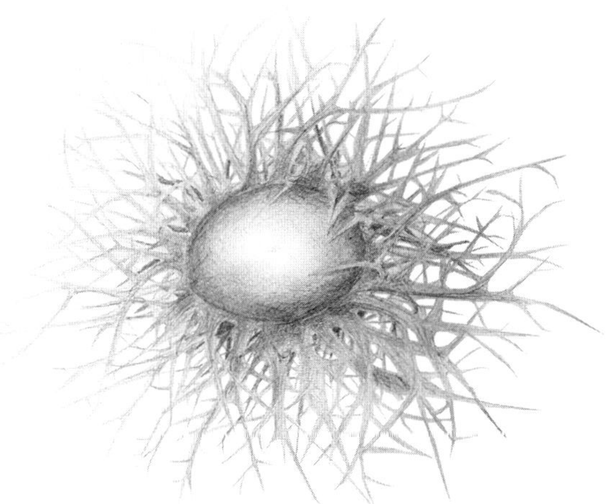

Tibetische Hasel
(*Corylus ferox* var. *thibetica*).

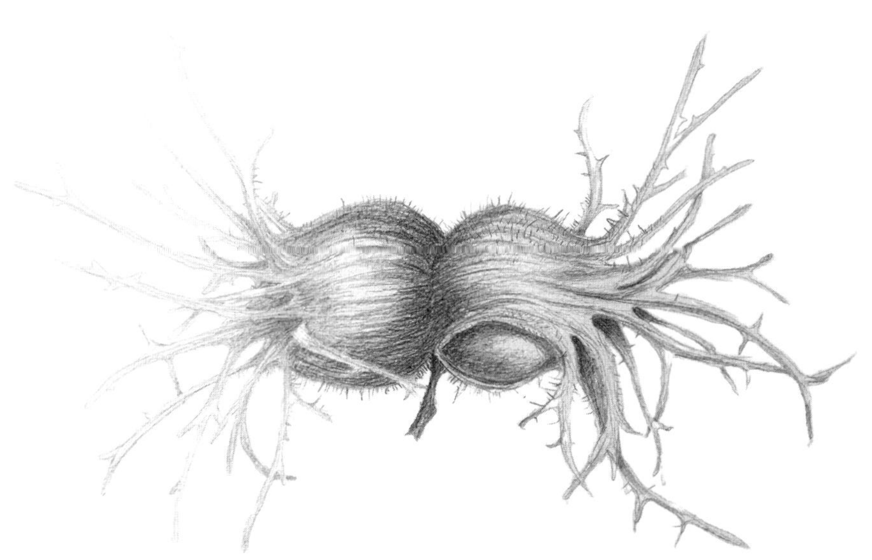

Wang's Hasel
(*Corylus wangii*).

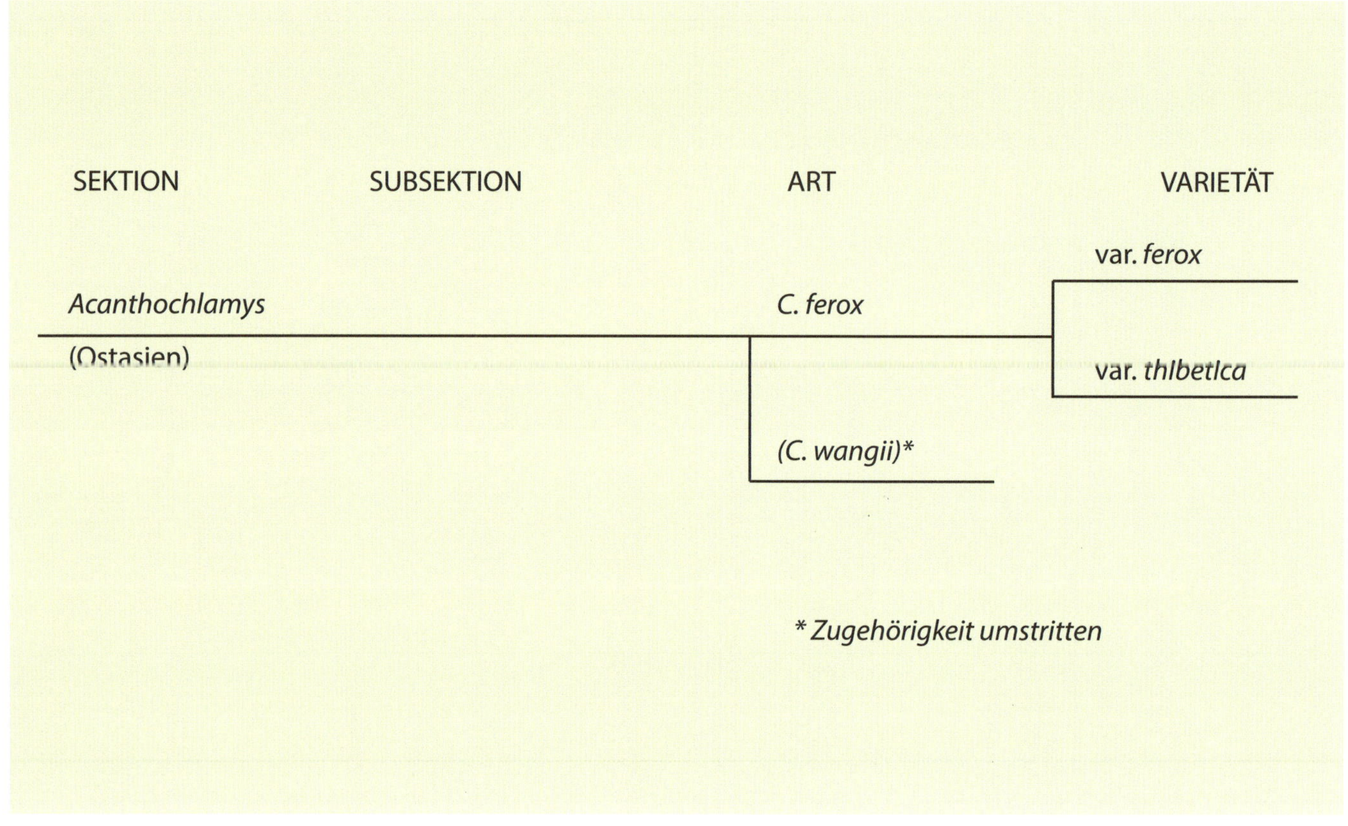

Die Sektion und ihre Arten.

Erscheinung innerhalb der Birkengewächse. Optisch ähneln ihre Früchte den Kastanien *Castanea* aus der Familie der Buchengewächse. Später wurden Funde ähnlicher Haseln in China als »Tibetische Hasel«, dabei erst als Art *Corylus thibetica* beziehungsweise später als Varietät *C. ferox* subsp. *thibetica*, beschrieben.

Im Gegensatz zum Artnamen *C. tibetica* von Alexander T. Batalin wurde die Unterart *thibetica* in der ursprünglichen Beschreibung durch Adrien R. Franchet mit H geschrieben. Dies wird in einigen Quellen als Fehler angesehen, weshalb das Taxon heute in beiden Schreibweisen existiert. Sie unterscheiden sich außer durch das Verbreitungsgebiet durch Merkmale in der Blattgeometrie, durch die Behaarung der Winterknospen sowie die Dichte und Länge der Bestachelung der Fruchthüllen. Im Rahmen der Recherchen für dieses Buch habe ich Herbarbelege der Harvard-Herbarien aus den Ursprungsregionen untersucht, die weit bessere Einblicke in die morphologische Vielfalt geben als das Studium der wenigen Parkpflanzen in Europa und Nordamerika. Dabei wiesen viele Belege für alle in der Literatur erwähnten Merkmale Übergänge auf, und nicht alle Individuen ließen sich einem der Taxa klar zuteilen. Die Illustrationen auf der vorhergehenden Seite zeigen Formen, welche die maximalen Unterschiede abbilden, nicht die Zwischenformen mit unklarer Zuteilung.

Die aus Nepal stammenden Individuen, die nach dem Fundort als *C. ferox* s. str. geführt werden, haben oft nur kurz und wenig bestachelte Hüllen, die häufig eine blattartige Hüllblattbasis erkennen lassen. Diese blattartige Basis ist vor der Reife oft, aber nicht immer aufgequollen. Herbarbelege aus dem zentraleren China weisen mehrheitlich kugelig runde, lang bestachelte, kastanienähnliche Fruchtstände auf. Sie bilden öfter Merkmale aus, die in der Literatur als *C. ferox* var. *thibetica* erwähnt werden. Aus den historischen Erstbeschreibungen der Arten ist ebenfalls zu entnehmen, dass die aus Nepal stammende *C. ferox* s. str. weniger stachelige Früchte aufweist und schmalere Blätter bildet als *C. ferox* var. *thibetica*. Letztere stammt jedoch nicht aus Tibet, sondern aus den chinesischen Provinzen Sichuan, Hubei und Yunnan. In diesen Details führen aktuelle Publikationen teilweise gegensätzliche Informationen auf.

In Parkanlagen und westlichen botanischen Gärten sind nur selten reinartige Tibetische Haseln gepflanzt, Himalaja-Haseln sind noch fast überhaupt nicht in Kultur. Viele Tibetische Haseln weisen Kreuzungs-Einflüsse zu anderen Arten auf, meist mit der Gemeinen Hasel, *C. avellana*. Diese Hybride wird *C.* x *spinescens* genannt. Sie wird bei den Hybrid-Haseln im Porträt vorgestellt und hat wie die Himalaja-Hasel blattartige Hüllblätter, die nur zur Spitze hin zerteilt sind. Anhand der Laubblätter kann die Hybride am besten von der Art aus dem Himalaja unterschieden werden. Obschon diese Hasel-Gruppe als die genetisch isolierteste gilt, entstehen Kreuzungen mit anderen Arten bei gemeinsamer Pflanzung häufig.

Dieser in Kultur entstandenen Hybride sehr ähnlich sieht auch die bereits erwähnte Wang's Hasel *C. wangii*, eine ebenfalls chinesische Art. Aufgrund morphologischer Details, genetischer Analysen und des Verbreitungsgebiets wird ein hybrider Ursprung, eventuell mit *C. chinensis*-Einfluss vermutet. Nach ihrer Erstbeschreibung wurde die Wang's Hasel nur selten untersucht und ist lediglich aus kleinsten Populationen in Yunnan bekannt. Deshalb ist ihre Stellung als Art zwar mancherorts anerkannt, sie findet in wissenschaftlichen Arbeiten aber nur selten Erwähnung. Sie wird in westlichen botanischen Gärten nicht kultiviert und kann deshalb nur mithilfe von Herbarbelegen abgebildet werden (siehe S. 61). Der Typus-Herbarbeleg zeigt stachelig behaarte, am Grund blattartige Hüllblätter, die tief zerteilt sind und sich in stachelspitzige Teilsegmente verzweigen. Die Hüllblätter sind länger als die Nüsse und umschließen diese fast komplett.

Die Wang's Hasel kann nicht sicher der Sektion *Acanthochlamys* zugeteilt werden; sie wird ihr aber meistens zugerechnet, weil sie mindestens teilweise von ihr abstammt.

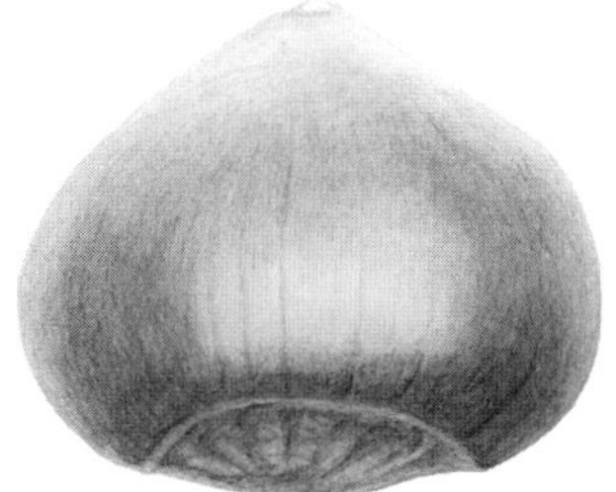

Tibetische Haselnuss *Corylus ferox* var. *thibetica*.

Tibetische Hasel

Corylus ferox **var.** ***thibetica*** **(Batalin) Franch.**

Sektion *Acanthochlamys*
Syn.: *Corylus tibetica* Batalin
Chin.: zang ci zhen
E: Tibetan Hazelnut

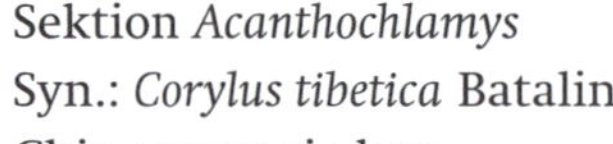

Verbreitung

China, Provinzen Guizhou, Sichuan, Yunnan. In Mischwäldern an steilen Berghängen, 1700–3800 m ü. M. Trotz des Namens gibt es keine Nachweise dieser Hasel aus Tibet, während die ähnliche *C. ferox* s. str. in Nepal an der Grenze zu Tibet wächst.

Wuchs

Bis 20 m hoher Baum oder mehrstämmiger Strauch. In Kultur meist mehrstämmig strauchförmig wachsend.

Blätter

Blätter sehr fein und stark gesägt, mit 10–14 Blattachsen sehr dicht geädert, frisch grün, 5–15 cm lang. Knospen weiß behaart.

Früchte

Rundliche, kleine Haselnüsse von unverwechselbar stachelspitzigen Hüllen umgeben; diese bilden einen kugeligen, vor der Reife oft rötlich gefärbten Fruchtstand mit 1–6 Nüssen. Nüsse klein, meist breiter als hoch, rötlichbraun, glänzend, mehrheitlich kahl mit kleiner Narbe zu den Hüllblättern (Hilum). Der Fruchtstand erinnert an jene der Edelkastanien *Castnaea*.

Angepflanzt

In botanischen Gärten. Hin und wieder als Rarität gepflanzt. Häufig sind Hybriden mit der Echten Hasel unter dem Namen geführt (siehe *C.* x *spinescens*).

Anmerkung

Die Abgrenzung zur Himalaja-Hasel *C. ferox* s. str. ist umstritten. Jene kommt primär in Nepal vor, tatsächlich sind die Unterscheidungsmerkmale aber unscharf.

Rinde eines älteren ...

und eines jungen Astes mit auffälligen Lentizellen.

Strauchförmiger Habitus im Arnold Arboretum.

Männliche Blütenkätzchen im Winter.

Blatt.

Nuss: Seiten- und Unteransicht (Originalgröße).

Blattwerk.

Fruchtbildung im Frühling.

Himalaja-Hasel

***Corylus ferox* s. str. Wall.**

Sektion *Acanthochlamys*
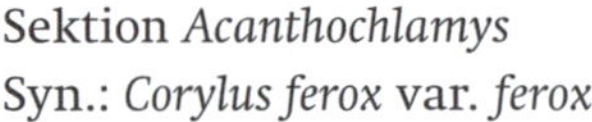
Syn.: *Corylus ferox* var. *ferox*
Chin.: ci zhen
E: Himalayan Hazelnut

Verbreitung

Nepal, Sikkim (Indien), Bhutan, einige chinesische Provinzen. Die Verbreitung in China und die dortige Unterscheidung von *C. ferox* var. *thibetica* ist ungenügend geklärt. Einige chinesische Populationen weisen aber auch die hier beschriebenen sowie intermediäre Merkmale auf.

Wuchs

Bis 20 m hoher Baum oder mehrstämmiger Strauch.

Blätter

Blätter sehr fein doppelt gesägt, oval-lanzettlich, deutlich schmaler als bei var. *thibetica*, in eine lange Blattspitze verlängert. Winterknospen kahl und nicht weiß behaart wie bei dieser.

Früchte

Rundliche, kleine Haselnüsse von stachelspitzigen, verzweigten Hüllblattenden umgeben, mit 2–6 Nüssen. Die Stacheln sind kürzer als bei var. *thibetica*, die blattartige Basis der Hüllblätter bleibt stets sichtbar. Abgebildet ist eine frische, nicht getrocknete Frucht.

Angepflanzt

Diese Art ist außerhalb ihrer Ursprungsregion am Himalaja sehr selten kultiviert, ein Exemplar steht im Royal Botanic Garden Edinburgh.

Anmerkung

Die Abgrenzung zur Tibetischen Hasel ist umstritten; Unterscheidungsmerkmale wie Knospenbehaarung, Blattform und Dichte sowie Länge der Bestachelung der Hüllblätter sind geografisch nicht eindeutig getrennt; es gibt Zwischenformen. Im Gegensatz zu dieser sehr selten gepflanzten Art weist die Spinescens-Hybride mit ebenfalls nur teilweise bestachelten Hüllen breitere Blätter mit sichtbarem Einfluss der Gemeinen Hasel auf, zudem ist die Hüllblattbasis meist mit feinen Stacheln besetzt und bei der Himalaja-Hasel kahl.

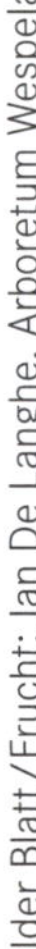

Bilder Blatt/Frucht: Jan De Langhe, Arboretum Wespelaar

Männliche Blütenkätzchen. (Bild: Abe T. Loyd)

Rindentextur. (Bild: Richard Moore)

Frucht nur kurz bestachelt, kahle Knospe. (Bild: Richard Ree)

Blatt am Naturstandort im Himalaja. (Bild: Abe T. Loyd)

Früchte im Royal Botanical Garden Edinburgh. (Bild: Richard Moore)

Blattwerk; lang ausgezogene Spitze. (Bild: Richard Moore)

Interspezifische Hasel-Hybriden

Wie im Kapitel über die Biologie der Haseln erläutert, lassen sich viele Arten der Pflanzengattung der Haseln in Kultur äußerst gut kreuzen. Zwar ist der Erfolg solcher Kreuzungen nicht immer gleich erfolgreich, aber eine Kreuzung lässt sich, als einfache Regel, bei zunehmender Verwandtschaft immer besser durchführen. Die eigene Erfahrung, dass einige Kreuzungen, etwa der Trazel-Hybride *C.* x *colurnoides* öfter taube, das heißt leere, Nüsse ohne Embryo und Nährgewebe bilden, ist auch verschiedentlich in der Literatur belegt. Die Keimrate liegt bei Hybriden meist tiefer.

Die Trazel-Hybride ist trotz kleinerer Fertilität die einzige Hybride mit breit anerkanntem botanischem Taxon, die im Transkaukasus gelegentlich auch natürlich anzutreffen ist. In südkaukasischen Gebirgen treffen die Haselpopulationen der Gemeinen Hasel (*C. avellana* beziehungsweise Kolchischen Hasel *C. colchica*; die nicht durchgehend anerkannt ist) und die der Türkischen Baumhasel (*C. colurna*) aufeinander. Die Mehrheit der anderen Arten wurde nie als botanisches Taxon beschrieben, diese Arten werden jeweils unter den Handels- oder Sortennamen geführt.

Interspezifische Hasel-Hybriden. Kreuzbarkeit der Haseln nach Erdogan & Mehlenbacher, 2000.

Dicke Linien zwischen den Arten zeigen eine besonders gute Kreuzbarkeit an, dünne eine schlechte oder fehlende. In vielen Fällen ist die Kreuzbarkeit abhängig davon, welche Art Mutter- und welche die Vaterpflanze ist. Die Gemeine Hasel und die Chinesische Baumhasel lassen sich gut kreuzen, wenn die Baumhasel die Mutterpflanze ist; umgekehrt kam es kaum zum Fortpflanzungserfolg.

Es sind interspezifische Hybriden vieler Haselarten bekannt. In der Literatur werden erwähnt: *C. californica* x *C. avellana*, *C. chinensis* x *C. avellana*, *C. americana* x *C. heterophylla*, *C. cornuta* x *C. heterophylla*, *C. californica* x *C. colurna*, und *C. americana* x *C. sieboldiana* und weitere. Wobei jeweils der erste Name die Mutterpflanze und die zweite die bestäubende Vaterpflanze darstellt. Viele dieser Kreuzungen konnten aber experimentell nicht oder mit viel kleinerem Erfolg in der umgekehrten Richtung produziert werden.

Und obgleich die meisten dieser Formen gezielt gekreuzt wurden oder durch künstliche Nebeneinanderpflanzung entstanden, sind vermutlich in der Natur auch immer wieder dort solche Formen aufgetreten, wo sich die Verbreitungsgebiete verschiedener Haseln überschneiden. Selbst in der natürlichen Entwicklung vieler Pflanzenarten spielt die Hybridisierung und Introgression eine wichtige Rolle. Einige als Arten oder Varietäten beschriebene Haseln haben vermutlich einen hybriden Ursprung. In sich überschneidenden Verbreitungsgebieten können durch Windbestäubung neue Formen entstehen, die sich in der Natur bei guter Eignung für das Habitat durchsetzen können. Eine Art, die vermutlich hybriden Ursprungs ist, ist die extrem selten gepflanzte und in der westlichen Literatur selten erwähnte Art *Corylus wangii*

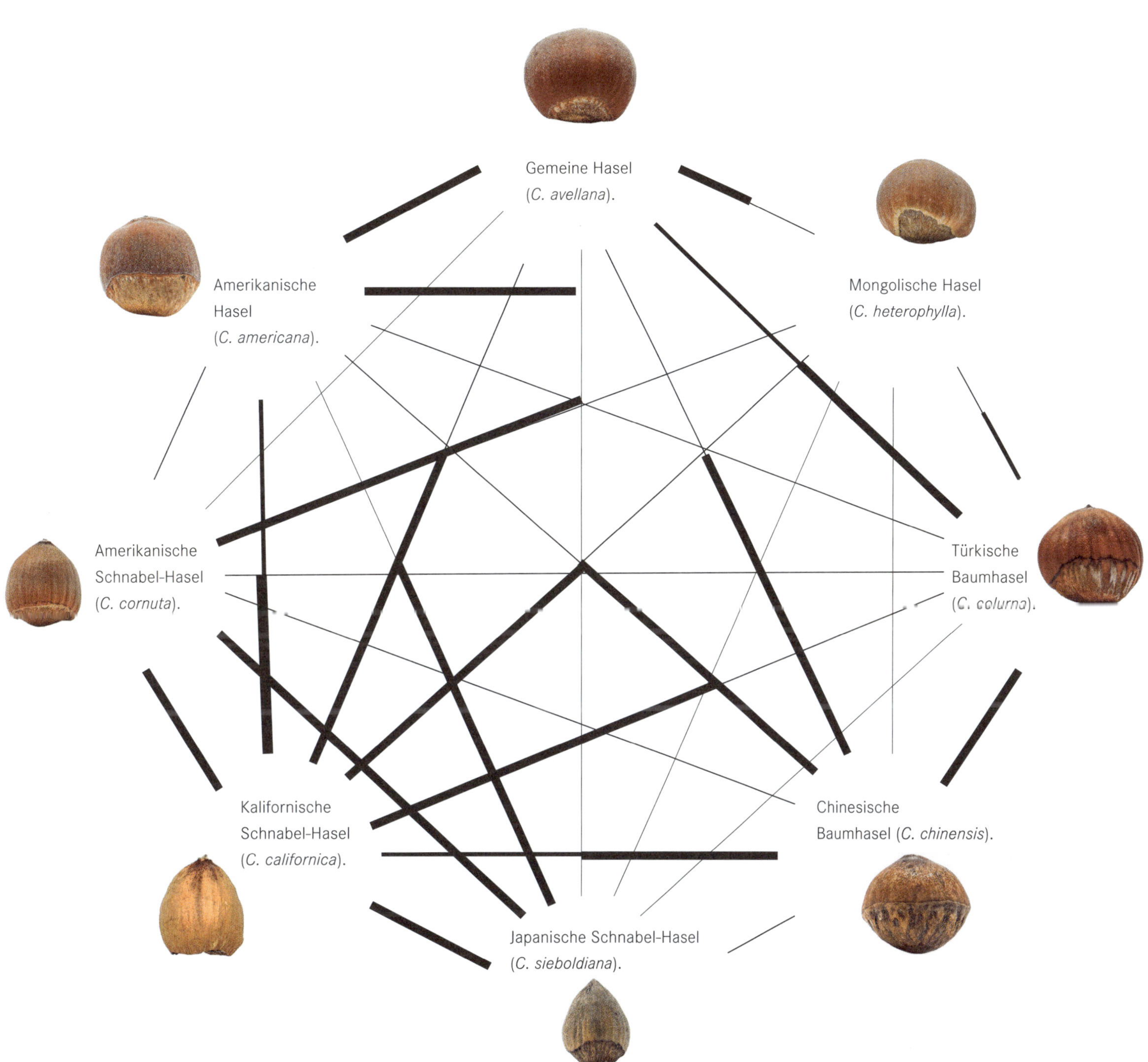
Gemeine Hasel
(*C. avellana*).
Mongolische Hasel
(*C. heterophylla*).
Türkische
Baumhasel
(*C. colurna*).
Chinesische
Baumhasel (*C. chinensis*).
Japanische Schnabel-Hasel
(*C. sieboldiana*).
Kalifornische
Schnabel-Hasel
(*C. californica*).
Amerikanische
Schnabel-Hasel
(*C. cornuta*).
Amerikanische
Hasel
(*C. americana*).

aus China. Wie im Kapitel zur botanischen Erforschung der Haseln genauer erwähnt, steht sie optisch intermediär zwischen der Himalaja-Hasel und vermutlich der Chinesischen Baumhasel. Auch die ebenfalls in Ostasien verbreitete Art *C. wulingensis* steht zwischen verschiedenen Formen, die dem Formenkreis der Mongolischen Hasel *C. heterophylla* zugeteilt werden.

Gerade Arten, die über große Gebiete im gleichen Verbreitungsgebiet vorkommen, wie die zwei nordamerikanischen Arten Amerikanische Hasel (*C. americana*) und Geschnäbelte Hasel (*C. cornuta*), weisen eine größere Resistenz gegenüber der Hybridisierung auf, sonst hätten sich die Bestände längst vermischt. Trotzdem kommt der genetische Austausch zwischen vielen verwandten Pflanzenarten auch in der Natur vor, ist aber dann optisch aufgrund der Seltenheit dieser natürlichen Vermischung kaum ablesbar. Genetische Untersuchungen können einen oft weit zurückliegenden Genaustausch nachweisen. Als einfache Regel, die aber nicht durchgängig stimmig ist, kann gelten: Haseln, die geografisch isoliert sind, besitzen seltener eine genetische Barriere und tendieren schneller zur Hybridisierung als Arten, die natürlich direkt nebeneinander wachsen. Auch phänologische Unterschiede können unter natürlichen Bedingungen Hybridisierung verhindern; insbesondere der Blütezeitpunkt. Sowohl geografische als auch phänologische Grenzen (zum Beispiel die Blütezeit) lassen sich künstlich beeinflussen.

Bei benachbarter Pflanzung verschiedener Arten in Arboreten und botanischen Gärten entstehen aus den befruchteten Nüssen oft Hybriden. Aus diesem Grund sind immer wieder Hybrid-Haseln das erste Mal in Gärten gesichtet worden – oder sie werden unerkannt als eine ihrer Ursprungsarten beschriftet.

Oft wurden sie aus den Samen einer der Ursprungsarten gezogen, die durch Samen-Austauschprogramme von anderen botanischen Gärten stammen. Wo solche Hybriden erkannt wurden, wurden sie beschrieben. Alfred Rehder hat so am Arnold Arboretum in Boston die Spinescens- und die Vilmorin-Hybride

Hybride (Mitte) und ihre Ausgangsarten Gemeine Hasel (links) und Amerikanische Hasel (rechts oben) und Kalifornische Schnabel-Hasel (rechts unten); vergrößert.

erstmals beschrieben. Sie wurden als Nüsse von Haselsträuchern der französischen Baumschule Vilmorin gezogen und wiesen bei genauerer Betrachtung nicht die Merkmale ihrer Mutterpflanze auf. Viele der bekannten Hybriden haben als Mutterpflanze eine exotische Art, die mit Pollen der häufigst kultivierten und in Europa wild wachsenden Gemeinen Hasel bestäubt worden sind. Die Mehrheit der Hybrid-Haseln besitzt keinen botanischen Namen, sie wurden nie in einer botanischen Publikation beschrieben und veröffentlicht. Verschiedene landwirtschaftliche Studien und Versuche widmen sich dem Thema der Hybridisierung und der möglichen positiven Einflüsse auf die Haselzucht (siehe auch Kapitel »Haselnusskultur und Erwerbsanbau«). Derzeit wird die Hybridisierung gezielt genutzt, um Kultivare zu züchten, die bestimmte Eigenschaften einer zweiten Ursprungsart benötigen; oft sind dies Schädlings- oder Pilzresistenz sowie das Auskommen in besonderen klimatischen Bedingungen. In diesem Zusammenhang werden in den USA auch sogenannte Neo-Hybriden gezüchtet, die Nachkommen dreier Arten sind, meist (*C. americana* x *C. avellana*) x *C. cornuta*). Über diesen Umweg der Kreuzung mit der Gemeinen Hasel kann scheinbar die Amerikanische Hasel auch mit der Schnabel-Hasel gekreuzt werden, was in der Natur und in Zuchtversuchen nicht möglich ist. Es ist dabei zu beachten, dass insbesondere in der ersten Hybrid-Generation die Merkmale der Eltern-Arten noch relativ gut optisch ablesbar sind, die Variabilität aber erheblich ist. Nach einigen Generationen sind die Ursprünge nur noch schwer zu eruieren.

In der Literatur wird darauf hingewiesen, dass trotz einfacher Kreuzbarkeit der Haseln nur selten hybride Haselpflanzen in der Natur gefunden werden. Dieser Umstand wird als Hinweis ihrer schlechteren Konkurrenzkraft außerhalb der gezielt optimierten Wuchsbedingungen in botanischen Instituten, in der Haselzucht und in Versuchsanstalten gedeutet.

Generell lassen sich die Kreuzungen innerhalb der erwähnten Sektionen und Subsektionen gut künstlich durch gezielte Bestäubung erreichen. Zwischen den Sektionen ist die Hybridisierung meist schwieriger als innerhalb, sie gelingt häufiger nur mit einer Art als Mutterpflanze oder führt zu mehr Ausfällen, obgleich letztlich fast alle Arten kreuzbar sind. Es ist dabei auffällig, dass bei vielen Arten, die als Mutterpflanzen für Hybriden experimentell eine gute Kreuzbarkeit aufweisen, in umgekehrter Kombination, also mit ihnen als Vaterpflanzen, kaum Fortpflanzungserfolge erzielt werden. So können etwa aus Nüssen der Chinesischen Baumhasel *C. chinensis* sehr einfach Hybriden gezogen werden, die mit Pollen der Gemeinen Hasel entstanden sind, umgekehrt führen Pollen der Chinesischen Baumhasel nur selten zum Fruchterfolg bei der Gemeinen Hasel. Des Weiteren werden bestimmte Eigenschaften (»Traits«) von manchen Arten besser an den Hybriden-Nachwuchs weitergegeben als andere; zum Beispiel sind die in der Kultur störenden Wurzelschößlinge der Gemeinen Hasel *C. avellana* bei Hybriden mit dem baumförmigen *C. chinensis* viel weniger oft aufgetaucht als bei Hybriden mit *C. colurna*. Dies, obwohl beide Baumhasel-Eltern als reine Art keine Wurzelschößlinge bilden.

Hybridisierung und Kreuzung verschiedener Haselarten und Sippen ist schon seit Beginn der Hasel-Kultur eine wichtige Voraussetzung für die Züch-

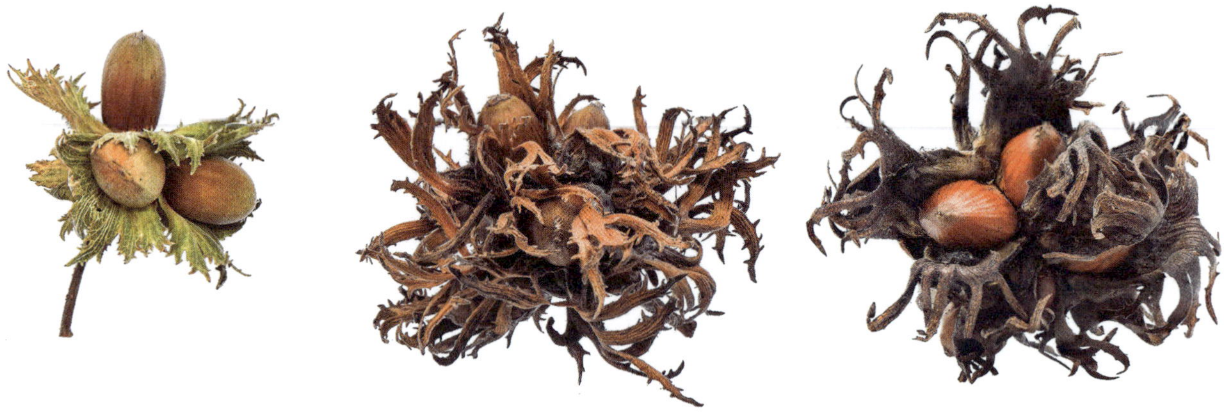

Hybridisierung: Gemeine Hasel (*C. avellana*), Trazel-Hybride (*C.* x *colurnoides*), Baumhasel (*C. colurna*).

Hybridisierung: Gemeine Hasel (*C. avellana*), Hybride, Kalifornische Schnabel-Hasel (*C. californica*).

Hybridisierung: Gemeine Hasel (*C. avellana*), Spinescens-Hybride (*C.* x *spinescens*), Tibetische Hasel (*C. ferox* var. *thibetica*).

tung: So können bestimmte Eigenschaften einer Pflanze mit den Eigenschaften anderer kombiniert werden, um möglichst resistente, großfruchtige oder kälteresistente Sorten zu erreichen. Verändert hat sich allerdings der geografische Bezugsrahmen. Früher haben Züchter in Europa und Vorderasien nur auf verschiedene Populationen der Gemeinen Hasel und der nah verwandten Lamberts-Hasel zurückgreifen können; viele neuere Ertragssorten sind Kreuzungen älterer Sorten. Heute wird in der Zucht in den USA, Kanada, China oder Russland häufig mit Kultivaren mit Mischerbgut zwischen den jeweils heimischen und der Gemeinen Hasel experimentiert.

Neben den hybriden Haseln gibt es in der Literatur einige Erwähnungen von Hasel-Chimären. Selten entstehen pflanzliche Chimären bei der Aufpfropfung von Edelreisern auf eine Unterlagsart, in gewissen Fällen mutiert aber auch ein Teil der Pflanze (spontan oder durch mutagene Chemikalien in der Pflanzenzucht), wodurch eine Pflanze mehrere Arten oder Formen im Gewebe repräsentiert. Bei Chimären verschmelzen die Ursprungsformen nicht genetisch, sondern kommen nebeneinander an der gleichen Pflanze vor. Bei den Haseln betrifft dieses Phänomen besonders Vergrünungen bei rotlaubigen Sorten.

Hybridisierung der Blätter der Gemeinen Hasel (*C. avellana*), Spinescens-Hybride (*C.* x *spinescens*), Tibetischen Hasel (*C. ferox* var. *thibetica*).

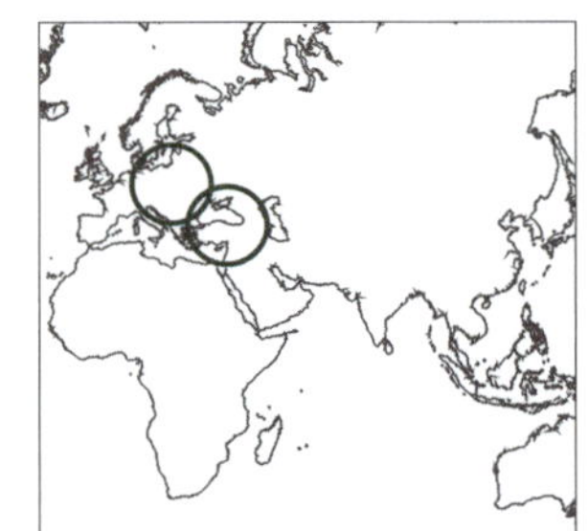

Trazel-Hybrid-Hasel

Corylus x colurnoides **C. K. Schneid.**

Syn.: *C. gudarethica* Kem.-Nath., *C. fominii* Kem.-Nath.
E: Trazel hybrid hazel

Verbreitung

Im Transkaukasus kommt diese Hybride wild vor. In den USA und Europa punktuell gepflanzt als Zierpflanze (Rotblättrige Baumhaseln) und experimentell im Ertragsnussanbau (meist als Unterlage); gelegentlich auch in Parkanlagen oder in Siedlungsnähe als Zufallssämlinge verwildernd.

Wuchs

Meistens ein- bis mehrstämmiger Baum, ähnlich der Türkischen Baumhasel; Rinde aber auch im Alter weniger dick und borkig als bei dieser. Regelmäßig neben dem Hauptstamm Stockausschläge bildend.

Blätter

Blätter in ihrer Form zwischen den zwei Arten, weniger stark doppelt gesägt als *C. colurna*. Im Blattumriss der Indischen Baumhasel *C. jacquemontii* ähnlich.

Früchte

Früchte variabel zwischen den beiden Ursprungsarten; Nüsse meistens in einem kugeligen Fruchtstand in lang zerschlitzten Hüllblättern sitzend. Diese variabel, meist drüsig behaart (nicht so bei *C. jacquemontii*).

Angepflanzt

In botanischen Gärten; auch verwildernd da, wo beide Arten nebeneinander vorkommen. Arboretum Zürich; Arboretum du Vallon de l'Aubonne; Royal Botanic Gardens Kew, Sir Harold Hillier Gardens (Großbritannien).

Anmerkung

Trazel ist ein im amerikanischen Nussbau gebrauchter Name für *Avellana-Colurna* Hybriden und nicht in jedem Fall identisch mit Schneiders Ursprungstaxon *C.* x *colurnoides* aus dem Kaukasus.

Typischer, einstämmiger Wuchs.

Hauptstamm und Stockausschläge; hier in Royal Botanic Gardens Kew, London.

Blatt.

Rindentextur zeigt Einflüsse beider Elterarten.

Anlagen für die männlichen Kätzchen im Herbst.

Nuss: Seiten- und Unteransicht (Originalgröße).

Typischer Fruchtstand im Sommer.

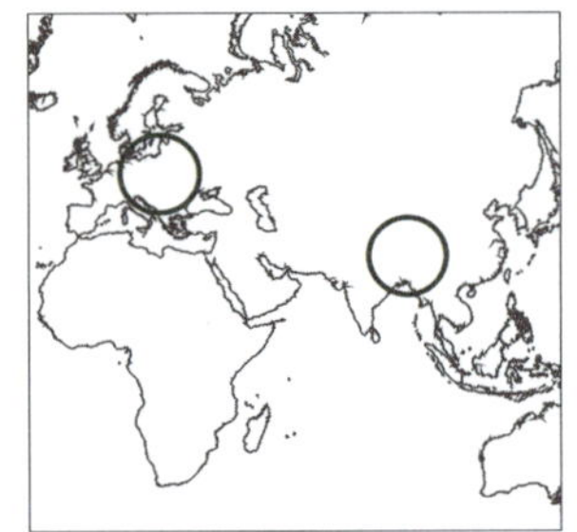

Spinescens-Hybrid-Hasel

***Corylus* x *spinescens* Rehder**
(= *C. ferox* var. *thibetica* x *C. avellana*)

E: Spinescens-hybrid hazel

Verbreitung
Hybride zwischen der Europäischen Hasel und der asiatischen *C. ferox* var. *thibetica* ohne natürliche Verbreitung.

Wuchs
Meist mehrstämmiger Strauch mit aufrechtem Wuchs, selten über 10 m.

Blätter
Blätter fein doppelt gesägt, mit bis zu 12 Blattachsen, dicht geädert, frisch grün, intermediär zwischen den Elternarten. Mit breiterer Blattspreite als *C. ferox* var. *thibetica* und weniger lang ausgezogen als diese.

Früchte
Rundliche, rotbraune Nüsse zu mehreren mit kleinem Hilum. Von einer die Nuss oft überragenden Hülle umgeben, die am Ende stachelspitzig verzweigt ist und oft eine stachelige Behaarung an der blattartigen Basis aufweist. Bei manchen Parkpflanzen sind die Hüllen nur wenig oder kaum stachelspitzig, was Rückkreuzungen der Hybriden mit der Gemeinen Hasel vermuten lässt.

Angepflanzt
In botanischen Gärten, zum Beispiel im Botanischen Garten der Universität Zürich, im Jardin Botanique Geneve, in den Hohenheimer Gärten bei Stuttgart, u. a.

Anmerkung
Eine verbreitete Kulturhybride, die in Sammlungen meist unter dem Elterntaxon *C. tibetica* geführt wird. Diese Pflanzen sind wohl meistens zufällig aus hybridem Saatgut einer Tibetischen Hasel gezogen worden, die in Kultur durch die Bestäubung mit *C. avellana*-Pollen entstanden ist.

Habitus.

Rindentextur.

Nuss: Seiten- und Unteransicht (Originalgröße).

Männliche Blütenkätzchen vor der Blüte im Winter.

Fruchtstand im Frühsommer.

Blatt.

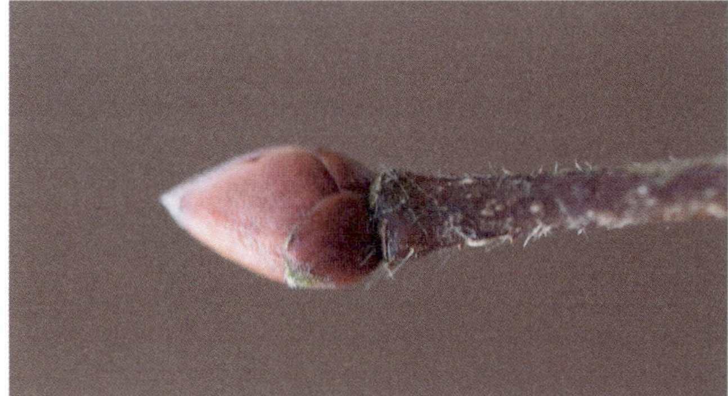

Knospe im Winter.

Vilmorin-Hybrid-Hasel

Corylus x _vilmorinii_ Rehder
(= _C. chinensis_ x _C. avellana_)

E: Vilmorin hybrid hazel

Verbreitung
Hybride zwischen der Europäischen Gemeinen Hasel und der Chinesischen Baumhasel *C. chinensis* ohne natürliche Verbreitung.

Wuchs
Meist mehrstämmiger Strauch oder kleiner Baum, nur selten über 10 m. Selten Stockausschläge bildend.

Blätter
Blätter frisch grün, breitoval bis spatelförmig. Eher schwach doppelt gesägt, oft mit etwas ungleichem Blattgrund. Intermediär zwischen den Elternarten.

Früchte
Früchte ähnlich der Chinesischen Baumhasel, Nüsse zu mehreren. Die Hüllblätter sind länger als die Nuss, nach vorne geöffnet. Manchmal drüsig behaart und oft einseitig geöffnet. Narbe der Hüllblätter bildet meist weniger als 50 Prozent der Nuss.

Angepflanzt
In botanischen Gärten, abgebildet hier in den Sir Harold Hillier Gardens, Großbritannien. Wird punktuell als Ertragsform für die Haselzucht diskutiert und als geeignete Unterlage für Haselkulturen.

Anmerkung
Eine relativ seltene Kulturhybride, die nur in wenigen Arboreten gepflanzt wurde, meistens aus Saatgut der Chinesischen Baumhasel. Alfred Rehder hatte die Hybride, die er aus Saatgut von *C. chinensis* aus der französischen Baumschule Vilmorin bezogen hatte, im Arnold Arboretum erstbeschrieben.

Blatt.

Rindentextur.

Habitus in den Sir Harold Hillier Gardens, Großbritannien.

Nüsse: Seiten und Unteransicht (Originalgröße).

Früchte im Hochsommer.

Frucht und Blätter (Bild: Richard Moore).

Amerikanische Hybrid-Hasel

Corylus americana* x *C. avellana

E: Americana-hybrid, hybrid filbert, hybrid hazel

Verbreitung

Keine natürliche Verbreitung. Besonders in den USA angepflanzt, weil einige Sorten eine gute Frosttoleranz sowie Resistenz gegen den Pilz »Filbert Blight« aufweisen und größerfruchtig sind als die reine Amerikanische Hasel.

Wuchs

Mehrstämmiger Strauch, 3(–5) m, mit meist vasenförmigem Wuchs wie bei *C. avellana*, weniger rundlich als *C. americana*.

Blätter

Zwischen Eltern-Arten, oftmals mit roter Herbstfarbe. Blätter wirken ledriger als reine *C. avellana*.

Früchte

Nüsse zu 2–5, Hülle aus 2 Blättern schließen die Nüsse ein, diese fallen bei der Reife nicht sofort aus der Hülle. Kleinerkernig als Kultursorten der Gemeinen Hasel, die in Kulturen als Mutterpflanzen dienen, in ihrer Form meist intermediär zu *C. americana* mit weißlicher Behaarung.

Angepflanzt

In Nordamerika werden Kulturformen versuchsweise im Erwerbsanbau genutzt. In Europa in manchen botanischen Gärten vorkommend. Dort selten gezielt gepflanzt, aber manchmal aufgrund der Hybridisierung der Elternarten entstanden.

Anmerkung

Weil die Ursprungsarten einfach hybridisieren, sind auch manche in botanischen Gärten als *C. americana* beschriftete Pflanzen dieser Hybride zuzurechnen. Im amerikanischen Nusshandel werden solche Hybriden zum Teil als »Americana-Hybrids« oder einfach »Hybrid Hazels« angeboten, wovon sich die hier verwendete Bezeichnung ableitet. Es gibt keinen offiziellen Namen für diese Haseln.

Habitus.

Früchte im Sommer.

Knospe und Behaarung eines jungen Astes.

Rindentextur.

Nuss: Seiten- und Unteransicht (Originalgröße).

Blätter.

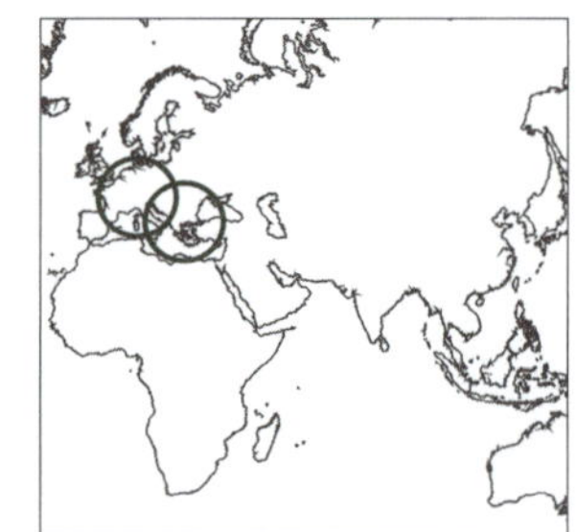

Europäische Hybrid-Hasel

Corylus avellana* x *C. maxima

E: European hybrid hazel
Kultivare und Spontanhybriden aus dem *C. avellana*-Komplex mit unterschiedlicher ursprünglicher Herkunft.

Verbreitung

Als Kulturform in verschiedenen Sorten im westlichen Europa und darüber hinaus angebaut oder bei Pflanzung der Ursprungsformen regelmäßig neu entstehend. In Siedlungsnähe in Europa regelmäßig anzutreffen. Einige der als »Zellernüsse« bezeichnete Haselsorten entstammen dieser Form. Nach neuerer Lesart potenziell eine innerartliche Hybride, da *C. maxima* heute oft zum *C. avellana*-Komplex gerechnet wird.

Wuchs

Mehrstämmiger Großstrauch, bis über 7 m hoch, mit vasenförmigem Wuchs.

Blätter

Intermediär zwischen *C. avellana* und *C. maxima*, jedoch nur anhand der Blätter schwer von diesen zu unterscheiden.

Früchte

Nüsse rundlich oder länglich in meist mehrfruchtigem Gesamtfruchtstand. Hüllblätter dabei wie bei *C. avellana* meist klar zweiteilig, aber länger als die Nuss, und oft bei Reife stark spreizend, sodass die Nuss aus der Hülle fallen kann. (Hüllen bleiben bei *C. maxima* geschlossen.)

Angepflanzt

Regelmäßig und häufig gepflanzt, in Mitteleuropa in Siedlungsnähe verwildert; einige Ertragssorten stammen von dieser Kreuzung ab.

Anmerkung

Dieses Porträt soll bei der besseren Abtrennung zu den mitteleuropäischen Wildformen von *C. avellana* mit kürzeren Hüllblättern behilflich sein; botanisch wird die Trennung der Elternarten derzeit kritisch diskutiert.

Habitus.

Rindentextur.

Typische Früchte; Hüllen länger als die Nuss, aber nicht geschlossen.

Nüsse verschiedener Büsche: Seiten- und Unteransicht (Originalgröße).

Knospe im Sommer.

Blätter.

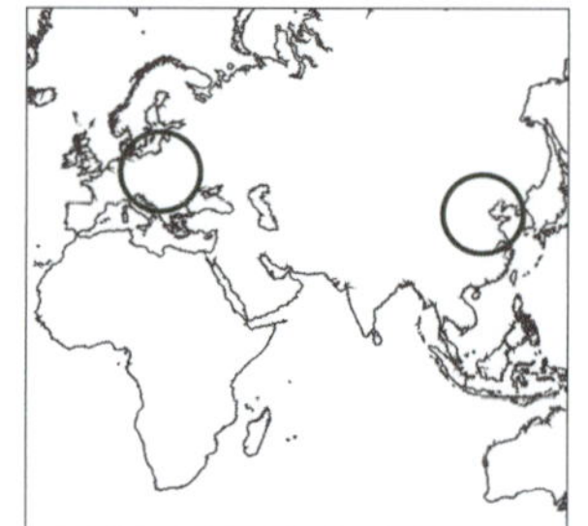

Ping'ou Hybrid-Hasel

Corylus avellana* x *C. heterophylla

Chin.: Ping'ou
E: Ping'ou hybrid hazel

Verbreitung
Hybride zwischen der europäischen Gemeinen Hasel und der asiatischen Mongolischen Hasel (chin. oft Ping-Hazel) ohne natürliches Verbreitungsgebiet.

Wuchs
Meist mehrstämmiger Strauch, oft unter 10 m. Treibt stets von der Basis neue Stämmchen, kaum flächige Ausläufer treibend.

Blätter
Blätter breitoval, spatelförmig, optisch intermediär zwischen den Elternarten. Manchmal mit abgesetzter Spitze, diese aber meist weniger stark ausgeprägt als bei *C. heterophylla*.

Früchte
Variabel. Rundliche, eher kleine Nüsse, ähnlich *C. avellana*, in relativ kurzen, die Nuss nur wenig überragenden Hüllblättern; diese umschließen die Nuss aber öfter, bei Reife oft abspreizend. Kulturformen sind meist größerfruchtig als die Wildart von *C. heterophylla*.

Angepflanzt
In botanischen Gärten zufällig entstanden; als Kulturpflanze im Norden Europas und Nordamerikas, Russlands sowie besonders in China von zunehmender Beliebtheit aufgrund guter Frosttoleranz.

Anmerkung
In China unter dem Namen Ping'ou als kälteresistente Haselnussform in diversen Sorten im Erwerbsanbau gepflanzt. Dieser Handelsname führt zur deutschen Bezeichnung im Porträt, die aber kein botanisches Taxon darstellt.

Fruchtstand.

Sommerknospe.

Habitus.

Rindentextur.

Nuss: Seiten- und Unteransicht (Originalgröße).

Blattwerk.

Die Gefährdung der Haselnüsse

Wildbestände

Die Wildbestände einiger Haselnussarten sind durch die menschliche Kultur zurückgedrängt worden. In China gilt die Chinesische Baumhasel *C. chinensis* aufgrund ihrer Seltenheit als verletzlich. Auch die Farges' Baumhasel gilt als selten, ist aber auf der chinesischen Roten Liste nicht gefährdet. Weltweit ist in der Roten Liste der Betulaceae nur *Corylus colchica* als verletzlich eingestuft, da nur wenige Funde in Georgien diesem Taxon zugeordnet werden können. Ob es sich dabei aber um eine eigene Art oder eine Varietät der weitverbreiteten Gemeinen Hasel handelt, wird sehr unterschiedlich diskutiert. Für *C. wangii* liegen zu wenige Daten vor, die Art gilt aber als potenziell gefährdet.

Auf der internationalen Roten Liste *International Union for Conservation of Nature (IUCN)* sind alle in diesem Buch erwähnten Arten als ungefährdet oder aufgrund ungenügender Datengrundlage ohne Gefährdungsstatus aufgeführt. Dies, obwohl nur für die Gemeine Hasel ein stabiler Populationstrend ausgemacht werden kann. Ob die IUCN-Daten dem aktuellen Gefährdungsstatus wirklich entsprechen, ist beispielsweise aufgrund der Tatsache zu hinterfragen, dass die endemische Chinesische Baumhasel in der *Flora of China* als verletzlich gilt – außerhalb Chinas kommt diese Art nirgends in Wildbeständen vor. Generell sind aber die Haseln derzeit weit weniger unter Druck als viele tropische Gehölze. Auch die gute Anpassung vieler dieser Arten an steile, unzugängliche Hanglagen führt zu kleinerem Druck durch Siedlungswachstum oder Abholzung. Im 19. Jahrhundert waren die Bestände der Türkischen Baumhasel in Südosteuropa allerdings relativ erschöpft, da das Holz als wichtiges Möbelholz gehandelt wurde.

Bestände in botanischen Gärten, Ex-situ-Kultur

Fast alle Haselarten werden in botanischen Gärten angepflanzt. Im Rahmen einer Studie wurden weltweit alle Birkengewächse in botanischen Gärten erfasst, um die Möglichkeit der Ex-situ-Erhaltung (Pflanzung in botanischen Institutionen außerhalb der natürlichen Habitate) zu prüfen. Dies gilt als Absicherung, damit seltene Arten bei einem möglichen Erlöschen der Wildpopulationen erhalten bleiben und möglicherweise wieder in ihren ursprünglichen Verbreitungsgebieten angesiedelt werden können. Nebenbei entsteht eine wesentlich bessere Zugänglichkeit der Arten für Forscher und Besucherinnen der

Samenstände verschiedener Haselarten und -sorten.

Gärten. Ein Nachteil der Ex-situ-Kultur ist gerade bei den Haseln ihre Hybridisierungstendenz sowie eine teilweise schwierige Identifizierung bei Nebeneinanderpflanzung von ähnlichen Arten aus aller Welt. Wird von falsch bestimmten Pflanzen Erbgut oder Pflanzenmaterial für Studienzwecke verwendet, können ungenaue Ergebnisse entstehen. Bei den Haseln sowie bei vielen anderen Gehölzen gelingt aber oft die Stecklingsvermehrung aus Zweigen oder die Ableger-Vermehrung sowie die Vermehrung im Labor. Damit kann ein Klon der Ursprungspflanze geschaffen werden. Auch die Veredelung, etwa auf Baumhaseln, wie es in der Haselzucht zum Erwerbsanbau gehandhabt wird, gelingt meistens.

Gleichzeitig führt das Pflanzen von Arten außerhalb ihrer Verbreitungsgebiete zu einer potenziellen Ausbreitung als Neophyten. Dies wird, obgleich auch viele positive Aspekte neuer, klimaangepasster Gehölze bekannt sind, im Naturschutz mehrheitlich negativ bewertet. So ist etwa die europäische Gemeine Hasel in Regionen der USA eingebürgert worden. Kaum verwunderlich, finden sich Wildpopulationen besonders in Oregon, dem Zentrum der amerikanischen Haselkultur. In Mitteleuropa findet man die Türkische Baumhasel hin und wieder verwildert oder selten auch in Waldbeständen gepflanzt. Ebenso die genetische Vermischung, die durch die Bestäubung von Wildbeständen durch Kulturhaseln entstehen kann, wird im Naturschutz als negative Veränderung des heimischen Erbgutes gerechnet. Für die Haseln wird trotz ihrer langen Kultur- und Handelsgeschichte die Hybridisierung mit Wildbeständen als kleines Risiko gesehen, da Hybriden unter natürlichen Bedingungen oft weniger vital sind.

Oben: Ex-situ-Erhaltung verschiedener Haselarten in den Sir Harold Hillier Gardens mit einer »National Collection« von Haseln, Großbritannien. Rechts davon im Arnold Arboretum in Boston, USA.

Unten: Haselsammlung in den Royal Botanic Gardens (Kew), London, sowie Sortensammlung von Haseln der Nuss-Baumschule Gubler, Hörhausen, Schweiz.

Nächste Doppelseite: Arten- und Sortensammlung im Arboretum du Vallon de l'Aubonne.

Sortenvielfalt

Neben der biologischen Vielfalt der Arten wird heute auch der Vielfalt der gezüchteten Sorten und Varietäten ein hoher Stellenwert beigemessen. Gerade in Mitteleuropa, wo die Haselkultur vielerorts in Vergessenheit geraten ist, wurde zeitweise alten Sorten kaum mehr Wert beigemessen, manche sind verschwunden. Einen ähnlichen Prozess konnte man bei vielen Obstsorten beobachten, den Äpfeln, Birnen oder Walnüssen. Wenige marktrelevante Sorten stellen den Großteil der Produktion. Pomologische Vereine und Haselnussliebhaberinnen haben aber auch viel geleistet, um diesem Sortensterben entgegenzuwirken. So gibt es heute staatliche, universitäre oder private Sortensammlungen, die dem Verlust entgegenwirken. Eine große Vielfalt an Sorten ist die Basis dafür, in der Haselkultur auf klimatische Veränderungen oder sich ausbreitende Pathogene reagieren zu können. So ist es wahrscheinlich, dass in Zukunft auf Sorten mit größerer Trockenheitsresistenz oder Wärmetoleranz gesetzt werden muss. Ertragreiche Sorten von heute könnten neuen – oder alten – weichen.

Auch bei den Ziersorten ist ein ähnlicher Prozess im Gange. Einige sehr seltene Sorten wie die panaschiert-blättrige Hasel 'Variegata' oder die geschlitztblättrige 'Quercifolia' werden sehr selten kultiviert und wurden durch ein Erhaltungsprojekt vor dem Verschwinden gerettet.

Haselsammlung im Arboretum du Vallon de l'Aubonne, Schweizer Kanton Waadt.

Fraßspuren der Haselmaus an einer Nuss der Gemeinen Hasel *C. avellana*.

Quellen- und Literaturverzeichnis

Aiello A. S.: Farges Filbert Corylus fargesii, Arnoldia, Bd. 68/2, S. 71–72, 2010

Al-Khayri J. M., Jain S. M., Johnson D. V. (Hrsg.): Advances in Plant Breeding Strategies: Nut and Beverage Crops: Volume 4. Cham: Springer International Publishing, 2019. doi: 10.1007/978-3-030-23112-5

Allegrini A., Salvaneschi P., Schirone B., Cianfaglione K., Di Michele A.: Multipurpose plant species and circular economy: Corylus avellana L. as a study case, Front. Biosci. (Landmark Ed), Bd. 27, Nr. 1, S. 1, Jan. 2022, doi: 10.31083/j.fbl2701011

Anderson Quarnberg A.: Filbert Growing in the Puget Sound Country. 1917 [online] Verfügbar unter: https://www.slideshare.net/FalXda/b3x552-17329610

Anil Ş., Kurt H., Akar A., Bulam Köse Ç.: Hazelnut culture in Turkey, Chronica Horticulturae, Nr. 56, S. 30–36, 2016

Armstrong C. G., Dixon W. M., Turner N. J.: Management and Traditional Production of Beaked Hazelnut (k'áp'xw-az', Corylus cornuta; Betulaceae) in British Columbia, Hum Ecol, Bd. 46, Nr. 4, S. 547–559, Aug. 2018, doi: 10.1007/s10745-018-0015-x

Bassil N., Boccacci P., Botta R., Postman J., Mehlenbacher S.: Nuclear and chloroplast microsatellite markers to assess genetic diversity and evolution in hazelnut species, hybrids and cultivars, Genet Resour Crop Evol, Bd. 60, Nr. 2, S. 543–568, Feb. 2013, doi: 10.1007/s10722-012-9857-z

Baumann W.: Die Schieferkohlen von Dürnten, Dürntner, Bd. 60–62, 2011

Beck von Mannagetta G.: Flora von Niederösterreich: Handbuch zur Bestimmung sämmtlicher in diesem Kronlande und den angrenzenden Gebieten wildwachsenden, häufig gebauten und verwildert vorkommenden Samenpflanzen und Führer zu weiteren botanischen Forschungen für Botaniker, Pflanzenfreunde und Anfänger. Erste Hälfte. Wien: Verlag von Carl Gerold's Sohn, 1890

Beech E., Shaw K., Jones M.: Global Survey of Ex situ Betulaceae Collections, BGCI, 2015, S. 25

Beenken L., Kruse J., Schmidt A., Braun U.: Epidemic spread of Erysiphe corylacearumin Europe – first records from Germany, Schlechtendalia, Bd. 39, 2022

Beuchert M., Tietmeyer M.-T.: Symbolik der Pflanzen, 1. Aufl. Frankfurt am Main: Insel-Verlag, 2004

Boccacci P., Botta R.: Investigating the origin of hazelnut (Corylus avellana L.) cultivars using chloroplast microsatellites, Genet Resour Crop Evol, Bd. 56, Nr. 6, S. 851–859, Sep. 2009, doi: 10.1007/s10722-009-9406-6

Boccacci P., Botta R.: Microsatellite variability and genetic structure in hazelnut (Corylus avellana L.) cultivars from different growing regions, Scientia Horticulturae, Bd. 124, Nr. 1, S. 128–133, Feb. 2010, doi: 10.1016/j.scienta.2009.12.015

Boccacci P., Botta R., Rovira M.: Genetic Diversity of Hazelnut (Corylus avellana L.) Germplasm in Northeastern Spain, horts, Bd. 43, Nr. 3, S. 667–672, Juni 2008, doi: 10.21273/HORTSCI.43.3.667

Bomble F. W.: Naturverjüngte Populationen von Corylus × colurnoides (= C. avellana × C. colurna) in Aachen, Bochumer Botanischer Verein, 2018

Bosshart H. H.: Mundartnamen von Bäumen und Sträuchern in der deutschsprachigen Schweiz und im Fürstentum Liechtenstein, Bd. N59. Bühler Druck AG Zürich, 1978

Bousquet J., Strauss S. H., Li P.: Complete congruence between morphological and rbcL-based molecular phylogenies in birches and related species (Betulaceae), Molecular Biology and Evolution, Nov. 1992, doi: 10.1093/oxfordjournals.molbev.a040779

Brikiatis L.: Late Mesozoic North Atlantic land bridges, Earth-Science Reviews, Bd. 159, S. 47–57, Aug. 2016, doi: 10.1016/j.earscirev.2016.05.002

Brown R. W.: Paleocene Flora of the Rocky Mountains and Great Plains, 1962

Burga C. A.: Oswald Heers »Die Urwelt der Schweiz« im Licht der modernen Forschung: ausgewählte Aspekte zum Eiszeitalter. 2009 [online] Verfügbar unter: http://www.zora.uzh.ch

Burga C. A.: Zum Mittelwürm des Zürcher Oberlandes am Beispiel des Schieferkohle-Profils von Gossau (Kanton Zürich), Vierteljahresschrift der Naturforschenden Gesellschaft in Zürich (2006) 151 (4): 91–100

Camelbeke K., Aiello A. S.: Tree of the Year: Corylus fargesii, International Dendrology Society Tree of the Year, Nr. 16, S. 12–31

Crawford M.: How to grow your own nuts: choosing, cultivating and harvesting nuts in your garden. Cambridge, England: Green Books, 2021

Cunningham P.: Caching your savings: The use of small-scale storage in European prehistory, Journal of Anthropological Archaeology, Bd. 30, Nr. 2, S. 135–144, Juni 2011, doi: 10.1016/j.jaa.2010.12.005

Devine J. E., Toom P. M.: The enzyme kinetics of phospholipase A. A student experiment, J Chem Educ, Bd. 52, Nr. 12, S. 816–817, Dez. 1975, doi: 10.1021/ed052p816

Dietrich L., et al.: Cereal processing at Early Neolithic Göbekli Tepe, southeastern Turkey, PLoS ONE, Bd. 14, Nr. 5, S. e0215214, Mai 2019, doi: 10.1371/journal.pone.0215214

Dilworth J. A., Stewart P., Gwaltney J. M., Hendley J. O., Sande M. A.: Methods to improve detection of pneumococci in respiratory secretions, J. Clin. Microbiol., Bd. 2, Nr. 5, S. 453–455, Nov. 1975

Ekblaw W. E., Smith J. R.: Tree Crops, A Permanent Agriculture, Economic Geography, Bd. 5, Nr. 3, S. 322, Juli 1929, doi: 10.2307/140558

Enescu C. M., Durrant T. H., de Rigo D., Caudullo G.: Corylus avellana in Europe: distribution, habitat, usage and threats

Erdogan V., Aygün A.: Late spring frosts and its impact on Turkish hazelnut production and trade, Nucis Newsletter, 2017

Erdogan V., Mehlenbacher S. A.: Interspecific Hybridization in Hazelnut (Corylus), jashs, Bd. 125, Nr. 4, S. 489–497, Juli 2000, doi: 10.21273/JASHS.125.4.489

Erlbeck A.: Zur Kulturgeschichte von Hasel- und Walnuss, Die Gartenwelt, Bd. 25, 1921

Fairbairn A., Kulakoğlu F., Atici L.: Archaeobotanical evidence for trade in hazelnut (Corylus sp.) at Middle Bronze Age Kültepe (c. 1950–1830 b.c.), Kayseri Province, Turkey, Veget Hist Archaeobot, Bd. 23, Nr. 2, S. 167–174, März 2014, doi: 10.1007/s00334-013-0403-5

Fuchs L., Dobat K., Dressendörfer W.: Das Kräuterbuch von 1543 = New Kreüterbuch, Kolorierte Gesamtausgabe. Köln: Taschen Verlag, 2017

Gauch A.: Biologischer Haselnuss- und Edelkastanienanbau in der Schweiz, als ökonomisch und ökologisch nachhaltige Alternativkulturen, Niederwil, Dezember 2012

Godwin H.: The history of the British flora: a factual basis for phytogeography, 2. ed. Cambridge: Cambridge Univ. Pr, 1984

Göschke F.: Die Haselnuss – ihre Arten und ihre Kultur, Berlin: Parey, 1887

Graeber D., Wengrow D.: Anfänge: eine neue Geschichte der Menschheit, Stuttgart: Klett-Cotta, 2022

Grimm J., Grimm W.: Deutsche Sagen, Bd. 1. Berlin: Nicolai, 1816

Grimm J., Grimm W.: Deutsches Wörterbuch von Jacob und Wilhelm Grimm, I–XVI, Leipzig, 1854

Gürcan K., Mehlenbacher S. A., Köse M. A., Balık H. İ.: Population structure analysis of European hazelnut (Corylus avellana), Acta Hortic., Nr. 1226, S. 87–92, Nov. 2018, doi: 10.17660/ActaHortic. 2018.1226.12

Gumbell F., Mai D. H.: Neue Pflanzenfunde aus dem Tertiär der Rhön, Teil 2: Pliozäne Fundstellen, S. 46, 2004

Hansen L.: Die Goldfunde und Trachtbeigaben des späthallstattzeitlichen Fürstengrabes von Eberdingen-Hochdorf (Kr. Ludwigsburg), Dissertation, Christian-Albrechts-Universität, Kiel, 2008

Heer O.: Flora tertiaria Helvetiae, Bd. 1, 3 Bde. Winterthur: Verlag der Lithographischen Anstalt von J. Wurster & Compagnie, 1855

Heer O.: Die Pflanzen der Pfahlbauten, Zürich: Zürcher & Furrer, 1865

Heer O.: Die Urwelt der Schweiz, Zürich: Schulthess, 1865

Helmstetter A. J., Buggs R. J. A., Lucas S. J.: Repeated long-distance dispersal and convergent evolution in hazel, Sci Rep, Bd. 9, Nr. 1, S. 16016, Dez. 2019, doi: 10.1038/s41598-019-52403-2

Helmstetter A. J., Oztolan-Erol N., Lucas S. J., Buggs R. J. A.: Genetic diversity and domestication of hazelnut (Corylus avellana L.) in Turkey, Plants People Planet, Bd. 2, Nr. 4, S. 326–339, Juli 2020, doi: 10.1002/ppp3.10078

Holst D.: Eine einzige Nuss rappelt nicht im Sacke, Mitteilungen der Gesellschaft für Urgeschichte – 18 (2009), S. 11–38

Holst D.: Hazelnut economy of early Holocene hunter-gatherers: a case study from Mesolithic Duvensee, northern Germany, Journal of Archaeological Science, Bd. 37, S. 2871–2880, 2010

Holst D.: Subsistenz und Landschaftsnutzung im Frühmesolithikum: Nussröstplätze am Duvensee, Mainz: Verlag des Römisch-Germanischen Zentralmuseums, 2014

Holstein N., el Tamer S., Weigend M.: The nutty world of hazel names – a critical taxonomic checklist of the genus Corylus (Betulaceae), EJT, Nr. 409, Feb. 2018, doi: 10.5852/ejt.2018.409

Huang Y.-J., et al.: Habitat, climate and potential plant food resources for the late Miocene Shuitangba hominoid in Southwest China: Insights from carpological remains, Palaeogeography, Palaeoclimatology, Palaeoecology, Bd. 470, S. 63–71, März 2017, doi: 10.1016/j.palaeo.2017.01.014

Hüseyin I. B., Erdogan V., Beyhan N., Balık S. K.: Hazelnut Cultivars. Trabzon Commodity Exchange, ISBN: 978-605-137-559-5, 2016

Islam A.: Hazelnut cultivation in Turkey, Akademik Ziraat Dergisi, S. 251–258, Okt. 2018, doi: 10.29278/azd.476665

Jacquemont V., Cambessedes J., Decaisne J., Guizot M.: Voyage dans l'Inde, Bd. v. 4 pt. 3. Paris: Firmin Didot frères, 1844 [online]. Verfügbar unter: https://www.biodiversitylibrary.org/item/107786

Janick J., Daunay M.-C., Paris H. P.: Tacuinum Sanitatis: Medieval Horticulture and Health, 2009

Kind C.-J.: Die letzten Jäger und Sammler. Das Mesolithikum in Baden-Württemberg, Nachrichtenblatt der Landesdenkmalpflege, Bd. 35, Nr. 1 (2006), https://doi.org/10.11588/nbdpfbw.2006.1.12047

Kirchheimer F.: Grundzüge einer Pflanzenkunde der deutschen Braunkohlen, Halle (Saale): Knapp, 1937 [online]. Verfügbar unter: https://books.google.ch/books?id=xOVkCwAAQBAJ

Kvaček Z., Teodoridis V.: The Pliocene leaf flora of Auenheim, Northern Alsace (France), Documenta naturae 155, 10, p. 1–108, München 2008

Kvaček Z., Teodoridis V., Denk T.: The Pliocene flora of Frankfurt am Main, Germany: taxonomy, palaeoenvironments and biogeographic affinities, Palaeobio Palaeoenv, Nov. 2019, doi: 10.1007/s12549-019-00391-6

Langhe J. D.: Vegetative key to species cultivated in Western Europe, Ghent University Botanical Garden, 26.1.2017, S. 5

Leuzinger U.: Ur- und Frühgeschichte. Von der Altsteinzeit bis zu den Römern, Die Geschichte der Schweiz, 2014, S. 7–28

Li Q., Zhou X., Ni X., Fu B., Deng T.: Latest Middle Miocene fauna and flora from Kumkol Basin of northern Qinghai-Xizang Plateau and paleoenvironment, Sci. China Earth Sci., Bd. 63, Nr. 2, S. 188–201, Feb. 2020, doi: 10.1007/s11430-019-9521-8

Li Y., et al.: The Corylus mandshurica genome provides insights into the evolution of Betulaceae genomes and hazelnut breeding, Hortic Res, Bd. 8, Nr. 1, S. 54, Dez. 2021, doi: 10.1038/s41438-021-00495-1

von Linné C.: Species plantarum: exhibentes plantas rite cognitas, ad genera relatas, cum differentiis specificis, nominibus trivialibus, synonymis selectis, locis natalibus, secundum systema sexuale digestas, 1. Aufl., Stockholm: Lars Salvius, 1753

López-Dóriga I. L.: An experimental approach to the taphonomic study of charred hazelnut remains in archaeological deposits, Archaeol Anthropol Sci, Bd. 7, Nr. 1, S. 39–45, März 2015, doi: 10.1007/s12520-013-0154-3

Mai D. H.: Fossile Funde von Castanopsis (D. Don) Spach (Fagaceae) und ihre Bedeutung für die europäischen Lorbeerwälder, Herrn Prof. Dr. H. Meusel, Halle (Saale), zum 80. Geburtstag gewidmet, Flora, Bd. 182, Nr. 3–4, S. 269–286, 1989, doi: 10.1016/S0367-2530(17)30416-4

Makadze M., Tutberidze B., Akhalkatsishvili M., Kobakhidze N., Makadze D.: New Species of the Fossil Flora in the Tuffs of the Goderdzi Suite (Goderdzi Pass Area), Bd. 13, Nr. 3, 2019

Manchester S. R., Shuang-Xing G.: Palaeocarpinus (Extinct Betulaceae) from Northwestern China: New Evidence for Paleocene Floristic Continuity between Asia, North America, and Europe, International Journal of Plant Sciences, Bd. 157, Nr. 2, S. 240–246, März 1996, doi: 10.1086/297343

Marshall H.: Arbustum Americanum: The American Grove or, an Alphabetical Catalogue of Forest Trees and Shrubs, Natives of the American United States, Philadelphia: Crukshank, 1785

Martins S., Simões F., Mendonça D., Matos J., Silva A. P., Carnide V.: Chloroplast SSR genetic diversity indicates a refuge for Corylus avellana in northern Portugal, Genet Resour Crop Evol, Bd. 60, Nr. 4, S. 1289–1295, Apr. 2013, doi: 10.1007/s10722-012-9919-2

Martins S., Simões F., Mendonça D., Matos J., Silva A. P., Carnide V.: Western European Wild and Landraces Hazelnuts Evaluated by SSR Markers, Plant Mol Biol Rep, Bd. 33, Nr. 6, S. 1712–1720, Dez. 2015, doi: 10.1007/s11105-015-0867-9

Maurer J.: Haselnuss als Dauerkultur.pdf. Inforama, 2015

Mechtel D.: Ich bin der Hecht: Eine fischereiliche Plauderei von Aal bis Zander. Verlagshaus Schlosser, 2019

von Megenberg K., Sollbach G. E.: Buch der Natur, 1. Aufl. Frankfurt am Main: Insel-Verlag, 1990

Mehlenbacher S. A., Molnar T. J.: Hazelnut Breeding, Plant Breeding Reviews, 1. Aufl., I. Goldman, Hrsg. Wiley, 2021, S. 9–141. doi: 10.1002/9781119828235.ch2

Messing R. H., AliNiazee M. T.: Introduction and establishment of Trioxys pallidus [Hym.: Aphidiidae] in Oregon, U.S.A. for control of filbert aphid Myzocallis coryli [Hom.: Aphididae], Entomophaga, Bd. 34(2), S. 153–163, 1989

Meyer F. G.: Carbonized Food Plants of Pompeii, Herculaneum, and the Villa at Torre Annunziata, Economic Botany, Bd. 34, Nr. 4, S. 401–437, 1980

Miller N. F.: Gordion (Turkey), Archaeology of Food an Encyclopedia, Bd. 1, Rowman & Littlefield Publishers, 2015

Molnar T. J., Capik J., Leadbetter C., Zhang N., Cai G., Hillman B.: Developing Hazelnuts (Corylus spp.) With Durable Resistance to Eastern Filbert Blight, The Fourth International Workshop on the Genetic of Host Parasite Interactions in Forestry: Disease and Insect Resistance in Forest Trees, Eugene, Oregon, 2011, S. 17

Molnar T. J.: Corylus, in Wild Crop Relatives: Genomic and Breeding Resources, C. Kole, Hrsg. Berlin, Heidelberg: Springer Berlin Heidelberg, 2011, S. 15–48. doi: 10.1007/978-3-642-21250-5_2

Muehlbauer M. F., Honig J. A., Capik J. M., Vaiciunas J. N., Molnar T. J.: Characterization of Eastern Filbert Blight-resistant Hazelnut Germplasm Using Microsatellite Markers, J. Amer. Soc. Hort. Sci., Bd. 139, Nr. 4, S. 399–432, Juli 2014, doi: 10.21273/JASHS.139.4.399

Muggli J., Amrein P., Dönni W.: Fischatlas 2010 Kanton Luzern. Luzern: Dienststelle Landwirtschaft und Wald des Kantons Luzern (lawa), 2010

Müller-Ebeling C., Rätsch C., Storl W.-D.: Hexenmedizin: Die Wiederentdeckung einer verbotenen Heilkunst – schamanische Traditionen in Europa, Aarau: AT Verlag, 1998

Mustoe G.: Geologic History of Eocene Stonerose Fossil Beds, Republic, Washington, USA, Geosciences, Bd. 5, Nr. 3, S. 243–263, Juli 2015, doi: 10.3390/geosciences5030243

Neuweiler E.: Die prähistorischen Pflanzenreste Mitteleuropas mit besonderer Berücksichtigung der schweizerischen Funde, Botan. Exkursionen und pflanzengeographische Studien in der Schweiz, Hrg. V. C. Schröter, 6. Heft, Zürich: Albert Raustein, 1905

Nitsch C.: Praesentation: Welche Sorte für welchen Absatzweg? Fachangelegenheiten Sonderkulturen, AELF Fürth Gbz Bayern Mitte, S. 18

Ochando J., et al.: Iberian Neanderthals in forests and savannahs, J Quaternary Science, Bd. 37, Nr. 2, S. 335–362, Feb. 2022, doi: 10.1002/jqs.3339

Opalko A. I., Weisfeld L. I., Bekuzarova S. A., Bome N. A., Zaikov G. E.: Ecological consequences of increasing crop productivity: plant breeding and biotic diversity, 2015

Palme A. E.: Chloroplast DNA variation, postglacial recolonization and hybridization in hazel, Corylus avellana, Mol Ecol, Bd. 11, Nr. 9, S. 1769–1779, Sep. 2002, doi: 10.1046/j.1365-294X.2002.01581.x

Pavlyutkin B. I.: A new species of the genus Corylus (Betulaceae) from the upper Miocene of the Southern Primorie Region, Russian Far East, Paleontological Journal, Bd. 36, S. 414–421, Juli 2002

Pigg K. B., Manchester S. R., Wehr W. C.: Corylus, Carpinus and Palaeocarpinus (Betulaceae) from the Middle Eocene Klondike Mountain and Allenby Formations of Northwestern North America, International Journal of Plant Sciences, Bd. 164, Nr. 5, S. 807–822, Sep. 2003, doi: 10.1086/376816

Pritzel G. A., Jessen C.: Die deutschen Volksnamen der Pflanzen: Neuer Beitrag zum deutschen Sprachschatze. Hannover: Verlag Philipp Cohen, 1882

Regnell M.: Plant subsistence and environment at the Mesolithic site Tågerup, southern Sweden: new insights on the »Nut Age«, Veget Hist Archaeobot, Bd. 21, Nr. 1, S. 1–16, Jan. 2012, doi: 10.1007/s00334-011-0299-x

Rosengarten F.: The book of edible nuts, Mineola, N.Y: Dover Publications, 2004

Rutter P. A., Shepard M.: Hybrid Hazelnut Handbook, Wisconsin Department of Agriculture, Trade and Consumer Protection, Agricultural Diversification and Development Program. Madison, University of Minnesota Experiment In Rural Cooperation Southwest Badger Resource Conservation & Development Council Platteville, Januar 2002

Samant S. S.: Population Assessment and Habitat Distribution Modelling of High Value Corylus jacquemontii for Conservation in the Indian North-Western Himalaja, Proceedings of the Indian National Science Academy, Bd. 99, pp. 275–289, Okt. 2018, doi: 10.16943/ptinsa/2018/49507

Sarraquigne J. P.: Hazelnut production in France, Acta Hortic., Nr. 686, S. 669–672, Juli 2005, doi: 10.17660/ActaHortic.2005.686.89

Saveleva N., Zemisov A., Yushkov A., Borzykh N., Chivilev V.: Frost resistance of hazelnut varieties in the Central Black Earth Region of Russia, BIO Web Conf., Bd. 34, S. 01006, 2021, doi: 10.1051/bioconf/20213401006

Šeho M., Ayan S., Huber G., Kahveci G.: A Review on Turkish Hazel (Corylus colurna L.): A Promising Tree Species for Future Assisted Migration Attempts, SEEFOR, Bd. 10, Nr. 1, S. 53–63, März 2019, doi: 10.15177/seefor.19-04

Shaw K.: The red list of Betulaceae, Richmond, Surrey: Botanic Gardens Conservation International, 2014

Sheng P., Shang X., Zhou X., Jiang H.: Archaeobotanical Evidence of Hazelnut (Corylus heterophylla, Betulaceae) Exploitation in the Neolithic Northern China, SAGE Open, Bd. 9, Nr. 2, Apr. 2019, doi: 10.1177/2158244019858437

Sun J., Xie M., Hao J. et al.: Identification of a new Hazelnut disease in Liaoning Province: Hazelnut husk brown rot, BIOCELL, 2022. doi:10.32604/biocell.2022.020500

Svetlana P., Torsten U., Anna A., Valentina T., Polina T., Yaowu X.: Early Miocene flora of central Kazakhstan (Turgai Plateau) and its paleoenvironmental implications, Plant Diversity, Bd. 41, Nr. 3, S. 183–197, Juni 2019, doi: 10.1016/j.pld.2019.04.002

Tatschl S.: 555 Obstsorten für den Permakulturgarten und -balkon: planen, auswählen, ernten, genießen, 1. Auflage. Innsbruck: Löwenzahn, 2015

Teodoridis V., Kvaček Z., Uhl D.: Pliocene palaeoenvironment and correlation of the Sessenheim-Auenheim floristic complex (Alsace, France), Palaeodiversity 2: 1–17; Stuttgart, 30.12.2009, S. 19

Terberger T., Kotula A., Jungklaus B., Piezonka H.: The Mesolithic »Multiple Burial« of Groß Fredenwalde Revisited, 2021, doi: 10.11588/Propylaeum.950.C12587

Tian B., Liu T.-L., Liu J.-Q.: Ostryopsis intermedia, a new species of Betulaceae from Yunnan, China, Botanical Studies, Bd. 51, S. 7, 2010

Tous J.: Hazelnut Production in Spain, Acta Hortic., Nr. 686, S. 659–664, Juli 2005, doi: 10.17660/ActaHortic.2005.686.87

Unterkircher F., Ibn Buṭlān (Hrsg.): Tacuinum sanitatis in medicina: Codex Vindobonensis series nova 2644 der Österreichischen Nationalbibliothek, Graz, Austria: Akademische Druck- und Verlagsanstalt, 2004

Vescoli M.: Keltischer Baumkreis: Träumerei über den Menschen, die Zeit und die Bäume, Küsnacht: Edition Kürz, 1991

Wachsmuth B.: Haselnüsse als Ziergehölze, Mitteilungen der Deutschen Dendrologischen Gesellschaft, Bd. 107, S. 202–214, 2022

Wang G. X., Ma Q. H., Zhao T. T., Liang L. S.: Resources and production of hazelnut in China, Acta Hortic., Nr. 1226, S. 59–64, Nov. 2018, doi: 10.17660/ActaHortic.2018.1226.8

Weinhold K.: Über die Bedeutung des Haselstrauchs im altgermanischen Kultus und Zauberwesen, Zeitschr. d. Vereins f. Volkskunde, Bd. 11, 1901

Whitcher I. N., Wen J.: Phylogeny and Biogeography of Corylus (Betulaceae): Inferences from ITS Sequences, Systematic Botany, Bd. 26, Nr. 2, S. 283–298, 2001

Xie M., Zheng J., Me G., Radicati L.: European Hazelnut in China: Present situation and future perspectives, Acta Hortic., Nr. 686, S. 35–40, Juli 2005, doi: 10.17660/ActaHortic.2005.686.2

Xie M., Zheng J. L., Wang D. M.: Achievements and perspective in Hazelnut breeding in China, Acta Hortic., Nr. 1052, S. 41–43, Sep. 2014, doi: 10.17660/ActaHortic.2014.1052.4

Yang Z., Zhao T.-T., Ma Q.-H., Liang L.-S., Wang G.-X.: Resolving the Speciation Patterns and Evolutionary History of the Intercontinental Disjunct Genus Corylus (Betulaceae) Using Genome-Wide SNPs, Front. Plant Sci., Bd. 9, S. 1386, Okt. 2018, doi: 10.3389/fpls.2018.01386

Zhao T., et al.: Genetic Diversity and Population Structure of Chinese Corylus heterophylla and Corylus kweichowensis Using Simple Sequence Repeat Markers, J. Amer. Soc. Hort. Sci., Bd. 145, Nr. 5, S. 289–298, Sep. 2020, doi: 10.21273/JASHS04887-19

Zhao T., Wang G., Ma Q., Liang L., Yang Z.: Multilocus data reveal deep phylogenetic relationships and intercontinental biogeography of the Eurasian-North American genus Corylus (Betulaceae), Molecular Phylogenetics and Evolution, Bd. 142, Jan. 2020, doi: 10.1016/j.ympev.2019.106658

Zheng-yi W., Raven P. H.: Corylus, Flora of China,in: Flora of China 4, St. Louis.: Missouri Botanical Garden Press., 1999, S. 286–289

Internetquellen

IUCN Red List »Corylus«: https://www.iucnredlist.org/search?query=corylus&searchType=species

»Argentina: The area planted with hazelnuts quadrupled«: https://www.freshplaza.com/europe/article/2123921/argentina-the-area-planted-with-hazelnuts-quadrupled (zugegriffen 1. Dezember 2022)

»Ärmelkanal« – Wikipedia: https://de.wikipedia.org/wiki/%C3%84rmelkanal (zugegriffen 9. Februar 2020)

»Asiatischer Haselmehltau«: https://www.waldwissen.net/de/waldwirtschaft/schadensmanagement/asiatischer-haselmehltau (zugegriffen 16. Dezember 2022)

»Atlantic hazelwood | NatureScot«: https://www.nature.scot/landscapes-and-habitats/habitat-types/woodland-habitats/scotlands-rainforest/atlantic-hazelwood (zugegriffen 10. Februar 2023)

»Ausbreitung des Menschen« – Wikipedia: https://de.wikipedia.org/wiki/Ausbreitung_des_Menschen (zugegriffen 27. Februar 2020)

»Baumhasel« – Wikipedia: https://de.wikipedia.org/wiki/Baum-Hasel (zugegriffen 29. Januar 2023)

»BRIT – Native American Ethnobotany Database«: http://naeb.brit.org/uses/search/?string=corylus+cornuta (zugegriffen 13. Februar 2020)

»Bulletin du Muséum national d'histoire naturelle, Bd. ser.2:t.1 (1929). Paris: Imprimerie nationale, 1929 [online]. https://www.biodiversitylibrary.org/item/244612

»Chinese hazelnut: The newest piece in the hazelnut genome puzzle«: https://phys.org/news/2021-04-chinese-hazelnut-piece-genome-puzzle.html (zugegriffen 4. Januar 2022)

»Corylus colchica (თბილისის ფოთოლმცვენი ხეები / Deciduous trees of Tbilisi) iNaturalist«: https://www.inaturalist.org/guide_taxa/877977 (zugegriffen 30. November 2022)

»Corylus insignis FossilWorks.org«: http://fossilworks.org/bridge.pl?a=taxonInfo&taxon_no=55296

»Corylus jacquemontii – Botanics Stories«: https://stories.rbge.org.uk/archives/25674 (zugegriffen 2. Dezember 2021)

»Corylus maxima Mill.«, Plants of the World Online, Kew Science«: https://powo.science.kew.org/taxon/urn:lsid:ipni.org:names:295467-1 (zugegriffen 14. November 2022)

»Corylus sieboldiana Blume«: https://www.gbif.org/species/2876013/treatments (zugegriffen 14. November 2022)

»Eastern Cape positions itself as hazelnut hub« – GetNews: https://getnews.co.za/eastern-cape-positions-hazelnut-hub/ (zugegriffen 3. Januar 2022)

»Geologisch-Paläontologische und Mineralogisch-Petrographische Sammlung der ETHZ«: https://geo-coll.ethz.ch/objekte (zugegriffen 27. Februar 2020)

»Growing Hazelnuts in the Pacific Northwest: Varieties«, OSU Extension Catalog, Oregon State University: https://catalog.extension.oregonstate.edu/em9073/html (zugegriffen 3. Dezember 2022)

»Habitat, Climate and Potential Plant Food Resources for the Late Miocene Shuitangba Hominoid in Southwest China: Insights from Carpological Remains«, Chinese Academy of Sciences: https://english.cas.cn/newsroom/archive/research_archive/rp2017/201703/t20170310_174787.shtml (zugegriffen 24. Januar 2023)

»Haselnüsse aus der Türkei – Prekäre Zustände für Wanderarbeiter – Kinder arbeiten mit«, Kassensturz Espresso, SRF: https://www.srf.ch/sendungen/kassensturz-espresso/kassensturz/haselnuesse-aus-der-tuerkei-prekaere-zustaende-fuer-wanderarbeiter-kinder-arbeiten-mit (zugegriffen 1. Dezember 2022)

»hazel«, Origin and meaning of hazel by Online Etymology Dictionary: https://www.etymonline.com/word/hazel (zugegriffen 13. Februar 2020)

»Hazelnut-Aphid«, Pacific Northwest Pest Management Handbooks: https://pnwhandbooks.org/insect/nut/hazelnut/hazelnut-aphid (zugegriffen 16. März 2020)

Heraldik-Wiki: https://www.heraldik-wiki.de/wiki/Hauptseite (zugegriffen 18. Februar 2022)

HerbWeb – Details Page: http://apps.kew.org/herbcat/detailsQuery.do?barcode=K000859895 (zugegriffen 2. Dezember 2021)

»Home – Hazelz New Zealand, Fresh New Zealand Hazelnut Products«: http://www.hazelnut.co.nz (zugegriffen 3. Januar 2022)

https://www.hazelnutgrowersaustralia.org.au

https://www.trueffelgarten.ch/ertrag-und-ernte.html

HUH – Databases – Publication Search: https://kiki.huh.harvard.edu/databases/publication_search.php?mode=details&id=5758 (zugegriffen 18. Februar 2022)

Material-Archiv: https://materialarchiv.ch/de/ma:material_800/?q=hasel (zugegriffen 1. Februar 2023)

»Ökologie und Entwicklungsgeschichte der Buche«: https://www.waldwissen.net/de/lebensraum-wald/baeume-und-waldpflanzen/laubbaeume/die-buche (zugegriffen 16. Dezember 2022)

»Paul Guillaume Farges« – Wikipedia: https://en.wikipedia.org/wiki/Paul_Guillaume_Farges (zugegriffen 18. November 2022)

Schweizerisches Idiotikon digital: https://digital.idiotikon.ch/idtkn/id4.htm (zugegriffen 19. Februar 2020)

»The dark side of hazelnut farming« – DW – 11/23/2020: https://www.dw.com/en/monoculture-biodiversity-damages-agriculture-organic-soil-water-air/a-55626073 (zugegriffen 1. Dezember 2022)

»The WFO Plant List«, World Flora Online: https://wfoplantlist.org/plant-list (zugegriffen 16. Februar 2023)

»Verschiebung Haselblüte«: https://www.zh.ch/de/umwelt-tiere/klima/folgen-des-klimawandels/verschiebung-jahreszeiten.html

»Сорта фундука и культивируемые формы лещины – ФУНДУК.РФ«: http://www.xn--d1amhxcc.xn--p1ai/Book/6/ (zugegriffen 12. Januar 2022).

Bildquellen

Alle Bilder von Jonas Frei, außer in Bildlegenden erwähnte und folgende:

S. 21/23: *Corylus insignis*-Frucht und Blatt. Aus: Paleocene Flora of the Rocky Mountains and Great Plains, Roland W. Brown, 1962

S. 25: *Corylus johnsonii* (Versteinerung). Photo by Kevmin (Wikimedia Commons, Creative Commons Attribution-ShareAlike 3.0, image cropped and resized)

S. 27: Haselblatt (*C. kolakovskyi*) aus pliozänen Ablagerungen bei Frankfurt, circa 5–2.5 Millionen Jahre. Aus: Kvacek et al., 2020, https://link.springer.com/article/10.1007/s12549-019-00391-6

S. 37: Pollendiagramm der Buchseen beim Bodensee. Gezeichnet nach einer Grafik aus: Denkmalpflege in Baden-Württemberg, 35. Jg., 4/2006

S. 43: Schalenreste der Mongolischen Hasel *Corylus heterophylla* aus bronzezeitlichen Ausgrabungen in Nordchina. Foto: Dr. Pengfei Sheng; Aus: Sheng P., Shang X., Zhou X., & Jiang H. (2019): Archaeobotanical Evidence of Hazelnut (*Corylus heterophylla, Betulaceae*) Exploitation in the Neolithic Northern China. SAGE Open, Band 9, Nr. 2, doi: https://doi.org/10.1177/2158244019858437; https://journals.sagepub.com/doi/10.1177/2158244019858437; Lizenz CC BY 4.0, https://creativecommons.org/licenses/by/4.0

S. 45: Schalenreste einer verkohlten Haselnuss aus der im Jahr 79 durch den Ausbruch des Vesuv eingeäscherten Stadt Pompeji. Illustriert nach: Meyer, F. G.: Carbonized food plants of Pompeii, Herculaneum, and the Villa at Torre Annunziata, Econ Bot 34, 401–437 (1980)

S. 61: Herbarium Specimen Corylus wangii. Links: Corylus wangii, HU, Plants of the Yunnan Province, China. No. 68243 C. W. Wang Isotype. 1935–36, © HUH, Herbarium of the Arnold Arboretum of Harvard University; Rechts: © The Board of Trustees of the RBG, Kew; http://specimens.kew.org/herbarium/K000859895

S. 84/85: Kartendaten: Google DigitalGlobe

S. 89: Zeynel Cebeci – 'Tombul' Haselsorte. CC Wikimedia Commons, cropped and resized

S. 95/96: Adobe Stock: Haselkulturen
- Hazel cultivation, Langhe, Italy, © iStock.com/elleonzebon
- Green Hazelnut Plantation Georgia, © iStock.com/Tamar Dundua/Wirestock
- Haselnussplantage Schutzvlies, Deutschland, © iStock.com/Barbara Buderath
- Hazelnut Trees in Summer, Türkei, © iStock.com/Freesia
- Orchard of Hazelnut (filbert) trees in the Willamette Valley, near Salem, Oregon, © iStock.com/Bob

S. 122: Darstellungen Haselnuss und Blüte, fotografiert: Quirin Haslinger, Österreichische Lehrmittelanstalt, Linz, Austria. Pflanzentafeln, nach Naturstudien neu bearbeitet und gemalt von Hans Pertlwieser

S. 214: Freigestellte Frucht/Blattscans © Jan De Langhe – Arboretum Wespelaar; JDL017733 (Frucht) Tregrehan Garden (als *Corylus thibetica*) JDL017692 (Blatt) MFOST

Der AT Verlag hat sich bemüht, alle Rechte-Inhaberinnen und -inhaber von abgedruckten Bildern zu ermitteln. Sollte das in einigen Fällen nicht gelungen sein, bitten wir, dies zu entschuldigen. Versäumtes werden wir in weiteren Auflagen selbstverständlich ergänzen.

Dank

Herzlich danke ich folgenden Personen, die mich bei den Recherchen mit sachdienlichen Quellen, dem Einlass in Sammlungen, dem Zusenden von Herbarmaterial oder mit anderen Hilfestellungen unterstützt haben:

Mein besonderer Dank gilt Dominik Flammer, der mit seinen Recherchen zur Kulinarik der Haselnuss im Alpenraum einen wertvollen Beitrag zum Buch geleistet hat. Des Weiteren dem Arnold Arboretum der Harvard University, das mir durch den James R. Jewett Prize den Zugang zu den Harvard-Sammlungen ermöglicht hat. Zudem Shawn A. Mehlenbacher vom Hasel-Programm der Oregon State University, der mich für dieses Projekt mit Informationen und Herbarmaterial versorgt hat.

Dr. Andreas Mueller, Kurator a.i. Geologisch-Paläontologische Sammlung ETH, Zürich
Livia Haag (Naturschutzbüro.ch), Zürich
Steven R. Manchester, Prof., Curator of Paleobotany, Florida Museum of Natural History
Norbert Holstein, Dr., Natural History Museum, Großbritannien
Katja Rembold, Dr., Botanischer Garten der Universität Bern
Daniel Gerbothé, Amt für Denkmalpflege und Archäologie, Schaffhausen
Shawn A. Mehlenbacher, Prof., Hazelnut Breeding and Genetics, Oregon State University, Corvallis
Heini Gubler, Nuss-Baumschulist, Hörhausen, Schweiz
Koen Camelbeke, Arboretum Wespelaar, Belgien
Eike Jörn Jablonski, Präsident, Dendrologische Gesellschaft Deutschland
Michael Dosmann, PHD, Kurator Arnold Arboretum der Harvard Universität, Boston
William (Ned) Friedman, Director of the Arnold Arboretum of Harvard University, Boston
Kyle Port, Manager of Plant Records, Arnold Arboretum of Harvard University, Boston
Devika Jaikumar, Curatorial Assistant, Arnold Arboretum of Harvard University, Boston
Anthony R. Brach, Senior Curatorial Technician, Harvard University Herbaria
Michaela Schmull, Director of Collections Harvard University Herbaria
Stefan Spahr, Trüffelgarten Schweiz
Joel Rosenberg, Producer & Author, Finnland
Ulrich Piezarka, Kustos, Forstbotanischer Garten Tharandt, TU Dresden
Barry Clarke, Botaniker, The Sir Harold Hillier Gardens, Großbritannien
Richard Moore, MSc Student, Royal Botanic Garden, Edinburgh
Kathi und Patrick Lütjens, Schweiz
Tom Freeth, Head of Plant Records, Royal Botanic Gardens Kew, Großbritannien
Simon Toomer, Curator of Living Collections, Royal Botanic Gardens Kew, Großbritannien
Kevin Martin, Head of Tree Collections Royal Botanic Gardens Kew, Großbritannien
Tony Kirkham, former Curator, Royal Botanic Gardens Kew, Großbritannien
Christian Bareiss, Schreinermeister und Massivholzspezialist, Thayngen, Schweiz
Unterstützt durch: James R Jewett Research Prize 2020, Arnold Arboretum of Harvard University

Fruchtstand der Türkischen Baumhasel *C. colurna.*

Register

Jonas Frei ist Landschaftsarchitekt und Stadtökologe aus Zürich. Seine Fachbereiche sind die Gestaltung von Freiräumen, Botanik, Fotografie, Dokumentarfilm und Illustration. (Bild: Michael Dosmann)